权威·前沿·原创

皮书系列为
"十二五""十三五"国家重点图书出版规划项目

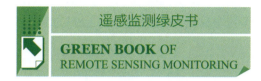

遥感监测绿皮书

GREEN BOOK OF
REMOTE SENSING MONITORING

中国可持续发展遥感监测报告
（2017）

REPORT ON REMOTE SENSING MONITORING OF CHINA SUSTAINABLE
DEVELOPMENT (2017)

主　编／顾行发　李闽榕　徐东华
副主编／张　兵　聂秀东　李河新　王世新　张增祥　柳钦火　李加洪

社会科学文献出版社
SOCIAL SCIENCES ACADEMIC PRESS（CHINA）

图书在版编目(CIP)数据

中国可持续发展遥感监测报告. 2017 / 顾行发，李
闽榕，徐东华主编. -- 北京：社会科学文献出版社，
2018.6
　　（遥感监测绿皮书）
　　ISBN 978-7-5201-2725-7

　　Ⅰ.①中… Ⅱ.①顾… ②李… ③徐… Ⅲ.①可持续
性发展－环境遥感－环境监测－研究报告－中国－2017
Ⅳ.①X87

中国版本图书馆CIP数据核字（2018）第097726号

遥感监测绿皮书

中国可持续发展遥感监测报告（2017）

主　　编 / 顾行发　李闽榕　徐东华
副 主 编 / 张　兵　聂秀东　李河新　王世新　张增祥　柳钦火　李加洪

出 版 人 / 谢寿光
项目统筹 / 王　绯　曹长香
责任编辑 / 曹长香

出　　版 / 社会科学文献出版社·社会政法分社（010）59367156
　　　　　　地址：北京市北三环中路甲29号院华龙大厦　邮编：100029
　　　　　　网址：www.ssap.com.cn
发　　行 / 市场营销中心（010）59367081　59367018
印　　装 / 三河市东方印刷有限公司

规　　格 / 开　本：787mm×1092mm 1/16
　　　　　　印　张：21.5　字　数：411千字
版　　次 / 2018年6月第1版　2018年6月第1次印刷
书　　号 / ISBN 978-7-5201-2725-7
定　　价 / 198.00元

审 图 号 / GS（2018）2700号
皮书序列号 / PSN G-2017-629-1/1

《中国可持续发展遥感监测报告（2017）》

项目承担单位

中国科学院遥感与数字地球研究所
中智科学技术评价研究中心
机械工业经济管理研究院

编辑委员会

主　　编：顾行发　李闽榕　徐东华
副 主 编：张　兵　聂秀东　李河新　王世新　张增祥　柳钦火　李加洪
编　　委（排名不分先后）：
樊　杰　方创琳　王纪华　范一大　方洪宾　王　桥　唐新明
李增元　张志清　陈仲新　刘顺喜　张继贤　梁顺林　卢乃锰
秦其明　赵忠明　温庆可　赵晓丽　倪文俭　王　成　陈良富
程天海　李正强　吴炳方　贾　立　申　茜　牛振国　王心源
何国金　李　震　施建成　余　涛　闫冬梅

数据制作与编写人员

中国城市扩展遥感监测组
组织实施：张增祥　赵晓丽　汪　潇
遥感制图：刘　芳　徐进勇　赵晓丽　易　玲　温庆可　左丽君　胡顺光
　　　　　汪　潇　汤占中　张梦狄　张　瑜　禹丝思　王碧薇
图形编辑：徐进勇　胡顺光　刘　斌
数据汇总：刘　芳　左丽君
报告撰写：张增祥　温庆可　刘　芳　赵晓丽　徐进勇　易　玲　胡顺光

中国植被遥感监测组
负责组织：柳钦火　李　静
数据处理：仲　波　于文涛　林尚荣　吴善龙　赵　静　徐保东　马培培
报告撰写：李　静　赵　静　柳钦火　王　聪　刘　洁

中国大气遥感监测组
负责组织：顾行发　陈良富　程天海
数据处理：顾坚斌　左　欣　张晓川　包方闻　师帅一　王宛楠　孟　璨
　　　　　罗　琪
报告撰写：顾行发　陈良富　程天海　顾坚斌　王　颖　郭　红　陈　好

中国经济作物生产形势遥感监测组
负责组织：张立福　张　霞
数据处理：王　楠　张　霞　吕　新　杨　杭　岑　奕　黄长平　孙雪剑
　　　　　祁亚琴
报告撰写：王　楠　张立福　张　霞　林昱坤　张　泽

中国水分收支遥感监测组
负责组织：贾　立
数据处理：郑超磊
报告撰写：贾　立　胡光成　郑超磊　卢　静　周　杰　王　昆　陈琪婷

中国湿地遥感监测组
负责组织：牛振国
数据处理：韩倩倩　柳彩霞　邢丽玮
报告撰写：韩倩倩　柳彩霞　邢丽玮　牛振国

自然灾害遥感监测组
负责组织：王世新　周　艺
数据处理：赵　清　杨宝林　张　锐　刘文亮　王丽涛　朱金峰　阎福礼
报告撰写：王福涛　胡　桥

温室气体大气CO_2浓度变化遥感监测组
负责组织：雷莉萍　贺忠华　杨绍源
数据处理：杨绍源　别　念　吴长江　钟　惠　绳梦雅　曾招城　秦秀春
报告撰写：雷莉萍　贺忠华　杨绍源　别　念　钟　惠　吴长江　曾招城

中国耕地产粮的资源消耗与环境影响
负责组织：左丽君　张增祥
数据处理：左丽君　赵晓丽　于丽君（中科院大气物理研究所）　刘　斌
　　　　　汪　潇　易　玲　温庆可　刘　芳　胡顺光　徐进勇
报告撰写：左丽君　张增祥

中国植被生产力变化监测组
负责组织：张　兵　彭代亮
数据处理：彭代亮　张赫林
报告撰写：彭代亮　张赫林

青藏高原湖泊变化遥感分析组
负责组织：顾行发　余　涛　赵利民
数据处理：赵利民　万　玮　李　欢　韩忠颖　王存光　刘宝剑　杨文婷
　　　　　黄　琦　李　晖　吴桂平　王　珂
报告撰写：赵利民

中国秸秆焚烧遥感监测组
负责组织：陈良富
数据处理：范　萌
报告撰写：陈良富　范　萌

九寨沟地震遥感监测与灾情评估组
负责组织：张万昌
数据处理：张万昌　邓　财　李麒崙　易亚宁
报告撰写：张万昌　邓　财　李麒崙　易亚宁

典型区域遥感图像
负责组织：何国金
影像设计：江　威
影像制作：江　威　王桂周　龙腾飞　刘慧婵　彭　燕　梁琛彬　尹然宇
　　　　　贡成娟　倪　愿　吕克楠

白洋淀流域地表水和湿地遥感监测组
组织实施：卢善龙　徐进勇　程天海
数据处理与专题制图：卢善龙　朱　亮　徐进勇　程天海
报告撰写：卢善龙　牛振国

京津冀地区及雄安新区土地利用遥感监测组
组织实施：张增祥　赵晓丽　温庆可
遥感制图：赵晓丽　刘　芳　徐进勇　易　玲　鞠洪润　陈国坤　施利锋
　　　　　张梦狄　习静雯　张　瑜
图形编辑：刘　斌　胡顺光
数据汇总：汪　潇　左丽君
报告撰写：温庆可　徐进勇　刘　芳　赵晓丽

雄安新区三县PM2.5浓度遥感监测组
负责组织：顾行发　程天海
数据处理：包方闻　王　颖　左　欣　张晓川　师帅一　王宛楠　孟　璨
　　　　　罗琪
报告撰写：顾行发　程天海　王　颖　郭　红　陈　好

全书统稿：闫冬梅　闫　珺　尤　笛　张　哲

主编简介

顾行发 男，1962 年 6 月生，湖北仙桃人，研究员，博士生导师，第十二届、十三届全国政协委员。现任国际宇航科学院院士，中国科学院遥感与数字地球研究所副所长。"GEO 十年（2016~2025）发展计划"编制专家工作组专家，亚洲遥感协会（AARS）副秘书长，国际光学工程师学会（SPIE）"地球观测会议"联合主席。担任国家重大科技专项"高分辨率对地观测系统"应用系统总设计师、国家重大科学研究计划（973）（多尺度气溶胶综合观测和时空分布规律研究）首席科学家。主要从事定量化遥感、光学卫星传感器定标、气溶胶遥感、对地观测系统论证等方面研究。截至 2017 年，共获得国家科技进步二等奖 3 项、省部级一等奖 6 项和二等奖 2 项，发表论文 427 余篇（SCI 136 篇，EI 206 篇），出版专著 6 部、专辑 10 本，获得授权专利 16 项，软件著作权 45 项，培养学生 60 余人。

李闽榕 男，1955 年 6 月生，山西安泽人，经济学博士。中智科学技术评价研究中心理事长、主任，福建师范大学兼职教授、博士生导师，中国区域经济学会副理事长，原福建省新闻出版广电局党组书记、副局长。主要从事宏观经济、区域经济竞争力、科技创新与评价、现代物流等理论和实践问题研究，已出版系列皮书《中国省域经济综合竞争力发展报告》《中国省域环境竞争力发展报告》《世界创新竞争力发展报告（2001~2012）》《二十国集团（G20）国家创新竞争力发展报告》《全球环境竞争力发展报告》等 20 多部，并在《人民日报》《求是》《经济日报》《管理世界》等国家级和省级报纸杂志上发表学术论文 240 多篇；先后主持完成和正在主持的国家社科基金项目有"中国省域经济综合竞争力评价与预测研究""实验经济学的理论与方法在区域经济中的应用研究"，国家科技部软科学课题"效益 GDP 核算体系的构建和对省域经济评价应用的研究"和多项省级重大研究课题。科研成果曾荣获新疆维吾尔自治区第二届、第三届社会科学优秀成果三等奖，以及福建省科技进步一等奖（排名第三）、福建省第七届至第十届社会科学优秀成果一等奖、福建省第六届社会科学优秀成果二等奖、福建省第七届社会科学优秀成果三等奖等十多项省部级奖励（含合作）。2015 年以来先后获奖的科研成果有：《世界创新竞争力发展报告（2001~2012）》于2015年荣获教育部第七届高等学校科学研究优秀成果奖三等奖，《"十二五"中期中国省域经济综合竞争力发展报告》荣获国务院发展研究中心2015年度中国发展研究奖三等奖，《全球环境竞争力报告（2013）》于2016年荣获福建省人民政府颁发的第十一届社会科学优秀成果奖一等奖，《中国省域经济综合竞争力发展报告（2013~2014）》于2016年获评中国社会科学院皮书评价委员会优秀皮书奖一等奖。

徐东华 机械工业经济管理研究院院长、党委书记。国家二级研究员、教授级高级工程师、编审，享受国务院特殊津贴专家。曾任中共中央书记处农村政策研究室综合组副研究员，国务院发展研究中心研究室主任、研究员，国务院国资委研究中心研究员。参加了国家"九五"至"十三五"国民经济和社会发展规划的研究工作，参加了我国多个工业部委的行业发展规划工作，参加了我国装备制造业发展规划文件的起草工作，所撰写的研究报告多次被中央政治局常委和国务院总理等领导同志批转到国家经济综合部、委、办、局，其政策性建议被采纳并受到表彰。兼任中共中央"五个一"工程奖评审委员、中央电视台特邀财经观察员、中国机械工业联合会专家委员会委员、中国石油和化学工业联合会专家委员会首席委员、中国工业环保促进会副会长、中国机械工业企业管理协会副理事长、中华名人工委副主席，原国家经贸委、国家发展改革委工业项目评审委员，福建省政府、山东省德州市政府经济顾问，中国社会科学院经济所、金融所、工业经济所博士生答辩评审委员，清华大学经济管理学院、北京大学光华管理学院、厦门大学经济管理学院、中国传媒大学、北京化工大学等院校兼职教授，长征火箭股份公司等独立董事。智慧中国杂志社社长。在《经济日报》《光明日报》《科技日报》《经济参考报》《求是》《经济学动态》《经济管理》等报纸期刊发表百余篇有理论和研究价值的文章。

序

党的十九大报告指出，建设生态文明是中华民族永续发展的千年大计。必须树立和践行绿水青山就是金山银山的理念，坚持节约资源和保护环境的基本国策，像对待生命一样对待生态环境，统筹山水林田湖草系统治理，实行最严格的生态环境保护制度，形成绿色发展方式和生活方式，坚定走生产发展、生活富裕、生态良好的文明发展道路，建设美丽中国，为人民创造良好的生产生活环境，为全球生态安全作出贡献。

坚持绿色、可持续发展和生态文明建设，我国面临许多亟待解决的资源生态环境重大问题。一是资源紧缺。我国的人均能源、土地资源、水资源等生产生活基础资源十分匮乏，再加上不合理的利用和占用，发展需求与资源供给的矛盾日益突出。二是环境问题。区域性的水环境、大气环境问题日益显现，给人们的生产生活带来严重影响。三是生态修复。我国大部分国土为生态脆弱区，沙漠化、石漠化、水土流失、过度开发等给生态系统造成巨大破坏，严重地区已无法自然修复。要有效解决以上重大问题，建设"天蓝、水绿、山青"的生态文明社会，就需要随时掌握我国资源环境的现状和发展态势，有的放矢地加以治理。

遥感是目前人类快速实现全球或大区域对地观测的唯一手段，它具有全球化、快捷化、定量化、周期性等技术特点，已广泛应用到资源环境、社会经济、国家安全的各个领域，具有不可替代的空间信息保障优势。随着"高分辨率对地观测系统"重大专项的实施和快速推进以及我国空间基础设施的不断完善，我国形成了高空间分辨率、高时间分辨率和高光谱分辨率相结合的对地观测能力，实现了从跟踪向并行乃至部分领跑的重大转变。GF-1号卫星每4天覆盖中国一次，分辨率可达16米；GF-2号卫星具备了亚米级分辨能力，可以实现城镇区域和重要目标区域的精细观测；GF-4号卫星更是实现了地球同步观测，时间分辨率高达分钟级，空间分辨率高达50米。这些对地观测能力为开展全国可持续发展遥感动态监测奠定了坚实的基础。

中国科学院遥感与数字地球研究所、中国科学院科技战略咨询研究院、中智科学技术评价研究中心、机械工业经济管理研究院和国家遥感中心等单位在可持续发展相关领域拥有高水平的队伍、技术与成果积淀。一大批科研骨干和青年才俊面向

国家重大需求，积极投入中国可持续发展遥感监测工作，取得了一系列有特色的研究成果，我感到十分欣慰。我相信，《中国可持续发展遥感监测报告（2017）》绿皮书的出版发行，对社会各界客观、全面、准确、系统地认识我国的资源生态环境状况及其演变趋势具有重要意义，并将极大地促进遥感应用领域发展，为宏观决策提供科学依据，为服务国家战略需求、促进交叉学科发展、服务国民经济主战场作出创新性贡献！

中国科学院院长、党组书记

序　言

　　资源环境是可持续发展的基础，经过数十年的经济社会快速发展，我国资源环境状况发生了快速变化。准确掌握我国资源环境现状，特别是了解资源环境变化特点和未来发展趋势，成为我国实现可持续发展和生态文明建设面临的迫切需求。遥感具有宏观动态的优点，是大尺度资源环境动态监测不可替代的手段。中国遥感经过30多年几代人的不断努力，监测技术方法不断发展成熟，监测成果不断积累，已成为中国可持续发展研究决策的重要基础性技术支撑。

　　中国科学院遥感与数字地球研究所自建所以来，在组织承担或参与国家科技攻关、国家自然科学基金、"973"、"863"、国家科技支撑计划、国家重大科技专项等科研任务中，与国内各行业部门和科研院所长期合作、协力攻关，针对土地、植被、大气、地表水、农业等领域，开展了遥感信息提取、专题数据库建设、资源环境时空特征和驱动因素分析等研究，沉淀了一大批成果，客观记录了我国的资源环境现状及其历史变化，已经并将继续作为国家合理利用资源、保护生态环境、实现经济社会可持续发展的科学数据支撑。

　　2015年底，在中国科学院发展规划局等有关部门的指导与大力支持下，遥感与数字地球研究所与中智科学技术评价研究中心、机械工业经济管理研究院、中国科学院科技战略咨询研究院等单位开展了多轮交流和研讨，联合申请出版"遥感监测绿皮书"系列丛书，得到了社会科学文献出版社的高度认可和大力支持。

　　2017年6月12日，中国科学院召开新闻发布会，发布了首部"遥感监测绿皮书"——《中国可持续发展遥感监测报告（2016）》。中央电视台、《人民日报》、新华社、《解放军报》、《光明日报》、《中国日报》、中央人民广播电台、中国国际广播电台、《科技日报》、《中国青年报》、中新社、新华网、中国网、香港大公文汇、《中国科学报》、《香港文汇报》、《北京晨报》、《深圳特区报》等30多家媒体相继发稿，高度评价我国首部"遥感监测绿皮书"的相关工作。遥感与数字地球研究所官方微信公众号平台当日推送绿皮书发布宣传稿件，并持续推出系列报道，如"天眼看中国土地利用30年变迁""天眼看2001~2014年中国植被状况""天眼看2010~2015

前　言

　　自 1972 年 6 月在瑞典斯德哥尔摩召开的"联合国人类环境会议"首次提出可持续发展概念以来，可持续发展的理念在全球范围内得到了普遍认可和重视，并付诸实践。2016 年 3 月 17 日发布的《中华人民共和国国民经济和社会发展第十三个五年规划纲要》指出，坚持节约资源和保护环境的基本国策，明确了坚持可持续发展的资源环境 10 个指标 16 项内容，了解资源环境状况、演变规律和发展趋势，成为我国实现可持续发展和生态文明建设的迫切需求。

　　资源环境是可持续发展的基础。随着我国经济社会的快速发展，资源环境状况已经并将继续发生变化。20 世纪 70 年代，我国利用遥感技术率先并持续开展了资源环境领域的遥感应用研究，中国科学院遥感与数字地球研究所承担完成了国家科技攻关、国家自然科学基金、"973"、"863"、国家科技支撑计划、重大科技专项和部门委托及横向合作等工作，在土地、植被、大气、水资源、灾害、农业等方面，多方位、系统性地开展了遥感信息提取、专题数据库建设、资源环境时空特征和驱动因素分析等研究，为国家合理利用资源、保护生态环境、实现经济社会可持续发展提供了扎实的科学数据支撑。

　　土地利用与土地覆盖是全球变化和资源环境研究的核心内容和遥感应用研究的重点领域。全国范围的土地利用遥感监测研究表明，改革开放以来，我国土地资源的利用方式和程度发生了广泛的和持续性的变化，阶段性特点明显，区域差异显著，城镇快速扩展是土地利用变化的主要表现之一，对周边区域的土地利用产生了深刻影响。在国家和中国科学院诸多土地利用相关项目的持续推进下，面向国家遥感中心"全球生态环境遥感监测"和中国科学院知识创新工程"一三五"项目、学部咨询评议项目、"一带一路"专项项目等的需要，遥感与数字地球研究所多次开展了中国主要城市扩展遥感监测研究，监测城市由最初的 34 个直辖市、省会（首府）和特区城市，逐步扩展到中小城市，建设完成了 75 个城市 1972~2016 年的城市扩展数据库，再现了改革开放前后 40 余年的城市演变过程，为中国主要城市扩展及其占用土地特点的研究奠定了扎实的数据基础。中国主要城市扩展数据库是中国土地利用、土地覆盖、土壤侵蚀数据库的重要补充，可以据此多视角了解资源、

环境时空特点，开展综合分析。

　　水是维系人类乃至整个生态系统生存发展的重要自然资源，也是经济社会可持续发展的重要基础资源。降水和蒸散是地表—大气系统中垂直方向上的水分交换过程，是水分在地表和大气之间循环、更新的基本形式，对于区域能量平衡、水分循环以及生物地球化学循环具有重要意义。中国科学院遥感与数字地球研究所在遥感水循环及水资源各要素的基础理论、模型和反演以及数据集生产方面开展了大量的系统性工作。同时，联合开展多次地表能量水分交换过程星—机—地遥感综合试验，在推动模型发展及反演结果的精度验证等工作中发挥了重要作用。在 2010 年以来先后启动的中国科学院"百人计划"择优项目"时空连续的区域陆面水循环信息的遥感反演和监测"、国家自然科学基金项目"基于遥感和数据同化的黑河中—下游植被与陆表水循环的相互作用研究"、中国科学院 / 国家外国专家局创新团队国际合作伙伴计划项目"卫星遥感在能量与水循环监测中的机理研究与应用"、国家高技术研究发展计划（"863"）项目"多尺度遥感数据按需快速处理与定量遥感产品生成关键技术"、国家重大科学研究计划（"973"）项目"高分辨率陆表能量水分交换过程的机理与尺度转换研究"、国家自然科学基金项目"黑河流域水—生态—经济系统的集成模拟与预测"、国家自然科学基金与联合国环境规划署联合资助的国际合作重点项目"萨赫勒地区土地利用与覆盖变化的驱动机制及其影响"等的持续推动下，水循环及水资源要素的遥感监测与评估方法得以不断发展和改进，并发展了地表蒸散遥感估算模型 ETMonitor。ETMonitor 模型结合了地表能量平衡、地表水分状态和植被生长等物理过程，适用于不同气候类型和下垫面覆盖条件，实现了 2001 年至今全国 / 全球逐日 1 千米分辨率、局部地区 / 流域逐日 30 米分辨率地表蒸散产品的生产和发布，全面系统地掌握了全国及各水资源分区和行政分区的蒸散耗水状况、水分收支状况及其过去 16 年的变化趋势。

　　中国是世界上自然灾害最为严重的国家之一。全国 70% 以上的城市、50% 以上的人口分布在自然灾害严重的地区。随着我国卫星、航空遥感观测资源的日益丰富，遥感技术在灾害预警和减灾救灾方面的应用越来越受到重视，并展现出巨大的应用潜力。在自然灾害减灾救灾业务中，遥感以其快速、机动及从宏观到微观全面观测的优势，在灾情应急监测评估、次生灾害跟踪监测、灾害重建决策支持等方面发挥着重要的作用，为抢险救灾、救援救助业务决策提供了准确的信息支撑。在国家对地观测高分专项、国家"十三五"研发项目等的支持下，针对 2016 年我国发生的典型自然灾害，利用 GF 系列、RADARSAT-2、无人机等高分辨率遥感数据，课题组开展了全国自然灾害总体情况分析，并对重点灾害进行了监测和评估，取得了系列监测成果。

全球和区域大气 CO_2 浓度升高是全球变化研究最为重要的内容之一。随着工业经济的发展，人类化石燃料燃烧等工业过程排放的 CO_2 不断增加，加之土地利用变化等因素导致的生态碳吸收变化，致使全球大气 CO_2 浓度不断升高。大气 CO_2 卫星遥感监测表明，2004~2015 年我国大气 CO_2 浓度平均年增量与全球平均年增量基本相同，大气 CO_2 浓度的变化与我国经济发展、人口密度分布等人为活动强度有紧密关系。在国家基金和中国科学院温室气体相关项目研究的持续支持下，中国科学院遥感与数字地球研究所开展了全球和中国区域大气 CO_2 浓度变化的遥感监测研究，监测了我国近十余年大气 CO_2 浓度的变化和空间格局，分析了人为排放对大气 CO_2 浓度变化的影响，积累了全球和我国大气 CO_2 浓度变化基础数据，可以支持碳减排实施效果监测和减排计划制定等。

面对低碳减排的压力，依靠植被生态系统碳汇抵消部分人为源 CO_2 的排放，实现间接减排是我国实现减排目标的一个战略选择。国家主席习近平在给第十九届国际植物学大会的贺信中指出，"植物是生态系统的初级生产者，深刻影响着地球的生态环境"。植被净初级生产力（Net Primary Productivity，NPP）是反映植被固碳能力的关键指标之一，是评估植被固碳能力和碳收支的重要参数，同时也是估算地球生态承载能力和评价陆地生态系统可持续发展状况的一个重要生态指标。基于遥感监测成果，本书进行了 2000~2015 年中国及全球主要国家植被生产力的时空态势分析，重点对中国各省份与"三北"防护林工程区域的 NPP 总量、均值及变化趋势进行了综合分析。

在中国科学院等的大力支持下，2016 年 6 月遥感与数字地球研究所首次发布了"遥感监测绿皮书"《中国可持续发展遥感监测报告（2016）》，媒体报道踊跃，社会反响强烈，受到广泛关注。"遥感监测绿皮书"编撰团队致力于科研成果服务于经济社会发展这一核心目标，利用资源环境领域的最新遥感研究成果，针对我国资源环境变化，开展重点区域和热点问题的专题研究，定期编撰并出版"遥感监测绿皮书"。《中国可持续发展遥感监测报告（2017）》是中国科学院遥感与数字地球研究所在长期开展资源环境研究的基础上，利用最新遥感应用研究成果完成的，全书主要内容包括总报告、专题报告和遥感监测快报等 3 部分。

总报告部分，G1"1972~2016 年中国主要城市扩展及其占用土地特点"由张增祥、赵晓丽和汪潇组织实施，遥感图像纠正由汤占中、张梦狄、张瑜、禹丝思和王碧薇完成，专题制图由刘芳（北京、天津、石家庄、唐山、南京、无锡、济南、青岛、保定、沧州和廊坊等 11 个城市）、徐进勇（大同、杭州、广州、深圳、珠海、南宁、海口、合肥、香港、澳门和北海等 11 个城市）、赵晓丽（呼和浩特、哈尔滨、上海、拉萨、日喀则、西安、太原、郑州、延安和邢台等 10 个城市）、易玲（宁波、武汉、兰州、西宁、银川、乌鲁木齐、武威、克拉玛依、中卫和秦皇岛等 10 个城市）、温庆可（沈阳、大连、长春、齐齐哈尔、南昌、阜新、赤峰、吉林、喀什和霍尔果斯等 10 个城市）、左丽君（长沙、宜昌、湘潭、衡阳、防城港、南充、张家口和承德等 8 个城市）、胡顺光（昆明、福州、厦门、重庆、成都、贵阳、台北和泉州等 8 个城市）和汪潇（蚌埠、丽江、徐州、枣庄、包头、邯郸和衡水等 7 个城市）共同完成，徐进勇、胡顺光和刘斌完成图形编辑，刘芳和左丽君完成数据汇总；报告中"1.1 城市扩展遥感监测"由张增祥、刘芳和左丽君等撰写，"1.2 2016 年中国主要城市用地状况"、"1.3 20 世纪 70 年代至 2016 年中国主要城市扩展"和"1.4.1 城市扩展阶段特征"由温庆可撰写，"1.4.2 城市扩展区域特征"由易玲撰写，"1.4.3 不同类型城市的扩展"由徐进勇撰写，"1.4.4 不同规模城市的扩展"由刘芳撰写，"1.5.1 城市扩展占用耕地特点"由赵晓丽撰写，"1.5.2 城市扩展占用其他土地特点"由胡顺光和刘芳撰写，张增祥、温庆可和刘芳等完成统稿。G2"2010~2015 年中国植被状况"由柳钦火和李静组织实施，数据处理与专题制图由仲波、于文涛、林尚荣、吴善龙、赵静、徐保东和马培培完成，报告撰写由赵静（中国生态系统状况、东北地区、华北地区、华东地区、"三北"防护林工程）、王聪（华中地区、华南地区、山江湖生态保护工程）和刘洁（西南地区、西北地区、三江源生态保护区）共同完成，柳钦火、李静和赵静完成统稿与校对。G3"2015~2017 年中国大气质量"由顾行发、陈良富和程天海组织实施，数据处理与专题制图由顾坚斌、左欣、张晓川、包方闻、师帅一、王宛楠、孟璨和罗琪完成，报告撰写由顾行发、陈良富、程天海、顾坚斌、王颖、郭红和陈好完成。G4"经济作物之棉花"由张立福组织实施，数据处理与专题制图由张霞（2016 年中国棉花分布提取）、王楠（2015 年中国棉花分布提取）、杨杭（2014 年中国棉花分布提取）、岑奕（2013 年中国棉花分布提取）、黄长平（2012 年中国棉花分布提取）、孙雪剑（2011 年中国棉花分布提取）和祁亚琴（2010 年中国棉花分布提取）共同完成，吕新完成新疆棉花地表调查；报告中"4.1 2016 年中国棉花种植分布"由王楠和林昱坤等撰写，"4.2 2010~2016 年中国棉花生产形势变化"由王楠和张泽等撰写，张立福和王楠等完成统稿。G5"2001～2016 年中国水分收支状况"由贾立组织实施，数据处理与专题制图由郑超磊完成，报告撰写由贾立、胡光成、郑超磊、卢静、周杰、王昆和陈琪婷共同完成。G6"中国滨海湿地／人工湿地分布"由牛振国组织实施，数据处理与专题制图由韩倩倩（中国潮间带）、柳彩霞（中国红树林）和刑丽玮（中国水稻田）完成，报告撰写由牛振国、韩倩倩、柳彩霞和刑丽玮完成。G7"2016 年我国重大自然灾害监测"由王世新和周艺组织实施，数据处理与专题制图由王福涛、胡桥、赵清、杨宝林、张锐、刘文亮、王丽涛、朱金峰、阎福礼、侯艳芳和杜聪等完成，报告撰写由王福涛和胡桥完成，王世新和周艺负责统稿。

专题报告部分，G8"温室气体大气 CO_2 浓度变化遥感监测报告"由雷莉萍和贺忠华等组织实施，数据处理与专题制图由杨绍源、别念、吴长江、钟惠、绳梦雅、曾招城和秦秀春完成，报告撰写由雷莉萍、贺忠华、曾招城、别念、钟惠和吴长江完成。G9"中国耕地产粮的资源消耗与环境影响"由左丽君、张增祥组织实施，数据处理与专题制图由左丽君、赵晓丽、于丽君（中科院大气物理研究所）、刘斌、汪潇、易玲、温庆可、刘芳、胡顺光和徐进勇完成，报告撰写由左丽君、张增祥完成。G10"2000~2015年中国植被生产力变化监测"由张兵和彭代亮组织实施，数据处理、专题制图和报告撰写由彭代亮和张赫林完成。G11"青藏高原湖泊变化遥感分析"由顾行发、余涛和赵利民组织实施，数据处理与专题制图由赵利民、万玮、李欢、韩忠颖、王存光、刘宝剑、杨文婷、黄琦、李晖、吴桂平和王珂完成，报告撰写由赵利民完成。G12"2016年中国秸秆焚烧遥感监测"由陈良富组织实施，数据处理与专题制图由范萌完成，报告撰写由陈良富和范萌完成。

遥感监测快报部分，G13"九寨沟地震遥感监测与评估"由张万昌组织实施，数据处理、专题制图和报告撰写由张万昌、邓财、李麒崙、易亚宁完成。G14"雄安新区遥感监测与分析"由卢善龙、徐进勇和程天海组织实施，数据处理与专题制图由卢善龙（白洋淀水系、地表水变化和洪水蓄滞区）、朱亮（白洋淀土壤覆盖）、徐进勇（雄安新区三县土地利用）、程天海（京津冀地区PM2.5浓度）完成。其中，"14.1 白洋淀流域地表水和湿地遥感监测与分析"由卢善龙和牛振国撰写；"14.2 20世纪80年代末至2015年京津冀地区及雄安新区土地利用状况"由张增祥、赵晓丽和温庆可组织实施，遥感图像纠正由鞠洪润、陈国坤、施利锋、张梦狄、习静雯和张瑜完成，专题制图由赵晓丽、刘芳、徐进勇和易玲完成，刘斌和胡顺光完成图形编辑，汪潇和左丽君完成数据汇总；报告撰写由温庆可、徐进勇、刘芳和赵晓丽共同完成；"14.3 雄安新区三县空气污染遥感监测与分析"由顾行发、程天海组织实施，数据处理由包方闻、王颖、左欣、张晓川、师帅一、王宛楠、孟璨、罗琪完成，报告撰写由顾行发、程天海、王颖、郭红、陈好完成。

《中国可持续发展遥感监测报告（2017）》编辑委员会

2018年1月

摘　要

本书是中国科学院遥感与数字地球研究所在长期开展资源环境遥感研究项目成果基础上完成的，是《中国可持续发展遥感监测报告（2016）》的持续和深化。报告系统开展了中国土地利用、植被生态环境、大气环境、农业、水资源与重大自然灾害等多个领域的遥感监测分析，对相关领域的可持续发展状况进行了分析评价。土地利用方面，重点监测分析了 1972~2016 年中国主要城市扩展及其占用土地的特点。植被生态系统方面，利用叶面积指数、植被覆盖度、植被净初级生产力等定量遥感产品，对全国各区域植被的生长状况进行了监测，并对 2000 年以来中国植被生产力的动态变化进行了分析，对"三北"防护林、山江湖生态保护以及三江源生态保护等重大生态工程实施区域的植被恢复和生态效益进行了分析和评估。大气环境方面，选择 NO_2 柱浓度、SO_2 柱浓度、细颗粒物浓度等指标，对 2015~2017 年中国特别是重点城市群大气环境质量进行了监测分析；对 2004~2016 年中国大气 CO_2 浓度变化的态势，以及区域大气 CO_2 浓度与人为排放空间格局的关系进行了分析；对 2016 年秸秆焚烧空间分布也进行了监测。农业方面，重点对中国耕地产粮的资源消耗与环境影响进行了分析和评估，并对 2010~2016 年中国棉花生产形势进行了分析。水资源方面，采用遥感监测的降水和蒸散产品，对 2001 年以来中国区域的水分收支状况进行了监测分析；对 20 世纪 60 年代以来青藏高原湖泊的数量、面积以及湖面温度等变化进行了监测分析；对中国滨海潮间带和红树林等滨海湿地分布，以及水稻田等人工湿地的分布和变化进行了监测分析。灾害方面，重点分析了我国 2016 年重大自然灾害发生的特点，并选择 2016 年典型的泥石流、龙卷风、洪涝、冰崩和台风等灾害开展了遥感应急监测与灾情分析。本书既有土地、植被、大气、农业、水资源与灾害等领域的长期监测和发展态势评估，也有对 2016 年的现势监测和应急响应分析，对有关政府决策部门、行业管理部门、科研机构和大专院校的领导、专家和学者具有重要的参考价值，同时也可以为相关专业的研究生和大学生提供很好的学习资料。

Abstract

This book is completed by the Institute of Remote Sensing and Digital Earth of Chinese Academy of Sciences, which has carried out long term research projects on remote sensing of resources and environment. The contents include remote sensing monitoring and analysis of China's land use, vegetation ecological environment, atmospheric environment, agriculture, water resources and major natural disasters.

At first, the characteristics of the urban expansion and land occupation in major cities of China were monitored and analyzed from1972 to 2016. Secondly, the vegetation growth status of China has been analysed using the quantitative remote sensing products, such as leaf area index, vegetation coverage and net primary productivity; and the ecological benefits of vegetation restoration and protection projects have been analysed and assessed, which include the "Three North shelterbelts", the "Mountain-River-Lake", the "Source of Three Rivers" projects. At the third, the column concentration of NO_2, SO_2 and the fine particles are selected to evaluate the atmospheric environmental quality of China in from 2015 to 2017; and the CO_2 concentration change trend in China from 2004 to 2016 and its relationship with the human emission are analysed. Fourly, the resource consumption and environmental impact of cultivated land in China are analyzed and evaluated; and the situation of cotton production of China from 2010 to 2016 are monitored and analyzed. Then, the water balance of China since 2001 are evaluated using the differences of the precipitation and evapotranspiration; the number and area variation of the Qinghai Tibet Plateau lakes since 1960s, and the distribution of coastal wetlands such as the intertidal zone and mangrove and the constructed wetlands such as rice fields are accordingly monitored and anaysed. At last, the characteristics of the major natural disasters in 2016 are analyzed, while the typical debris flow, tornado, flood, ice avalanche and typhoon have been monitored and assessed.

This book has not only long-term monitoring and assessment of the land, vegetation, atmosphere, agriculture, water resources and disasters, but also the monitoring and emergency response analysis for that in 2016. It may be an important reference book for the government policy makers, scientific research institutions and research personnel, related professional graduate students and college students.

目　　录

Ⅰ　总报告

Ⅱ 专题报告

Ⅲ 遥感监测快报

Ⅳ 附录

总 报 告

G.1
1972~2016年中国主要城市扩展及其占用土地特点

　　根据对20世纪80年代后我国土地利用的遥感监测与研究，改革开放以来社会经济持续高速发展，导致我国土地资源的利用方式和强度发生了显著变化，包括城市用地在内的建设用地规模增大是土地利用变化中最显著的特点。

　　城市是国家或地区的政治、经济、科技和文化教育中心，是人类对自然环境干预最为强烈的地方，虽然城市区域占全球面积的比例很小，却聚集了高密度的人口和社会经济活动。随着全球城市化进程推进，不论是发达国家还是发展中国家都曾经处于或正处于以城市化为主要驱动的土地利用转化阶段。城市扩展是城市化以及城市土地利用变化的直接表现形式之一，也是城市空间格局变化的综合反映，已经成为国内外城市发展研究的热点领域。《中国统计年鉴2016》显示，改革开放以来，中国城镇人口由1978年的1.73亿增加到2015年的7.71亿，城市化水平由17.92%提高到56.10%，城市数量由190个增加到656个（国家统计局，2016），我国正处于快速城市化发展阶段。

　　随着城市化与城市经济的快速发展，我国城市建设空前活跃，城市在空间上的扩张蔓延，不可避免地对耕地保护和生态安全产生影响，加剧了土地供需矛盾。此

外，城市空间扩展也引发了一系列社会、经济和环境问题，如空气和水质污染、交通拥挤、精神压力等潜在的社会环境问题。目前，国内外对城市扩展的研究主要集中在城市扩展时空监测、城市扩展的影响、驱动机制、城市扩展预测和模拟 4 个方面，城市扩展及其占用土地监测是研究城市变化的必要基础。

1.1　城市扩展遥感监测

城市是一定区域的社会经济活动中心，随着社会经济的发展，城市人口增多、功能扩展、生活水平提高等诸多方面提出了越来越多的用地需求，导致城市建成区用地规模变化显著。根据国家质量技术监督局和中华人民共和国建设部 1998 年联合发布的《中华人民共和国国家标准·城市规划基本术语标准 GB/T 50280–98》条文说明，城市建成区在单核心城市和一城多镇有不同的反映。对单核心城市而言，建成区是一个实际开发建设起来的集中连片的市政公用设施和公共设施基本具备的地区，以及分散的若干个已经成片开发建设起来，市政公用设施和公共设施基本具备的地区。对一城多镇来说，建成区是由几个连片开发建设起来的，市政公用设施和公共设施基本具备的地区组成（国家质量技术监督局和中华人民共和国建设部，1998）。

城市建成区更接近城市的实体区域，开展城市扩展遥感监测与分析时，监测对象以城市建成区为主，即城市行政区内实际已成片开发建设、市政公用设施和公共设施基本具备的地区，是能够充分反映城市作为人口和各种非农业活动高度密集的地域。在进行以城市建成区为主要内容的遥感监测制图中，充分考虑城市用地在地理空间上的连通性，对于城市周边尚独立存在的城镇用地，在其和建成区主体连通以前，不作为监测内容，这种情况可能包括两个方面：一是周边的郊区县镇，二是与城市建设用地主体在空间上分离的工矿、交通和其他建设用地。另一种情况下，有些城市受各方面外在条件的影响，特别是自然地理条件的限制，具有多中心或分散布局的特点，遥感监测制图时逐一完成每一部分，保持整个城市建成区的完整性。

1.1.1　城市选取及其概况

综合考虑中国城市的行政级别、城市化水平、空间分布情况、经济与人口状况、城市间的可对比性以及遥感数据的可获取性等多个方面，甄选中国 75 个主要城市开展建成区遥感监测，揭示 20 世纪 70 年代至 2016 年城市扩展的时空特征。这些城市分布在东北地区、华北地区、华中地区、华东地区、华南地区、西北地区、西南地区以及港澳台地区等 8 个区域，包括 4 个直辖市、28 个省会（首府）城市、2 个特别行政区以及 41 个其他城市（含 5 个计划单列市）（见表 1、图 1）。

表 1　中国 75 个主要城市概况

城市名	市辖区人口（万人）	市辖区 GDP（亿元）	市辖区面积（km²）	城市类别	所在省域	所在区域
北京	1345.20	23014.59	16411.00	直辖市	北京	华北地区
上海	1375.74	24838.37	6341.00	直辖市	上海	华东地区
天津	1026.90	16538.19	11917.00	直辖市	天津	华北地区
重庆	2129.09	13206.26	34505.00	直辖市	重庆	西南地区
石家庄	410.33	2909.81	2194.00	省会	河北	华北地区
唐山	334.28	3165.32	4574.00	—	河北	华北地区
秦皇岛	140.53	854.61	2132.00	—	河北	华北地区
邯郸	175.71	807.73	564.00	—	河北	华北地区
邢台	88.14	280.97	425.00	—	河北	华北地区
保定	282.25	1014.42	2565.00	—	河北	华北地区
张家口	91.24	534.55	890.00	—	河北	华北地区
承德	59.65	283.06	1253.00	—	河北	华北地区
沧州	54.97	650.31	183.00	—	河北	华北地区
廊坊	85.06	789.25	292.00	—	河北	华北地区
衡水	55.90	284.77	603.00	—	河北	华北地区
太原	285.09	2552.42	1500.00	省会	山西	华北地区
大同	156.98	858.62	2080.00	—	山西	华北地区
呼和浩特	130.10	2303.92	2065.00	首府	内蒙古	华北地区
包头	155.62	3341.85	2965.00	—	内蒙古	华北地区
赤峰	125.78	790.72	7076.00	—	内蒙古	华北地区
沈阳	529.86	5891.25	3471.00	省会	辽宁	东北地区
大连	304.90	3531.90	2567.00	—	辽宁	东北地区
阜新	76.42	272.75	490.00	—	辽宁	东北地区
长春	436.11	4313.94	4789.00	省会	吉林	东北地区
吉林	181.88	1413.79	3774.00	—	吉林	东北地区
哈尔滨	548.72	4211.68	10198.00	省会	黑龙江	东北地区
齐齐哈尔	136.59	597.04	4365.00	—	黑龙江	东北地区
南京	653.40	9720.77	6587.00	省会	江苏	华东地区
无锡	248.50	4351.74	1644.00	—	江苏	华东地区
徐州	332.67	2910.48	3063.00	—	江苏	华东地区
杭州	532.86	8722.00	4876.00	省会	浙江	华东地区

续表

城市名	市辖区人口（万人）	市辖区GDP（亿元）	市辖区面积（km²）	城市类别	所在省域	所在区域
宁波	232.13	4877.18	2462.00	—	浙江	华东地区
合肥	251.04	3766.96	1127.00	省会	安徽	华东地区
蚌埠	113.62	679.72	611.00	—	安徽	华东地区
福州	199.96	2829.37	1786.00	省会	福建	华东地区
厦门	211.15	3466.03	1699.00	—	福建	华东地区
泉州	107.51	1332.02	855.00	—	福建	华东地区
南昌	300.51	3025.86	3095.00	省会	江西	华东地区
济南	364.54	4560.43	3303.00	省会	山东	华东地区
青岛	372.84	5977.10	3293.00	—	山东	华东地区
枣庄	237.92	1025.95	3069.00	—	山东	华东地区
郑州	343.70	4080.36	1010.00	省会	河南	华中地区
武汉	515.82	8806.04	1738.00	省会	湖北	华中地区
宜昌	128.28	1443.14	4234.00	—	湖北	华中地区
长沙	318.50	5388.53	1909.00	省会	湖南	华中地区
湘潭	87.10	1045.44	658.00	—	湖南	华中地区
衡阳	100.37	752.60	697.00	—	湖南	华中地区
广州	854.19	18100.41	7434.00	省会	广东	华南地区
深圳	354.99	17502.86	1997.00	—	广东	华南地区
珠海	112.45	2025.41	1732.00	—	广东	华南地区
南宁	290.46	2537.01	6559.00	首府	广西	华南地区
北海	64.87	681.87	957.00	—	广西	华南地区
防城港	56.75	473.47	2836.00	—	广西	华南地区
海口	164.80	1161.96	2304.00	省会	海南	华南地区
成都	698.14	8460.02	3240.00	省会	四川	西南地区
南充	194.48	542.85	2526.00	—	四川	西南地区
贵阳	236.15	2227.58	2525.00	省会	贵州	西南地区
昆明	279.38	3072.89	3842.00	省会	云南	西南地区
丽江	15.36	109.09	1255.00	—	云南	西南地区
拉萨	20.89	196.93	*554.00	首府	西藏	西南地区
日喀则	*11.80	*168.00	3700.00	—	西藏	西南地区
西安	621.38	5136.43	3874.00	省会	陕西	西北地区
延安	47.23	269.40	3539.00	—	陕西	西北地区
兰州	204.74	1741.55	1632.00	省会	甘肃	西北地区
武威	103.15	261.16	5081.00	—	甘肃	西北地区

续表

城市名	市辖区人口（万人）	市辖区 GDP（亿元）	市辖区面积（km²）	城市类别	所在省域	所在区域
西宁	94.13	859.23	477.00	省会	青海	西北地区
银川	108.91	893.32	2311.00	首府	宁夏	西北地区
中卫	40.54	146.21	6877.00	—	宁夏	西北地区
乌鲁木齐	260.54	2610.12	9596.00	首府	新疆	西北地区
克拉玛依	29.97	629.43	7735.00	—	新疆	西北地区
喀什	*62.83	759.80	651.00	—	新疆	西北地区
霍尔果斯	*3.91	34.63	1908.55	—	新疆	西北地区
台北	*270.42	*6500.00	271.80	省会	台湾	港澳台地区
香港	*732.43	*19693.34	1070.00	特别行政区	香港	港澳台地区
澳门	*61.22	*2975.75	32.80	特别行政区	澳门	港澳台地区

注：市辖区人口、市辖区 GDP 和市辖区面积源自《中国城市统计年鉴 2016》，市辖区包括所有城区，不含辖县和辖市，武汉市辖区不包含黄陂区、新洲区、江夏区和蔡甸区数据。* 表示在《中国城市统计年鉴 2016》中缺失的数据，喀什的市辖区人口用《新疆统计年鉴 2016》喀什市总人口数替代，其余缺失数据用百度百科中可获得的同期相关数据替代。其中：台北、香港和澳门的市辖区人口与市辖区 GDP 用全市人口和全市 GDP 代替，霍尔果斯的市辖区人口用城镇人口数代替。

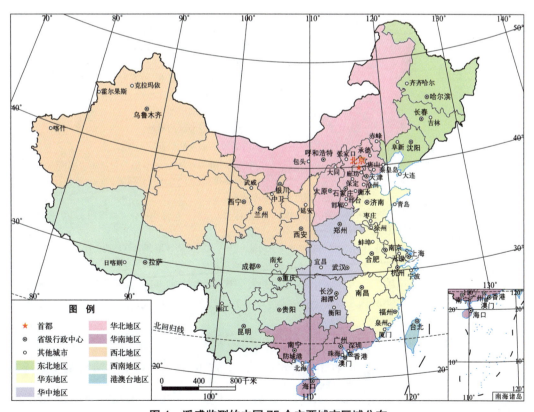

图 1　遥感监测的中国 75 个主要城市区域分布

1.1.2　城市扩展遥感监测的内容与方法

城市扩展过程主要是土地利用中的城镇用地的动态变化过程。城镇用地增加使得建成区扩大，同时导致其周边其他土地利用类型发生变化，发现这些变化并确定变化中不同土地利用类型之间的转换方式、转换数量以及转换的空间差异等，是城市扩展遥感监测的主要内容。城市扩展是中国土地利用变化的主要表现形式，城市扩展遥感监测采用与中国土地利用遥感监测相同的 1∶10 万比例尺和三级土地利用分类系统（见表 2）。

表 2　中国科学院土地利用遥感监测分类系统

一级类型		二级类型		三级类型		含义
编码	名称	编码	名称	编码	名称	
1	耕地					指种植农作物的土地，包括熟耕地、新开荒地、休闲地、轮歇地、草田轮作地，以种植农作物为主的农果、农桑、农林用地，耕种三年以上的滩地和海涂
		11	水田			指有水源保证和灌溉设施，在一般年景能正常灌溉，用以种植水稻、莲藕等水生农作物的耕地，包括实行水稻和旱地作物轮种的耕地
				111	山区水田	分布在山区的水田
				112	丘陵水田	分布在丘陵地区的水田
				113	平原水田	分布在平原上的水田，包括短边宽度大于等于 500 米的河谷平原上的水田
				114	>25° 水田	地形坡度大于 25° 的水田
		12	旱地			指无灌溉水源及设施，靠天然降水生长作物的耕地；有水源和灌溉设施，在一般年景下能正常灌溉的旱作物耕地；以种菜为主的耕地；正常轮作的休闲地和轮闲地
				121	山区旱地	分布在山区的旱地
				122	丘陵旱地	分布在丘陵地区的旱地
				123	平原旱地	分布在平原上的旱地
				124	>25° 旱地	地形坡度大于 25° 的旱地，包括短边宽度大于等于 500 米的河谷平原上的旱地
2	林地					指生长乔木、灌木、竹类以及沿海红树林地等林业用地
		21	有林地			指郁闭度 ≥ 30% 的天然林和人工林，包括用材林、经济林、防护林等成片林地
		22	灌木林地			指郁闭度 ≥ 40%、高度在 2 米以下的矮林地和灌丛林地
		23	疏林地			指郁闭度为 10%~30% 的稀疏林地
		24	其他林地			指未成造林地、迹地、苗圃及各类园地（果园、桑园、茶园、热作林园等）
3	草地					指以生长草本植物为主，覆盖度在 5% 以上的各类草地，包括以牧为主的灌丛草地和郁闭度在 10% 以下的疏林草地
		31	高覆盖度草地			指覆盖度在 50% 以上的天然草地、改良草地和割草地。此类草地一般水分条件较好，草被生长茂密
		32	中覆盖度草地			指覆盖度在 20%~50% 的天然草地、改良草地。此类草地一般水分不足，草被较稀疏
		33	低覆盖度草地			指覆盖度在 5%~20% 的天然草地。此类草地水分缺乏，草被稀疏，牧业利用条件差

续表

一级类型		二级类型		三级类型		含义
编码	名称	编码	名称	编码	名称	
4	水域	指天然陆地水域和水利设施用地				
		41	河渠			指天然形成或人工开挖的河流及主干渠常年水位以下的土地。人工渠包括堤岸
		42	湖泊			指天然形成的积水区常年水位以下的土地
		43	水库坑塘			指人工修建的蓄水区常年水位以下的土地
		44	冰川与永久积雪			指常年被冰川和积雪所覆盖的土地
		45	海涂			指沿海大潮高潮位与低潮位之间的潮浸地带
		46	滩地			指河、湖水域平水期水位与洪水期水位之间的土地
5	城乡工矿居民用地	指城乡居民点及其以外的工矿、交通用地				
		51	城镇用地			指大城市、中等城市、小城市及县镇以上的建成区用地
		52	农村居民点用地			指镇以下的居民点用地
		53	工交建设用地			指独立于各级居民点以外的厂矿、大型工业区、油田、盐场、采石场等用地，以及交通道路、机场、码头及特殊用地
6	未利用土地	目前还未利用的土地，包括难利用的土地				
		61	沙地			指地表为沙覆盖、植被覆盖度在 5% 以下的土地，包括沙漠，不包括水系中的沙滩
		62	戈壁			指地表以碎砾石为主、植被覆盖度在 5% 以下的土地
		63	盐碱地			指地表盐碱聚集，植被稀少，只能生长强耐盐碱植物的土地
		64	沼泽地			指地势平坦低洼、排水不畅、长期潮湿、季节性积水或常年积水，表层生长湿生植物的土地
		65	裸土地			指地表土质覆盖、植被覆盖度在 5% 以下的土地
		66	裸岩石砾地			指地表为岩石或石砾、其覆盖面积大于 50% 的土地
		67	其他未利用土地			指其他未利用土地，包括高寒荒漠、苔原等

城市扩展遥感监测的主要对象是城市用地面积的变化及这种变化对其他类型土地的影响，在基于遥感数据为主要信息源进行城市扩展的监测与分析时，采用人机交互全数字分析方法，依靠专业人员直接获取变化区域数据及其属性。

城市扩展动态信息采用六位编码方式表示，即动态编码，兼顾原来土地利用类型、现在土地利用类型和相互转变关系等基本信息。根据土地利用分类系统，某类型土地在转变为城镇建设用地前，如耕地，以 3 位编码表示，居于动态编码的前部，随后的 3 位编码为变化后属于的土地利用类型，实际上在城市扩展监测中只有城镇用地一类（见图 2）。

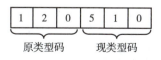

图 2　城市扩展监测动态编码

城市扩展遥感监测的主要技术指标包括投影和制图两个方面。投影方式采用双标准纬线等面积割圆锥投影，全国统一的中央经线和双标准纬线，中央经线为东经105°，双标准纬线为北纬25°和北纬47°，所采用的椭球体是KRASOVSKY椭球体。在1:10万比例尺城市扩展遥感监测中，按照图上面积2×2mm²的上图标准，相当于200m×200m的实地面积，约相当于30m分辨率遥感数据的6×6个像元，或者20m分辨率遥感数据的9×9个像元。图斑界线中误差控制在2个像元内，即1:10万比例尺地图上的0.6mm左右，判读定位偏差<0.5mm，制图精度为最小条状图斑短边长度≥4个像元。

1.1.3 遥感信息源及监测时段

针对中国75个城市在20世纪70年代初期至2016年扩展过程的遥感监测主要使用陆地卫星MSS、TM、ETM+、OLI数据和中巴资源卫星（CBERS）、环境一号（HJ-1）的CCD数据为信息源，空间分辨率在19.5~80m，使用量超过1482景。陆地卫星的MSS数据主要用于监测20世纪70~80年代的城市扩展过程，具体时段为1972~1984年，累计使用量超过151景。TM和ETM+数据使用量超过849景，具体时段为1984~2011年。OLI数据使用量288景，具体时间段为2013~2016年。中巴资源卫星（CBERS）使用量67景，主要用于监测部分城市2000~2009年的扩展状况。环境一号（HJ-1）使用量127景，用于监测部分城市2010~2013年的扩展状况。累计完成了1972~2016年不同时期1432期现状和1357期动态矢量专题制图（见表3），建成了城市扩展时空数据库。

表3　1972~2016年中国75个主要城市扩展遥感监测起止时间及期数

城市	监测时段	期数	城市	监测时段	期数	城市	监测时段	期数
北京	1973~2016年	25	哈尔滨	1976~2016年	16	南宁	1973~2016年	17
上海	1975~2016年	16	齐齐哈尔	1976~2016年	18	北海	1973~2016年	16
天津	1978~2016年	18	南京	1979~2016年	16	防城港	1973~2016年	18
重庆	1978~2016年	17	无锡	1973~2016年	21	海口	1973~2016年	15
石家庄	1979~2016年	16	徐州	1973~2016年	23	成都	1975~2016年	17
唐山	1976~2016年	18	杭州	1976~2016年	18	南充	1977~2016年	18
秦皇岛	1973~2016年	29	宁波	1974~2016年	18	贵阳	1973~2016年	21
邯郸	1973~2016年	24	合肥	1973~2016年	18	昆明	1974~2016年	15
邢台	1975~2016年	22	蚌埠	1975~2016年	19	丽江	1974~2016年	14
保定	1973~2016年	24	福州	1973~2016年	16	拉萨	1976~2016年	16
张家口	1975~2016年	18	厦门	1973~2016年	17	日喀则	1973~2016年	16

城市	监测时段	期数	城市	监测时段	期数	城市	监测时段	期数
承德	1975~2016 年	18	泉州	1973~2016 年	18	西安	1973~2016 年	18
沧州	1976~2016 年	25	南昌	1976~2016 年	16	延安	1974~2016 年	23
廊坊	1976~2016 年	22	济南	1979~2016 年	16	兰州	1978~2016 年	17
衡水	1975~2016 年	30	青岛	1973~2016 年	17	武威	1973~2016 年	18
太原	1977~2016 年	16	枣庄	1974~2016 年	19	西宁	1977~2016 年	18
大同	1977~2016 年	18	郑州	1976~2016 年	19	银川	1978~2016 年	16
呼和浩特	1976~2016 年	15	武汉	1978~2016 年	18	中卫	1973~2016 年	23
包头	1977~2016 年	20	宜昌	1973~2016 年	19	乌鲁木齐	1975~2016 年	12
赤峰	1975~2016 年	17	长沙	1973~2016 年	16	克拉玛依	1975~2016 年	15
沈阳	1977~2016 年	20	湘潭	1973~2016 年	18	喀什	1972~2016 年	15
大连	1975~2016 年	17	衡阳	1973~2016 年	17	霍尔果斯	1975~2016 年	14
阜新	1975~2016 年	19	广州	1977~2016 年	17	台北	1972~2016 年	13
长春	1976~2016 年	15	深圳	1973~2016 年	19	香港	1973~2016 年	14
吉林	1979~2016 年	16	珠海	1973~2016 年	18	澳门	1973~2016 年	16

1.2 2016年中国主要城市用地状况

2016 年，遥感监测的 75 个城市建成区面积合计 26505.88 平方千米，城市平均建成区面积为 353.41 平方千米。上海市面积最大，已达到 2127.66 平方千米，是我国目前唯一的建成区面积超过 2000 平方千米的超大城市。承德市最小，仅有 21.07 平方千米，极端相差 99.98 倍，城市之间用地规模存在很大的差异（见图 3）。

75 个城市中，近七成的城市建成区发展到了数百平方千米，更有 3 个大城市发展至上千平方千米。首都北京的用地规模仅次于上海，面积达 1516.90 平方千米（见图 4）。经济特区深圳市，发展规模紧随上海和北京，建成区面积同样超过了 1000 平方千米，位列第三。上海、北京和深圳，是目前城市用地规模超过 1000 平方千米的三个城市，同时也是中国城市化发展综合水平最高的三个城市（国家发展和改革委员会发展规划司等，2016），中国城市化发展最高水平与城市规模表现出一定程度的正相关关系。此外，建成区面积超过 75 个城市平均规模的城市还有 29 个，包括天津和重庆 2 个直辖市，广州、成都、南京、武汉、杭州、沈阳、西安和乌鲁木齐等 21 个省会（首府）城市，以及若干沿海重点发展城市，如青岛、大连、无锡和泉州等，遍布中国地理区划中除港澳台地区以外的所有 7 个区域，是我国各

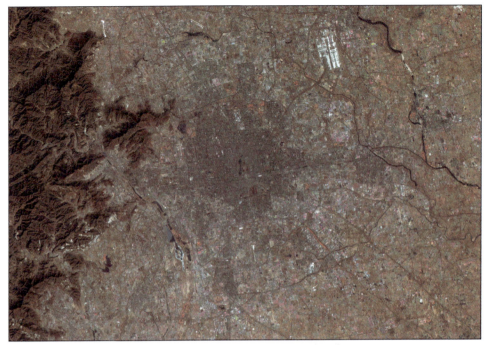

（b）2016年3月1日陆地卫星OLI假彩色影像

图4 北京市陆地卫星影像

总体而言，城市之间用地规模存在很大的差异。2016 年的城市用地规模最大为 2127.66 平方千米，最小仅有 21.07 平方千米，极端相差 99.98 倍。虽然不同区域之间城市规模存在一定差异，但各个区域均具备核心支撑城市，有利于我国城市区域协调发展。不同类型城市之间用地规模同样存在明显不同，极端相差 8.64 倍，体现了我国城市发展在遵循经济规律之外，受行政影响明显的特点。

1.3 20世纪70年代至2016年中国主要城市扩展

利用遥感技术完成了我国 75 个主要城市的扩展监测，恢复重建了改革开放前后 40 余年的城市建成区变化状况。限于遥感信息源等的影响，对各个城市进行遥感监测的起始年、具体的监测时间段等尚无法在 75 个城市做到一致，为了能够实现全国城市之间相同时间段的对比及综合分析，研究中将各个城市在每一个时间段的建成区变化总量，平均分配到该时间段中的每一年度，以便最终得出所有城市在相同年份的变化总量，进一步开展全国城市扩展过程研究。

1.3.1 城市用地规模变化

20 世纪 70 年代，75 个城市建成区面积共计 3606.26 平方千米，城市面积平均为 48.08 平方千米。北京市面积最大，为 193.40 平方千米，中卫市面积最小，为 1.24 平方千米，极端相差 154.97 倍。我国城市当时的规模普遍都比较小，尚未出现建成区面积超过 200 平方千米的城市（见图 5）。建成区面积超过 100 平方千米的城市包括北京、上海、天津、沈阳、哈尔滨、太原、西安、南京、武汉、广州和台北等 11 个，数量占 14.67%，但建成区面积占 45.64%，这些城市都是直辖市及省会（首府）城市，且基本位于我国东部地区。广大西部地区的省会（首府）城市以及全国的其他城市规模都相对较小，很多城市建成区的面积不足 50 平方千米，数量占 64.00%，其中西藏自治区首府拉萨市在 1976 年只有 16.72 平方千米，银川和西宁的建成区面积也只有 25 平方千米左右。其他城市如丽江、珠海、防城港、延安、霍尔果斯、中卫等，建成区面积均不足 3 平方千米。

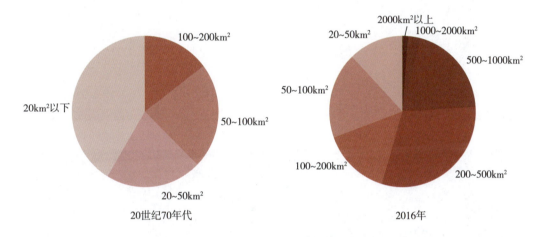

图 5　中国 75 个主要城市在不同时期的面积分级构成

40 余年来，随着社会经济的发展，各个城市建成区均有不同程度的增加。到 2016 年，城市的建设规模显著增大，实施监测的 75 个城市规模较监测起始年扩大了 6.35 倍。有 54.67% 的城市建成区面积达到 200 平方千米以上，超过了监测初期城市的最大规模。城市规模发展至上千平方千米的上海（见图 6）、北京和深圳三市的规模变化特点不同，上海和北京在 20 世纪 70 年代初期即为当时最大规模的城市，经历了 40 余年的发展，两城市规模依旧居前两位。深圳市则从 20 世纪 70 年代初期的 6.87 平方千米，迅速发展为规模 1078.49 平方千米的城市，建成区总面积在监测起始年基础上扩大了 155.90 倍（实际扩展面积 131.77 倍），是实施监测的 75 个城市中规模变化最显著的城市。最大城市与最小城市规模差异由 20 世纪 70 年代的 192.15 平方千米扩大为 2016 年的 2106.59 平方千米，进一步拉大了城市用地面积的绝对差距。同时，最大城市与最小城市规模相差的倍数由 20 世纪 70 年代

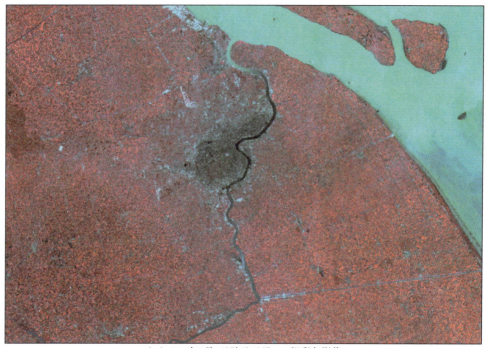

（a）1979年8月4日陆地卫星MSS假彩色影像

（b）2016年7月20日陆地卫星OLI假彩色影像

图6　上海市陆地卫星影像

的 154.97 倍减小到 2016 年的 99.98 倍，城市规模相对差距有所减少。

比较发现，在 20 世纪 70 年代，我国单个城市的建成区面积最大也不足 200 平方千米，而到了 2016 年，54.67% 的城市建成区面积超过了 200 平方千米。大城市的扩展面积多大于小城市，最大城市与最小城市用地绝对的面积差距进一步加大，但大小极端相差倍数指示的相对差距有所减小。

1.3.2　城市扩展基本情况

城市建成区发展变化相互差异很明显（见图 7）。建成区面积的扩展特点基本包括两方面的内容：一是建成区实际扩展面积及其年均扩展面积，能够反映城市扩展的面积数量及其过程特点；二是建成区扩展倍数，凸显了各个城市相对自身的扩展变化幅度及其显著性。

遥感监测的 40 余年间，我国 75 个城市建成区扩展总面积 22899.62 平方千米，其中，实际扩展面积 19531.56 平方千米，周边原有城镇用地连接到建成区的面积 3368.06 平方千米（后续分析中只考虑城市实际扩展面积）。我国城市不仅规模扩展显著，而且城市间差异巨大。就建成区实际扩展面积而言，上海最多，达 1359.34 平方千米，承德最小，仅有 10.80 平方千米，进一步加剧了我国城市之间的用地规模差异。上海市年均扩展面积最大，达 33.15 平方千米，而日喀则、武威和承德等只有不足 0.5 平方千米的年均扩展面积，差异同样明显。监测期间，城市扩展倍数以深圳市最大，实际扩展了 131.77 倍，扩展不明显的吉林市、齐齐哈尔市和台北市，扩展不足一倍（见表 4）。

表 4　20 世纪 70 年代以来中国城市扩展情况

城市	实际扩展面积（km²）	年均扩展面积（km²）	扩展倍数	城市	实际扩展面积（km²）	年均扩展面积（km²）	扩展倍数
北京	1185.56	27.57	6.45	济南	265.33	7.17	2.75
上海	1359.34	33.15	9.37	青岛	424.86	9.88	9.70
天津	539.52	14.20	4.28	枣庄	67.96	1.62	7.64
重庆	398.34	10.48	4.56	郑州	643.01	16.08	12.40
石家庄	308.66	8.34	5.56	武汉	554.53	14.59	2.87
唐山	141.13	3.53	2.72	宜昌	59.89	1.39	2.70
秦皇岛	131.95	3.07	6.41	长沙	382.19	8.89	7.42
邯郸	118.36	2.75	3.89	湘潭	59.87	1.39	3.05
邢台	58.94	1.44	2.81	衡阳	71.35	1.66	10.81
保定	147.73	3.44	4.38	广州	690.68	17.71	4.53
张家口	76.46	1.86	4.29	深圳	905.72	21.06	131.77
承德	10.80	0.26	1.45	珠海	118.69	2.76	49.15
沧州	75.08	1.88	4.02	南宁	329.34	7.66	8.45

续表

城市	实际扩展面积（km²）	年均扩展面积（km²）	扩展倍数	城市	实际扩展面积（km²）	年均扩展面积（km²）	扩展倍数
廊坊	83.57	2.09	10.71	北海	100.38	2.33	30.81
衡水	50.89	1.24	6.90	防城港	60.06	1.40	32.25
太原	311.55	7.99	2.33	海口	159.12	3.70	36.97
大同	123.55	3.17	5.77	成都	670.29	16.35	8.46
呼和浩特	287.93	7.20	7.68	南充	60.67	1.56	9.86
包头	331.03	8.49	4.87	贵阳	233.92	5.44	21.58
赤峰	73.79	1.80	5.48	昆明	419.67	9.99	8.19
沈阳	461.97	11.85	2.53	丽江	30.02	0.71	10.90
大连	275.18	6.71	4.11	拉萨	66.55	1.66	3.98
阜新	47.64	1.16	1.08	日喀则	15.47	0.36	3.23
长春	483.30	12.08	5.02	西安	478.18	11.12	4.69
吉林	63.13	1.71	0.92	延安	43.26	1.03	17.14
哈尔滨	289.13	7.23	2.29	兰州	106.72	2.81	1.10
齐齐哈尔	45.18	1.13	0.98	武威	15.30	0.36	1.88
南京	649.54	17.56	4.91	西宁	104.19	2.67	4.15
无锡	439.40	10.22	23.40	银川	196.66	5.18	7.65
徐州	250.75	5.83	12.40	中卫	24.70	0.57	19.88
杭州	489.68	12.24	12.81	乌鲁木齐	447.97	10.93	4.83
宁波	229.17	5.46	17.60	克拉玛依	34.17	0.83	4.64
合肥	549.98	12.79	9.65	喀什	112.10	2.55	20.20
蚌埠	66.64	1.63	4.06	霍尔果斯	33.68	0.82	20.11
福州	205.61	4.78	5.03	台北	86.07	1.96	0.51
厦门	416.97	9.70	25.89	香港	159.77	3.72	2.66
泉州	257.16	5.98	66.94	澳门	22.76	0.53	3.53
南昌	241.85	6.05	4.79				

　　建成区实际扩展面积以上海市最大，承德市最小，极端相差124.87倍（见图7、图8）。建成区实际扩展面积超过1000平方千米的城市只有上海和北京，突出表现了中国这两个最大也最重要城市的变化是最显著的。建成区面积扩展500~1000平方千米的城市有深圳、广州、成都、南京、郑州、武汉、合肥和天津等8个，都是我国非常重要的大型城市。建成区面积扩展200~500平方千米的城市有25个，占全部城市的33.33%，包括杭州、长春、西安、沈阳和乌鲁木齐等，这一扩展规模城市最多，多是我国重要的大城市，它们的发展均具有特殊的区域意义。扩展面积在100~200平方千米的城市有13个，占17.33%，主要包括银川、兰州、西宁、海口等省会（首府）城市及保定、唐山、秦皇岛、邯郸、大同和珠海等其他城市。扩展面积在50~100平方千米的城市有16个，占21.33%，包括拉萨和台北两个省会（首府）城市，其余为廊坊、张家口、沧州、赤峰和吉林等其他城市。扩展面积不

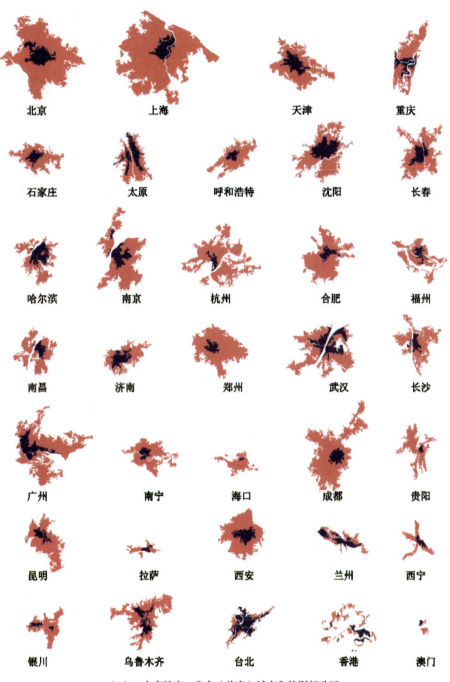

北京　　　　上海　　　　天津　　　　重庆

石家庄　　　太原　　　呼和浩特　　　沈阳　　　　长春

哈尔滨　　　南京　　　　杭州　　　　合肥　　　　福州

南昌　　　　济南　　　　郑州　　　　武汉　　　　长沙

广州　　　　南宁　　　　海口　　　　成都　　　　贵阳

昆明　　　　拉萨　　　　西安　　　　兰州　　　　西宁

银川　　　乌鲁木齐　　　台北　　　　香港　　　　澳门

（a）34个直辖市、省会（首府）城市和特别行政区

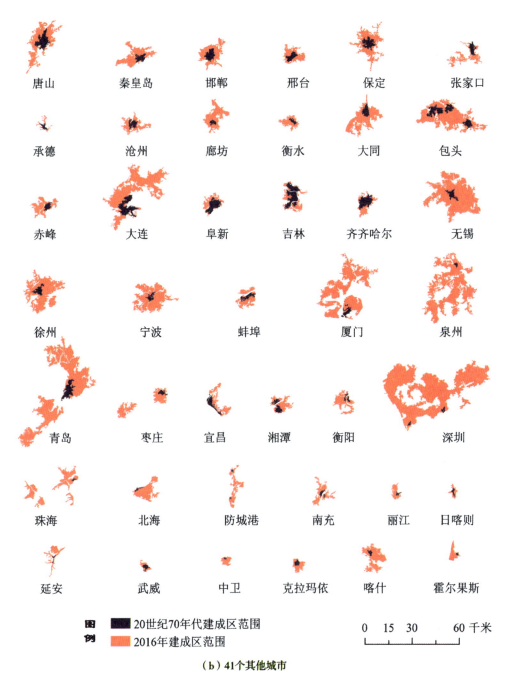

图例 ■ 20世纪70年代建成区范围
■ 2016年建成区范围

0 15 30 60 千米

（b）41个其他城市

图7 20世纪70年代和2016年中国75个主要城市面积对比

足 50 平方千米的城市有阜新、齐齐哈尔、延安、克拉玛依、霍尔果斯、丽江、中卫、澳门、日喀则、武威和承德等 11 个，占 14.67%。

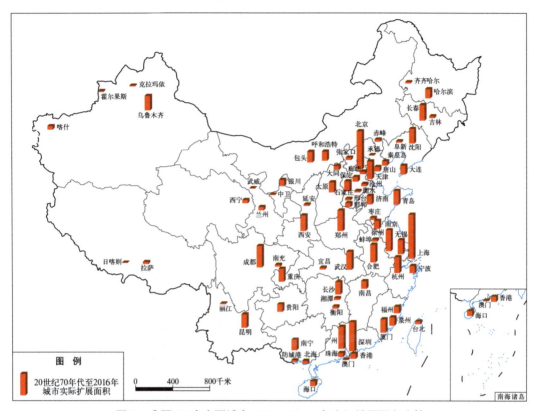

图 8 我国 75 个主要城市 1970s~2016 年实际扩展面积比较

多数城市在具有较大的实际扩展面积的同时也具有相对较大的年均扩展面积（见图 9）。比较发现，年均扩展面积超过 20 平方千米的城市有上海、北京和深圳，上海和北京不仅实际扩展规模最大，而且扩展速度也显著超过其他城市，由此而导致与其他城市的规模差异越来越大，深圳市是迅速发展为大型城市的典型。深圳市的变化最显著，实际扩展面积是监测初期的 131.77 倍。其他建成区扩展比较显著的城市还包括泉州、珠海、海口、防城港、北海、厦门、无锡、贵阳、喀什和霍尔果斯等 10 个城市，其建成区的扩展面积均是监测初始年面积的 20 倍以上。

总体而言，我国城市建成区面积变化显著，但城市之间存在明显差异，城市规模变化量最大与最小极端相差 124.87 倍，进一步加剧了我国城市之间的用地规模差异。

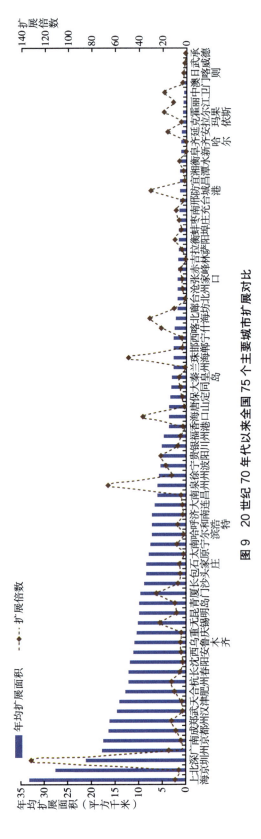

图 9　20 世纪 70 年代以来全国 75 个主要城市扩展对比

1.4 中国主要城市扩展时空特征

得益于长期高速的社会经济发展，中国城市扩展明显。由于全国 75 个主要城市发展历史不同，在人口、民族、社会经济发展水平、城市功能和分布的地理位置等方面均存在显著差异，作为遥感监测起始的 20 世纪 70 年代的城市状况，是过去长期发展的结果，也是遥感监测的起点，自身就存在很大的差异。过去 40 余年，无论是城市扩展速率、扩展的空间方位、扩展变化时间，还是占用的其他土地利用类型等，均有不同，且阶段性特点明显。不同类型、不同规模的城市在扩展幅度和扩展时间先后等诸多方面均有各自的特点。同时，受到区域自然地理环境、社会经济发展水平等的影响，不同地区的城市扩展也存在显著差异。

1.4.1 城市扩展阶段特征

城市扩展过程分析中对全国城市变化划分的基本时间段包括 20 世纪 70 年代、80 年代、90 年代、21 世纪前十年及 2010~2016 年等 5 个时段。同时，遥感监测时段涵盖了国民经济和社会发展的第六个"五年计划"时期（1981~1985 年，简称"六五"时期）、"七五"时期（1986~1990 年）、"八五"时期（1991~1995 年）、"九五"时期（1996~2000 年）、"十五"时期（2001~2005 年）、"十一五"时期（2006~2010 年）、"十二五"时期（2011~2015 年），此外还包括 1980 年之前和"十三五"规划的第一年（2016 年）。

全国城市用地规模的增长趋势非常明显（见图 10），75 个城市平均每年增加面积由原来的不足 1 平方千米增加到近年的 16 平方千米左右，加快了 15 倍以上，扩展速度变化过程表现出显著的阶段性特点。

图 10　20 世纪 70 年代以来中国 75 个主要城市平均历年扩展面积

在 20 世纪 70 年代，我国城市扩展尚不明显，75 个城市实际扩展面积共计 396.85 平方千米，城市平均的年增加面积在 0.90~1.62 平方千米。进入 80 年代，75 个城市建成区实际扩展面积 1614.40 平方千米，城市平均年增加 2.15 平方千米，稍高于前一时期。在 20 世纪 80 年代期间，城市建成区扩展的阶段性差异很大，1987 年及之前城市面积仍较稳定，1988 年扩展速度开始加快，1988 年和 1989 年城市平均年扩展面积达到了 2.90 平方千米，几乎是此前的 1.5 倍。

20 世纪 90 年代，我国城市开始快速扩展，全国 75 个城市建成区实际扩展面积 3322.44 平方千米，城市平均年增加 4.43 平方千米，扩大的面积总量和平均扩展速度都比前一时期扩大了一倍，城市建成区扩展年际变化较大。1990~1996 年，城市建成区面积共增加 2334.59 平方千米，年均扩展达到 333.51 平方千米，城市平均年均扩展 4.45 平方千米，表现为第一个扩展高峰。从 1997 年开始，速度和扩展规模均有下降趋势。

进入 21 世纪后，我国城市建设进入大发展时期。21 世纪最初十年，全国 75 个城市建成区实际扩展面积 7865.90 平方千米，城市平均年增加 10.49 平方千米，扩大的面积总量和平均扩展速度比前一时期加快 1.37 倍。2000~2006 年短短七年内，全国 75 个城市建成区面积扩展了 5483.82 平方千米，过去 40 余年以来我国城市建成区总扩大面积中有 28.08% 是在此期间完成的。

2010~2016 年，全国 75 个城市的建成区实际扩展面积 6327.46 平方千米，城市平均年增加 12.05 平方千米，平均扩展速度比前一时期再次增加了 14.87%，呈现多年连续变化中非常突出的一个扩展高峰期，七年实际扩展的面积占过去 40 年实际扩展面积的 32.24%，成为监测期内扩展最快的时段。同时，也是扩展速度起伏最大的时期。城市扩展速度 2014 年达到峰值，城市平均增加了 15.63 平方千米，2015 年大幅度降低至 6.24 平方千米，降低了 60.08%。2016 年出现小幅度上升，城市平均扩展面积 8.63 平方千米。

中国 75 个主要城市的扩展在不同的国民经济和社会发展五年计 / 规划期间体现了时代特点。1980 年及以前，我国处于改革开放初期，城市扩展缓慢，实际扩展面积 552.96 平方千米，城市平均年均扩展面积 1.44 平方千米（见图 11）。改革开放最初两年，中共中央、国务院先后批准广东、福建两省的对外经济活动自主权，设立深圳、珠海、汕头、厦门经济特区，推动了我国城市规模由缓慢扩展向加速扩展过渡。

"六五"期间，改革开放进一步推进，城市扩展速度有所加快，75 个主要城市实际扩展面积 725.52 平方千米，年均扩展面积较上一时段增加了 46.24%。在此期间，我国确定开放从北至南包括大连、上海、北海等共计 14 个沿海开放城市；此

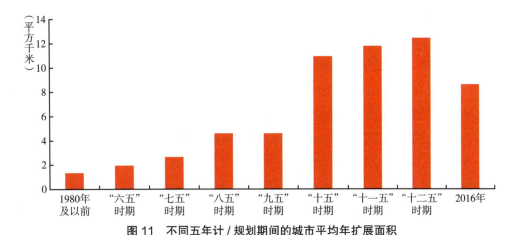

图 11　不同五年计 / 规划期间的城市平均年扩展面积

后开辟珠江三角洲、长江三角洲、闽南三角洲为沿海经济开放区，大大推动了中国城市经济发展及用地规模的壮大。

　　政策对城市发展的推动作用在"七五"期间已经有了更为明显的表现，75 个主要城市年均扩展速度较前一个五年计划时期提升了 37.07%。国家设立海南省，海南经济特区成为我国唯一的省级经济特区，以及上海市浦东新区作为中国首个副省级市辖区的诞生等，极大地推动了区域城市的扩展。

　　"八五"期间，改革开放政策在全国范围实施，由沿海逐渐向沿边、沿江和所有内陆省会（首府）城市拓展，开发黑龙江省黑河市、绥芬河市、吉林省珲春市和内蒙古自治区满洲里市四个边境城市，以及内陆地区 11 个省会（首府）城市。同期，国务院批准了武汉东湖、南京、西安、天津、长春、深圳等 26 个国家高新技术产业开发区。至此，国家的开发开放政策覆盖了遥感监测的 75 个主要城市的绝大多数，城市用地规模扩展得到了明显促进。城市平均年扩展面积 4.60 平方千米，年均扩展速度较前一个五年计划期间提高了 73.57%。

　　"九五"期间，城市扩展速度没有明显加快，城市平均年扩展 4.62 平方千米，城市用地规模进一步扩大。该时期是我国经济和社会发展承上启下的重要时期，经济和社会发展遇到前所未有的挑战。亚洲金融危机给我国经济增长带来严重冲击。国务院继续推进各项改革，坚持以发展保稳定。持续了近十年的城市快速扩展中，城市无节制扩大、滥用土地、浪费耕地等问题逐渐显现，城市经济发展水平的提高与用地规模的增加不符，土地利用集约度明显不足。国家针对此类问题的策略调整，一定程度上平抑了城市快速扩展的势头。

　　"十五"期间是我国经济社会发展取得巨大成就的五年。中国正式加入世界贸易组织（WTO），快速融入全球化的市场体系，形成外向型城镇体系空间格局。国家开始实施西部大开发政策，缩小经济发展的地域差异，全国性的全面推进经济

发展，城市用地规模也因此进入了新的扩展高峰期。城市年均扩展速度较此前加快
1.36 倍，实际扩展面积合计 4094.71 平方千米。随着中国经济发展由单纯追逐 GDP
指标逐步向经济—生态协调发展阶段过渡，耕地在城市扩展土地来源中所占比例下
降约 1%。国家全面启动退耕还林（还草）政策，并实施严格的耕地保护制度，对
于平衡城市发展和耕地保护之间的矛盾发挥了重要作用。

"十一五"期间，国家实施东北老工业基地振兴发展战略和中部崛起计划，力
求进一步缩减区域发展不均衡。此外，在改革开放以来已经初具规模的一批特大城
市的带领下，重点发展以特大城市为核心、辐射区域内大中城市的城市群，国家先
后批准并实施了珠江三角洲地区改革发展规划、长江三角洲地区区域规划、京津冀
都市圈区域规划，加快了中国城市在重点区域集群式发展的步伐，拉动了重点区域
大中小城市的发展。75 个主要城市实际扩展面积 4399.61 平方千米，年均扩展速度
较前一阶段提高 7.45%。在全球经济危机的大背景下，中国保持了经济平稳较快发
展的良好态势。

"十二五"时期是国际经济转型与中国经济社会转型的重叠期，也是中国经济
社会转型的关键时期。"十二五"规划的主要目标是"加快转变经济发展方式"，扩
大内需是转变发展方式的重要内容，而城镇化则是扩大内需的重要支点。在促进大
中小城市和小城镇协调发展、促进东部地区提升城镇化质量的同时，对中西部发展
条件较好的地方，研究加快培育新的城市群，形成新的增长极，是城镇化发展方式
的宏观指导。"十二五"期间中国城市用地规模扩展速度超越了此前时期，城市平
均年扩展面积 12.42 平方千米，是整个监测时段城市扩展速度最快的时期，常住人
口城镇化率达到了 56.1%，超越了世界平均水平，中国整体进入城市型社会阶段。

"十三五"时期是我国全面建成小康社会的决胜阶段，以经济保持中高速增长
为目标，继续推进新型城镇化，严格限制新增建设用地规模。新型城镇化以人的城
镇化为核心、以城市群为主体形态、以城市综合承载能力为支撑，努力缩小城乡发
展差距，推进城乡发展一体化。就目前监测的"十三五"第一年的中国城市扩展情
况来看，城市平均扩展速度呈现下降态势，比此前时期下降了 30.51%，初步体现
了新型城镇化以优化城市空间结构、提高城市空间利用效率、严格规范新城新区建
设等国家规划的实际效果。

总体而言，中国城市在"六五"期间及之前发展缓慢，"七五"期间明显加
速，年均扩展面积增加了 37.07%，1988 年开始了 9 年左右的持续扩展。"十五"期
间，城市用地规模进入了扩展高峰期，年均扩展速度较此前加快 1.36 倍，持续了
6 年左右的时间。"十二五"期间是城市扩展速度最快的时期。"八五""十五"和
"十二五"时期分别出现了三次扩展高峰期，体现了国家全面推进改革开放政策、

中国加入世贸组织及加快转变经济发展方式等重大决策对城市发展的强大驱动作用。同时，在 1998 年亚洲金融风暴和 2008 年全球经济危机期间，中国城市扩展速度也出现两次减缓。

1.4.2 城市扩展区域特征

近年来，城市的快速发展有目共睹，但是由于中国疆域辽阔，不同地区的自然地理状况差异显著、经济发展水平不平衡等因素，导致不同地区的城市在不同时期的扩展速度、扩展规模及对区域土地利用的影响等存在差异，形成各具特色的时空过程。同时，在国家宏观发展战略的影响下，从东部到西部地区城市的扩展也显著不同。

中国区域划分是基于中国行政大区区划和地理大区区划方法，将中国分为东北、华北、华中、华东、华南、西北、西南和港澳台地区等 8 个区。监测的 75 个城市中，华北地区 18 个，东北地区 7 个，华东地区 15 个，华中地区 6 个，华南地区 7 个，西南地区 8 个，西北地区 11 个，港澳台地区 3 个（见表 5）。

表 5　中国 75 个主要城市在八大区域的分布

分区名称	城市名称
东北地区	沈阳、长春、哈尔滨、齐齐哈尔、大连、阜新、吉林
华北地区	北京、天津、太原、石家庄、呼和浩特、包头、唐山、大同、赤峰、保定、沧州、承德、邯郸、衡水、廊坊、秦皇岛、邢台、张家口
华中地区	郑州、武汉、长沙、衡阳、湘潭、宜昌
华东地区	上海、南京、合肥、杭州、福州、南昌、济南、青岛、枣庄、厦门、徐州、无锡、宁波、蚌埠、泉州
华南地区	广州、南宁、海口、深圳、珠海、防城港、泉州
西北地区	西安、乌鲁木齐、银川、兰州、西宁、克拉玛依、武威、霍尔果斯、喀什、延安、中卫
西南地区	重庆、成都、昆明、贵阳、拉萨、南充、丽江、日喀则
港澳台地区	香港、澳门、台北

东北地区行政区划上包括黑龙江、吉林和辽宁等三省。早在 20 世纪 30 年代东北地区就建成了较为完整的工业体系，2003 年 9 月 29 日，中共中央政治局讨论通过《关于实施东北地区等老工业基地振兴战略的若干意见》，开启了振兴东北的战略历程。此次东北地区城市扩展监测了 7 个城市，包括 3 个省会城市和 4 个其他城市。该地区城市从 1975 年的 630.75 平方千米，扩展为 2016 年的 2538.71 平方千米，城市总面积增加了 1907.97 平方千米，总面积扩大了 3.02 倍。从 1975 年至 2016 年的 41 年间，东北地区城市扩展的时间特征显著。分别经历了 20 世纪 70 年代的持续加速扩展时期、20 世纪 80 年代至 90 年代前期和中期的低速平稳扩展时期、20

世纪 90 年代末期急剧加速扩展时期、21 世纪前十年的震荡加速扩展时期和 2010 年后的震荡减速扩展时期。

华北地区行政区划上包括北京市、天津市、山西省、河北省和内蒙古自治区。此次监测选取了该地区 2 个直辖市、3 个省会（首府）城市和 13 个其他城市共 18 个城市，是此次城市扩展遥感监测的八大地区中其他城市样本个数最多的地区，主要基于我国在 2014 年提出并开始实施的"京津冀协同发展"国家战略考虑，势必对华北地区的城市扩展产生影响，在其他城市中选取了河北省全部 10 个地级市。1973 年至 2016 年 43 年间，该地区城市从 856.24 平方千米扩展到 5289.09 平方千米，增加了 5.18 倍。华北地区城市总体呈加速扩展态势，1973~2000 年为低速平稳扩展期，并在 20 世纪 80 年代末出现一次小的扩展高潮；21 世纪前十年表现为波动加速扩展，并在 2009~2010 年达到整个监测期的第一个峰值；2010~2016 年的城市扩展呈震荡减速态势。

华中地区行政区划上包括河南、湖北和湖南三省，农业发达，轻重工业都有较好的基础，水陆交通便利，是全国经济比较发达的地区。此次共监测了该地区 6 个城市，包括 3 个省会城市和 3 个其他城市。结果显示，从 1973 年至 2016 年共 43 年，华中地区城市从 345.17 平方千米扩展到 2220.81 平方千米，城市总面积增加了 5.43 倍。华中地区遥感监测发现，城市的扩展经历了 20 世纪 70 年代和 80 年代的低速平稳扩展时期、90 年代明显启动加速扩展时期、21 世纪前十年进入快速扩张时期，在 2010~2016 年震荡加速扩展，并在 2012~2014 年成为整个监测期该地区城市扩展速度最快的阶段。

华东地区行政区划上包括上海、江苏、浙江、安徽、福建、江西和山东等地。此次选取了该地区 1 个直辖市、6 个省会城市、8 个其他城市共 15 个。1973 年至 2016 年，城市面积从 701.47 平方千米扩展到 8434.53 平方千米，增加了 11.02 倍。华东地区城市扩展总体呈持续加速态势，并有明显的四级阶梯式加速扩展的显著特征：1973~1978 年为第一阶梯的低速平稳扩展，直到 20 世纪 70 年代末至 80 年代初有一次明显的跳跃式加速扩展发生；1980~1986 年为第二阶梯的启动加速扩展，直到 20 世纪 80 年代末出现一次明显的跳跃式加速扩展；1987~1999 年为第三阶梯的较高速扩展，21 世纪初出现显著的跳跃式加速扩展；2001~2013 年为第四阶梯的高速波动扩展，并在 2014 年后出现震荡减速扩展趋势。

华南地区行政区划上包括广西壮族自治区、广东省和海南省。此次共监测了该地区 3 个省会（首府）城市和 4 个其他城市共 7 个。1973 年至 2016 年，城市面积从 210.14 平方千米扩展到 2931.49 平方千米，总面积增加了 12.95 倍，是全国城市面积扩展最为显著的地区。华南地区城市 20 世纪 70 年代呈低速扩展，80 年代加速后表现为平稳扩展；90 年代进入高速扩展时期，年均扩展 10.65 平方千米，成为该时期全国八大区域城市扩展速度最快的地区；21 世纪以来持续保持年均 11.82 平方千米的高速扩展，但有波动。

西北地区包括陕西、甘肃、宁夏、青海和新疆等 5 个省级行政区。此次共监测了该地区的 5 个省会（首府）城市和 6 个其他城市。西北地区城市扩展相对滞后和缓慢，从 1973 年的 368.88 平方千米扩展到 2016 年的 2148.13 平方千米，城市总面积扩大了 4.82 倍。西北地区城市扩展过程具有其自身特点，时间特征明显。西北地区深居内陆，属于我国经济欠发达地区，城市建成区扩展经历了 20 世纪 70 年代至 80 年代较长的低速扩展时期、90 年代启动加速后的低速扩展时期、21 世纪以来较高速的震荡式扩展时期（包括前 10 年的波动加速和近 6 年的波动减速扩展时期）。

西南地区包括重庆、贵州、四川、云南和西藏等 5 个省级行政区。此次共监测了该地区 1 个直辖市、4 个省会（首府）城市和 3 个其他城市。西南地区城市扩展较为显著，从 1973 年的 259.13 平方千米扩展到 2016 年的 2425.34 平方千米，扩大了 8.36 倍。西南地区城市扩展的时间特征明显，20 世纪 70 年代至 90 年代初总体处于低速扩展时期；从 1992 年启动加速后至 90 年代末平稳扩展；21 世纪初进入显著加速扩展阶段，并在近 6 年出现显著的波动，形成 2008~2009 年、2010~2011 年和 2012~2013 年城市扩展的三次高潮。

港澳台地区是对我国的香港特别行政区、澳门特别行政区和台湾省的通称，经济发达。该地区的监测时间为 1972 年至 2016 年，城市面积从 234.48 平方千米扩展到 517.58 平方千米，面积增大了 1.21 倍，是中国 8 个分区域城市扩展监测中扩展相对最少的区域。该地区的城市扩展有其自身显著的时间特征，总体表现为持续减速扩展，显著区别于其他 7 个地区的城市扩展。

由于 8 个地区存在显著的自然地理状况差异，以及我国对区域经济发展布局的部署和调整也存在阶段性和区域性，不同地区城市扩展的时空过程有明显不同。20 世纪 70 年代，中国大部分地区城市处于低速扩展时期，只有港澳台地区和东北地区的城市扩展速度明显高于其他地区，尤其是港澳台地区城市扩展处于城市化后期，出现减速扩展的特征（见图 12）。20 世纪 70 年代中后期，除了港澳台地区、西北地区和西南地区以外的中国其他地区城市扩展启动加速。从"四五"后期到"五五"初期，受国家投资的地区重点开始逐步向东转移、大型成套设备项目在沿海地区落户等影响，东北地区、华南地区和华东地区城市扩展加速明显。20 世纪 80 年代，中国城市扩展仍呈现平稳扩展的特征，未出现较大起伏，但区域之间还是差异明显。十一届三中全会后中国实行对外开放、对内搞活经济的重大战略方

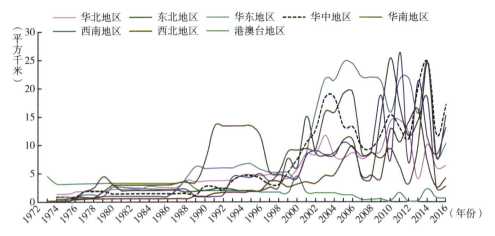

图 12　20 世纪 70 年代至 2016 年中国不同区域城市的平均扩展面积

针，以及"六五"和"七五"计划明确积极发展和加速发展东部沿海地带，华南地区城市扩展加速明显，从 20 世纪 70 年代八大区域的第 6 位跃居到 80 年代的第 1 位；华东地区城市扩展速度也超越了港澳台地区跃居第 3 位，西北地区和西南地区城市扩展的速度仍排在最后两位。20 世纪 90 年代，中国城市扩展出现更大的区域差异，华南地区呈高速波动扩展，华东地区和华北地区高速平稳扩展，华中地区和西南地区较为滞后地加速扩展，西北地区和东北地区平稳加速扩展，港澳台地区从 20 世纪 80 年代末开始减速扩展。

21 世纪前 10 年，中国城市普遍保持高速扩展，并波动显著，除港澳台地区持续低速扩展外，其他 7 个地区的城市扩展速度均呈现多个波峰和波谷的全面高速扩展态势，其年均扩展速度由快到慢依次为华东、华中、华南、东北、西南、华北、西北、港澳台地区。最近 6 年，中国八大地区城市扩展特征仍然迥异：华中地区后来居上，波动增速扩展并达到全国 8 个分区之首；西南地区该时段城市扩展速度跃升至第三位，并在 2010~2011 年成为全国城市扩展速度最快的地区；2014~2015 年是全国八大区域城市扩展的一个波谷时期。

1.4.3　不同类型城市的扩展

城市经济因城市规模或级别不同，吸纳劳动力和资金等社会资源的能力存在差异，因此由人口和经济支撑的城市建成区在空间上的扩展速度也存在差异。直辖市、省会（首府）城市、计划单列市和其他城市等 4 种不同类型城市的建成区在 20 世纪 70 年代初至 2016 年的年均扩展面积随时间的变化显著不同，人均城市用地面积的变化也存在明显差异。考虑到经济特区和沿海开放城市的特殊性，也进行了专门分析。

（1）直辖市建成区扩展特征

20 世纪 70 年代初 4 个直辖市城市建成区面积合计 542.27 平方千米，至 2016 年增长为 4811.23 平方千米，实际扩展面积合计 3482.76 平方千米，是监测初期建成区面积的 6.42 倍，占同期遥感监测的全国 75 个城市建成区实际扩展总面积的 17.83%。直辖市城市建成区扩展速度明显划分为 4 个阶段，第一阶段为 20 世纪 70 年代初至 80 年代中后期，建成区低速平稳扩展；第二阶段为 20 世纪 80 年代末至 2000 年，建成区快速扩展；第三阶段为 2000~2012 年，建成区剧烈扩展，其间 2000~2003 年扩展速度直线上升，2003~2012 年扩展速度维持高位震荡；第四阶段为 2013~2016 年，建成区扩展速度较 2012 年有了较大回落，接近 20 世纪 90 年代扩展速度的平均水平。2002~2003 年平均年扩展 61.78 平方千米，是直辖市城市建成区扩展速度的历史最高点（见图 13）。

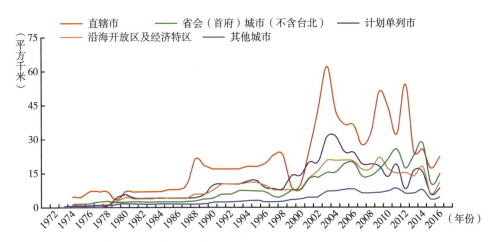

图 13　不同类型城市建成区扩展速度变化

在 4 个直辖市中，20 世纪 70 年代初至 2016 年上海市建成区扩展面积最多，为 1359.34 平方千米，是监测初期建成区面积的 9.37 倍；其次为北京市，扩展面积为 1185.56 平方千米，增加了 6.45 倍；天津市和重庆市建成区扩展面积相对较小，分别为 539.52 平方千米和 398.34 平方千米，分别增加了 4.28 倍和 4.56 倍。北京市和上海市建成区扩展面积合计占直辖市城市建成区扩展面积的七成以上，为同期全国 75 个城市建成区实际扩展总面积的 13.03%。

从国民经济和社会发展五年计 / 规划时段划分来看，"八五"时期是直辖市城市建成区扩展的第一个高峰期，"十五"时期建成区扩展速度最高，平均年扩展 41.70 平方千米。"十五"之后，直辖市城市建成区扩展速度逐渐减缓。

（2）省会（首府）城市建成区扩展特征

在 28 个省会（首府）城市中，台北市在监测时期已处于后城市化阶段，其建成区扩展基本处于停滞状态，与大陆城市的建成区扩展过程截然不同。因此，这里只分析大陆 27 个省会（首府）城市建成区的扩展特征。

20 世纪 70 年代初大陆 27 个省会（首府）城市建成区面积合计 2040.11 平方千米，至 2016 年增长为 13426.27 平方千米，实际扩展面积合计 10027.60 平方千米，是监测初期建成区面积的 4.92 倍，占同期遥感监测的全国 75 个城市建成区实际扩展总面积的 51.34%。在大陆 27 个省会（首府）城市中，广州市建成区扩展面积最多，为 690.68 平方千米，拉萨市建成区扩展面积最少，为 66.55 平方千米。总体来看，建成区扩展面积较多的城市以东部和中部城市为主，扩展面积较少的城市多为西部地区城市。但是，从建成区面积的扩展倍数来看，海口市、贵阳市、杭州市、郑州市、合肥市、成都市、南宁市、昆明市、呼和浩特市和银川市的建成区面积扩展倍数居前十位，说明这些城市建设相对活跃（见图 14）。

省会（首府）城市扩展速度变化过程划分为 4 个阶段，即 1974~1987 年的低速平稳期、1987~1997 年的快速扩展期、1997~2014 年的加速扩展期和 2014~2016 年的快速衰减期。总体来看，省会（首府）城市建成区扩展速度在 2014 年以前表现为波浪式上升，至 2014 年达到历史最高点，平均年扩展面积达 28.11 平方千米，之后扩展速度快速衰减。省会（首府）城市建成区扩展速度出现历史最高值较直辖市城市晚了将近 10 年时间。

从国民经济和社会发展五年计 / 规划时段划分来看，大陆省会（首府）城市在"十二五"时期之前，除"九五"时期较"八五"时期稍有回落外，建成区扩展速度持续上升。"十二五"时期扩展速度最高，平均年扩展 20.62 平方千米。2016 年扩展速度较"十二五"时期有较大回落，但仍远高于"十五"时期之前。

（3）计划单列市建成区扩展特征

中国现有计划单列市 5 个，分别为大连市、青岛市、宁波市、厦门市和深圳市（见图 15）。20 世纪 70 年代初 5 个计划单列市建成区面积合计仅 146.67 平方千米，至 2016 年增长为 2971.77 平方千米，实际扩展面积合计 2251.90 平方千米，是监测初期建成区面积的 15.35 倍，占同期遥感监测的全国 75 个城市建成区实际扩展总面积的 11.53%。在 5 个计划单列市中，仅深圳市的建成区扩展面积就占了 40.22%。依建成区面积扩展倍数由高到低依次为深圳市、厦门市、宁波市、青岛市和大连市。因此，5 个计划单列市的建成区扩展由北向南趋于活跃。

计划单列市建成区扩展过程划分为五个阶段，第一个阶段为改革开放前（1973~1978 年），建成区停滞扩展；第二个阶段为改革开放初期（1978~1989 年），

（a）1973年12月27日陆地卫星MSS假彩色影像

（b）2016年12月25日陆地卫星OLI假彩色影像

图 14　海口市陆地卫星影像

（a）1973年12月25日陆地卫星MSS假彩色影像

（b）2016年2月7日（左）和2016年9月27日（右）陆地卫星OLI假彩色影像

图 15　深圳市陆地卫星影像

建成区低速扩展；第三个阶段为 1989~1998 年，建成区快速扩展；第四个阶段为 1998~2004 年，建成区扩展速度急速攀升；第五个阶段为 2004~2016 年，建成区扩展速度震荡下行，持续时间较久。2002~2004 年建成区平均年扩展 30.85 平方千米，是计划单列市建成区扩展速度的历史最高值。

从国民经济和社会发展五年计 / 规划时段划分来看，"八五"时期是计划单列市建成区扩展的第一个高峰期，"十五"时期扩展速度最高，平均年扩展 25.03 平方千米。计划单列市建成区扩展速度从"十一五"时期开始缓慢回落，至"十三五"初期（2016 年）已低于"八五"时期和"九五"时期的扩展速度。

（4）其他城市建成区扩展特征

20 世纪 70 年代初，遥感监测的大陆其他 41 个城市建成区面积合计 789.38 平方千米，至 2016 年增长为 7750.60 平方千米，实际扩展面积合计 5752.61 平方千米，是监测初期建成区面积的 7.29 倍，占同期遥感监测的全国 75 个城市建成区实际扩展总面积的 29.45%。监测时期其他城市建成区平均年扩展 3.20 平方千米，远低于直辖市的 20.63 平方千米和省会（首府）城市的 8.40 平方千米。在其他城市中，20 世纪 70 年代初至 2016 年建成区面积扩展倍数较大的 10 个城市依次为深圳市、泉州市、珠海市、防城港市、北海市、厦门市、无锡市和喀什市，说明南方沿海城市建成区扩展强度相对较大。

1997 年亚洲金融危机以前，其他城市建成区扩展速度台阶式缓慢爬升，第一阶段为改革开放前，第二阶段为改革开放后至 20 世纪 80 年代末，第三阶段为 20 世纪 80 年代末至 1997 年亚洲金融危机；亚洲金融危机后至 2006 年，扩展速度明显攀升，此后维持快速扩展至 2014 年；2014 年以后，扩展速度回落较大。2010~2011 年其他城市建成区扩展速度最快，平均年扩展 8.15 平方千米，2005~2006 年的扩展速度与 2010~2011 年接近。

受国家积极发展小城市方针的影响，其他城市建成区扩展在"六五"期间较直辖市和省会（首府）城市活跃。其他城市建成区扩展速度从"十五"时期开始有了较大跨越，其中"十一五"时期扩展速度最快，平均年扩展 6.63 平方千米。"十三五"初期（2016 年）扩展速度回落较大，但仍高于"十五"时期之前。

（5）沿海开放和经济特区城市建成区扩展特征

中国政府从 1980 年起先后批准了 5 个经济特区，1984 年又进一步开放了 14 个沿海城市。本次基于遥感技术监测了其中的 4 个经济特区城市和 10 个沿海开放城市，4 个经济特区城市分别为：深圳市、珠海市、厦门市、海口市；10 个沿海开放城市分别为：大连市、秦皇岛市、天津市、青岛市、上海市、宁波市、福州市、广州市、防城港市和北海市。

20世纪70年代初，沿海开放和经济特区城市建成区面积合计643.52平方千米，至2016年增长为7739.79平方千米，实际扩展面积合计5617.24平方千米，是监测初期建成区面积的8.73倍，占同期遥感监测的全国75个城市建成区实际扩展总面积的28.76%。上海市、深圳市、广州市、天津市、青岛市和厦门市等6个城市的建成区扩展面积都超过了400平方千米。深圳市、珠海市、海口市、防城港市、北海市、厦门市和宁波市等7个城市的建成区面积增加倍数都超过了10倍，说明南方沿海城市建成区扩展强度相对较大。

沿海开放和经济特区城市建成区发展先后经历了改革开放前的停滞扩展期、20世纪80年代的低速扩展期、20世纪90年代的高速扩展期、2000~2009年的剧烈扩展期、2009~2014年的次剧烈扩展期和2014~2016年的快速衰减期6个阶段。2008~2009年，建成区平均年扩展21.62平方千米，是沿海开放和经济特区建成区扩展速度的历史最高值。

从国民经济和社会发展五年计/规划时段划分来看，"八五"时期是沿海开放和经济特区城市建成区扩展的第一个高峰期，"十五"和"十一五"时期扩展剧烈且速度基本持平，平均年扩展面积分别为17.94平方千米、18.28平方千米。"十二五"时期和"十三五"初期（2016年）沿海开放和经济特区城市建成区扩展速度较"十一五"时期持续回落。

（6）人均城市用地面积变化

城市发展有两种模式：一种是以欧洲为代表的紧凑型模式，在有限的城市空间布置较高密度的产业和人口，节约城市建设用地，提高土地的配置效率；另一种是以美国为代表的松散型模式，人口密度偏低，但消耗的能源要比紧凑型模式多。中国人口众多、国土资源有限，决定了中国只能走紧凑型城市化道路。因此，分析人均城市用地面积变化对于科学控制城市规模有重要参考价值。鉴于部分城市1990年人口数据有缺失，这里只对遥感监测的大陆72个城市中的67个进行1990~2015年人均城市用地面积变化分析。

与1990年相比，2015年大陆67个城市中有53个的人均城市用地面积变化为增加；有14个城市的人均城市用地面积变化为减少，14个城市分别为：日喀则市、衡水市、枣庄市、武威市、重庆市、石家庄市、秦皇岛市、保定市、南充市、邢台市、唐山市、珠海市、承德市和深圳市。人均城市用地面积增加较多的前十个城市从多到少依次为泉州市、呼和浩特市、包头市、无锡市、厦门市、拉萨市、合肥市、青岛市、上海市和郑州市，泉州市人均城市用地面积增加了4.29平方千米/万人，其他9个城市为1.07~1.67平方千米/万人。

将不同类型城市建成区的面积和人口分别相加，然后计算其人均城市用地面积。总体来看，大陆 67 个城市 1990 年的人均城市用地面积为 0.73 平方千米 / 万人，2015 年为 1.18 平方千米 / 万人，增加了 0.46 平方千米 / 万人。2015 年，省会（首府）城市、其他城市以及沿海开放和经济特区城市的人均城市用地面积已非常接近，为 1.31~1.39 平方千米 / 万人，同期香港的人均城市用地面积为 0.30 平方千米 / 万人，澳门为 0.47 平方千米 / 万人。1990~2015 年直辖市人均城市用地面积增加了 0.19 平方千米 / 万人，省会（首府）城市增加了 0.57 平方千米 / 万人，其他城市增加了 0.55 平方千米 / 万人。总体来看，中小城市扩展对土地资源相对铺张浪费，大型城市相对集约。另外，沿海开放和经济特区城市增加了 0.76 平方千米 / 万人，其中的 5 个计划单列市增加了 1.55 平方千米 / 万人，说明在不同类型城市内部，人均城市用地面积的差异也比较明显。

尽管使用的人口数据有一定的局限性，即在城市就业的非本市户籍人口未全部包括在人口总量之中，使得一些沿海经济发达城市的人均城市用地面积可能偏大，但对人均城市用地面积变化趋势的影响不大。城市土地集约利用是城市发展的必然趋势，这就需要我们在以后的城市土地利用过程中，变外延扩展为外延扩展和内涵挖潜相结合的土地利用方式，提高土地利用的集约度与综合效益，走集约化发展之路。

1.4.4　不同规模城市的扩展

参照中国中小城市科学发展高峰论坛组委会、中小城市经济发展委员会与社会科学文献出版社共同出版的"中小城市绿皮书"，考虑到人口数据口径一致性与可获取性，我们按照 2015 年底的市辖区人口将 75 个城市划分为小城市（<50 万）、中等城市（50 万 ~100 万）、大城市（100 万 ~300 万）（2 类）、特大城市（300 万 ~1000 万）（2 类）和超大城市（>1000 万）5 种规模 7 个类型。监测的 75 个城市中，小城市 7 个，中等城市 13 个，大城市 31 个，特大城市 20 个，超大城市 4 个（见表 6）。

表 6　中国 75 个主要城市的人口规模

城市等级	人口规模（万人）	城市名称
小城市	<50	霍尔果斯、克拉玛依、拉萨、丽江、日喀则、延安、中卫
中等城市	50~100	澳门、北海、沧州、承德、防城港、阜新、衡水、喀什、廊坊、西宁、湘潭、邢台、张家口
大城市	100~200	蚌埠、包头、赤峰、大同、福州、海口、邯郸、衡阳、呼和浩特、吉林、南充、齐齐哈尔、秦皇岛、泉州、武威、宜昌、银川、珠海
大城市	200~300	保定、贵阳、合肥、昆明、兰州、南宁、宁波、台北、太原、乌鲁木齐、无锡、厦门、枣庄
特大城市	300~500	长春、长沙、大连、济南、南昌、青岛、深圳、石家庄、唐山、徐州、郑州
特大城市	500~1000	成都、广州、哈尔滨、杭州、南京、沈阳、武汉、西安、香港
超大城市	>1000	北京、上海、天津、重庆

改革开放伊始，我国在规避"大城市病"、推动区域发展的理论基础上，选择了"控制大城市规模、积极发展小城镇"的城市化发展思路，于1989年明确了我国城市发展战略方针为"严格控制大城市规模，合理发展中等城市与小城市"。实际上，大城市规模并未得到有效控制，大部分地区的中小城市发展也并未发挥有效作用。中小城市扩展在进入21世纪以后才较为明显，尤其是2000年以后，在国家层面开始"有重点地发展小城镇，积极发展中小城市，引导城镇密集区有序发展"。"十一五""十二五"和"十三五"规划先后提出要"坚持大中小城市和小城镇协调发展，积极稳妥地推进城镇化"、"促进大中小城市和小城镇协调发展、有重点地发展小城镇"和"加快城市群建设发展，增强中心城市辐射带动功能，加快发展中小城市和特色镇"，中小城市的发展逐渐成为我国城市化建设的重点之一，城市扩展速度不断加快。但40多年的城市扩展实际表明，我国中小城市扩展速度明显慢于大城市、特大城市以及超大城市（见图16）。

图16　不同人口规模城市20世纪70年代至2016年的扩展总面积与扩展速度

我国城市扩展表现出人口规模越大，年均扩展速度越快，平均每个城市扩展面积越大，在城市扩展过程中出现明显增速现象越早的特点（见图17）。小城市、中等城市、大城市、特大城市以及超大城市的年均扩展面积分别为0.83平方千米、1.52平方千米、4.65平方千米、10.19平方千米和20.63平方千米，超大城市与小城市相差23.86倍；虽然超大城市扩展总量（3482.76平方千米）少于特大城市（8765.76平方千米）和大城市（6172.47平方千米），平均每个城市扩展面积高达870.69平方千米，分别是小城市、中等城市、大城市和特大城市的24.59倍、13.12倍、4.37倍和1.99倍。超大城市在我国主要城市扩展过程中最先开始，起到了带头作用，早在20世纪80年代末期，超大城市的建成区扩展已出现较为显著的增速，而小城市的建成区扩展在21世纪初期才出现明显的增速。在新型城镇化的引导下，在未来相当长的一段时间内，促进大中小城市和小城镇协调发展、重点发展中小城

市、支持城市群的发展将成为我国城市发展的一种必然趋势。我国中小城市的扩展
速度有望稳定不变或增长；大城市、特大城市与超大城市的扩展速度将有所降低，
但受城市面积基数大的影响，未来这三类城市尤其是特大城市与巨大型城市的扩展
面积总量将继续占有优势。

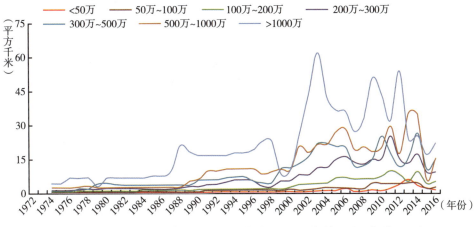

图 17　不同人口规模城市 20 世纪 70 年代至 2016 年的平均历年扩展面积

　　在国民经济和社会发展五年计 / 规划的不同阶段，不同人口规模的城市建成区
扩展存在明显的阶段差异性。20 世纪 70 年代和 80 年代，政治、经济地位领先的
北京、上海等大城市以及沿海省市是我国城市发展的重点，这些城市经过 40 余年
的成长，陆续成为现今的大城市、特大城市和超大城市。相比之下，小城市与中
等城市多数设市时间相对较晚，城市建成区面积基数较小，虽然早在改革开放初
期国家就制定了一系列积极发展中小城市的战略和方针，但城市发展和扩展见效
慢。中小城市扩展在各五年计 / 规划阶段对我国城市扩展的贡献较小，对应扩展
速度在各五年计 / 规划时期均远滞后于大城市、特大城市和超大城市（见图 18）。
小城市、中等城市、大城市在进入第八个五年计划之前，城市扩展速度趋势基
本保持一致，即相对平稳、缓慢，"八五"之后出现明显的差异性，大城市、中
等城市、小城市扩展分别在"八五"期间、"九五"期间、"十五"期间出现较
为明显的增速，可见小城市的扩展明显滞后于中等城市 5 年，中等城市扩展滞
后于大城市 5 年。特大城市和超大城市在"十一五"规划实施之前的扩展速度
持续快速增长；之后，扩展速度减慢，且超大城市扩展速度减少幅度大于特大
城市。

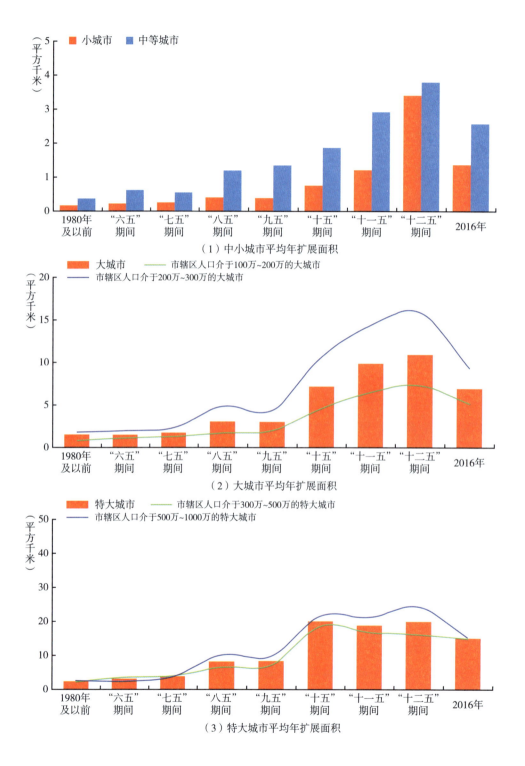

（1）中小城市平均年扩展面积

（2）大城市平均年扩展面积

（3）特大城市平均年扩展面积

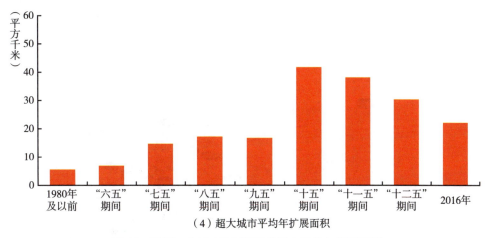

（4）超大城市平均年扩展面积

图 18　不同五年计 / 规划期间的城市平均年扩展面积

1.5　中国主要城市扩展占用土地特点

在 40 多年来的 75 个城市扩展过程中，耕地始终是被占用面积最多的土地类型，面积达 10807.98 平方千米，占城市实际扩展面积的 55.34%，包括水田和旱地；其次是占用城市周边原来独立的农村居民点、工交建设用地，面积达 6315.13 平方千米，占城市实际扩展面积的 32.33%；以草地、林地和水域等为主的其他土地，虽然类型比较多，但实际占用面积量一般比较小，合计 2408.69 平方千米，占城市实际扩展面积的 12.33%。城市扩展中占用的上述三类土地的面积比例在各个城市之间存在很大的差异（见图 19）。

"六五"至"十二五"期间城市扩展对耕地的占用呈持续增加态势（见图 20）；"十二五"期间城市扩展占用耕地的面积是"六五"期间的 4.99 倍。"六五"期间至"十二五"期间城市扩展对建设用地的占用呈持续增加态势；"十二五"期间城市扩展占用建设用地的面积是"六五"期间的 11.48 倍。"六五"期间至"十二五"期间，城市扩展对其他土地的占用除"九五"期间较"八五"期间有所下降外，"六五"期间至"八五"期间和"九五"期间至"十二五"期间呈持续增加态势；"十二五"期间城市扩展占用其他土地的面积是"六五"期间的 6.41 倍。

1.5.1　城市扩展占用耕地特点

遥感监测表明，40 多年来 75 个城市的扩展过程中，耕地始终是被占用面积最多的土地类型。

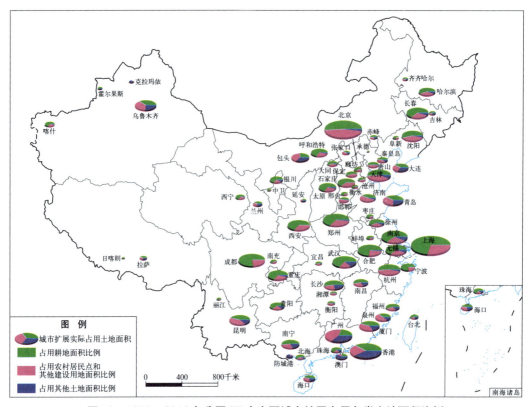

图 19　1970s~2016 年我国 75 个主要城市扩展占用各类土地面积比例

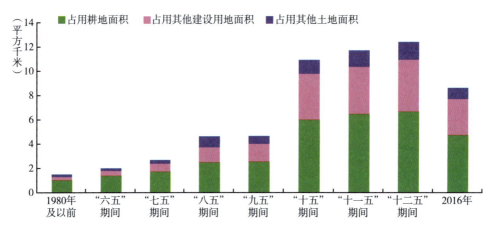

图 20　不同五年计/规划期间城市平均年扩展占用各类土地面积

（1）不同时期城市扩展对耕地的占用

40 多年来 75 个城市的扩展过程中，被占用的耕地面积的变化主要表现为不断增加的趋势。从中国主要城市平均每年每个城市扩展占用的耕地面积的发展过程看，不同时期耕地被占用的速度不同（见图 21）。

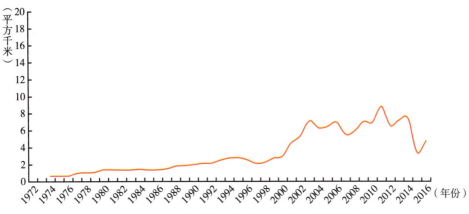

图 21　中国 75 个主要城市扩展平均历年占用的耕地面积

就全国而言，包括水田、旱地在内的耕地是我国城市扩展过程中被占用最多的一类土地，大部分城市的扩展以占用周边的耕地为主。

20 世纪 70 年代的数年间，是我国城市扩展最不明显的时期，大部分城市的建成区持续保持了多年的相对稳定。1974~1979 年，单一城市年均占用耕地在 0.61~1.06 平方千米，城市平均仅 0.82 平方千米。

1980~1989 年，城市扩展稍有加快，单一城市年均占用耕地在 1.31~1.82 平方千米，城市平均每年占用耕地 1.43 平方千米。在 1987 年以前，每个城市年均占用耕地面积的速度和规模变化不大，单一城市年均占用耕地在 1.31~1.43 平方千米，平稳缓慢扩展是这个时期的主要特点。但从 1988 年开始，这种情况发生了较大变化，耕地被占用速度加快，单一城市年均占用耕地在 1.74~1.82 平方千米。在这一时间段，我国城市扩展对耕地的占用开始表现出明显加速的势头。20 世纪 80 年代是我国城市扩展过程中各个城市逐步向快速发展转变的一个时期，越来越多的城市在 80 年代末期开始进入快速扩展时期。

自 20 世纪 80 年代末期开始出现的城市快速扩展，一直持续到 90 年代中期才有所减缓，累计持续时间在 8 年左右。1990~1995 年，单个城市年均占用耕地在 2.11~2.74 平方千米，5 年间城市年均占用耕地平均为 2.42 平方千米。因而，20 世纪 90 年代中期以前是我国多数城市扩展的较快期，对耕地的占用也比较显著，呈现第一个高峰。1995~1999 年，单一城市年均占用耕地在 2.11~2.68 平方千米，城

市平均占用耕地 2.39 平方千米，明显快于此前时期，但有起伏。

2000~2003 年，单一城市年均占用耕地在 4.53~7.08 平方千米，3 年间城市年均占用耕地平均为 5.64 平方千米，年均占用耕地面积呈现一个突出的扩展高峰，成为监测期内扩展非常快的时期。2003~2011 年，单一城市年均占用耕地在 5.50~8.74 平方千米，8 年间城市年均占用耕地平均为 6.70 平方千米，城市扩展占用耕地的快速势头得以延续，在短暂放缓后达到最大，成为监测期内占用耕地的峰值。2011~2016 年，单一城市年均占用耕地在 3.39~7.37 平方千米，5 年间城市年均占用耕地平均为 5.84 平方千米，呈现起伏回落态势。

通过分析 20 世纪 70 年代以来中国城市扩展占用耕地情况发现，1987 年以前，城市扩展不明显，对耕地的占用也有限。1988 年开始出现了比较明显的加快，持续了 10 年左右的时间。1997 年明显减缓，直至 2000 年左右。但从 2001 年开始，占用耕地速度再次加快，2011~2016 年增速呈波动下降趋势。

不同五年计 / 规划期间，城市扩展占用耕地的比例一直相对较高，从 "八五" 时期开始有所降低。"六五" 时期，城市扩展占用耕地的面积为 499.33 平方千米，在城市扩展总面积中占 68.82%。"七五" 时期，城市扩展占用耕地面积 616.15 平方千米，在城市扩展总面积中占 61.96%。"八五" 时期，城市扩展占用耕地面积 906.36 平方千米，占城市扩展面积的 52.51%。"九五" 时期，城市扩展占用耕地面积 937.17 平方千米，占城市扩展面积的 54.09%。"十五" 时期，城市扩展占用耕地面积 2221.49 平方千米，占城市扩展面积的 54.25%。"十一五" 时期，城市扩展占用耕地的面积为 2411.42 平方千米，占城市扩展面积的 54.81%。"十二五" 时期，城市扩展占用耕地的面积为 2490.89 平方千米，占城市扩展面积的 53.47%。

（2）不同类型城市扩展占用耕地对比

不同类型城市扩展对于耕地的占用整体上表现为逐渐增加的趋势。20 世纪 70 年代以来，直辖市在城市扩展过程中对耕地的占用速度最快，且波动性最大；其他城市扩展对耕地的占用速度最慢且波动性最小；省会（首府）城市介于二者之间（见图 22）。

直辖市的扩展累计占用耕地 2117.92 平方千米，占被占用耕地面积（不含港澳台）的 19.75%；省会（首府）城市扩展占用耕地以较快速度持续增加，累计占用耕地 5726.38 平方千米，占被占用耕地面积（不含港澳台）的 53.41%；其他城市扩展对耕地占用速度慢且波动幅度小，累计占用耕地 2876.99 平方千米，占被占用耕地面积（不含港澳台）的 26.83%。

各种类型的城市在扩展过程中对耕地的占用速度在 1987 年及其以前相对缓慢；20 世纪 80 年代中后期至 20 世纪 90 年代中期城市扩展对耕地的占用速度呈稳步增

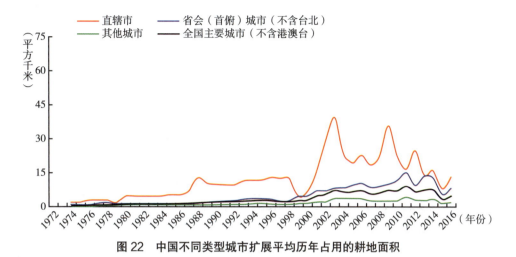

图22　中国不同类型城市扩展平均历年占用的耕地面积

长态势；20世纪90年代末期至2003年对耕地的占用速度呈快速增长态势，而省会（首府）城市该态势持续到2006年。2003~2009年直辖市扩展占用耕地呈先降后升态势，此后波动回落。省会（首府）城市扩展对耕地的占用速度在2006~2007年开始下降，2007~2011年又趋增加，2011~2016年波动回落。其他城市扩展对耕地的占用速度在2004~2011年呈先降后升态势，2011~2016年也波动回落。

　　全国城市扩展占用的耕地面积中，分布在八大区域的面积比例分别是东北地区8.58%、华北地区20.16%、华中地区10.10%、华东地区32.71%、华南地区8.23%、西北地区8.12%、西南地区11.30%和港澳台地区0.80%。除港澳台地区外，其余各地区城市扩展占用耕地的面积都很大，且整体上表现为逐渐增加趋势。

　　不同人口规模城市扩展对耕地的占用既有普遍性，又有差异性，整体上表现为逐渐增加的趋势。20世纪70年代以来，超大城市（>1000万）在城市扩展过程中对耕地的占用速度最快，且波动幅度最大；其次是特大城市（500万~1000万，300万~500万），在城市扩展过程中对耕地的占用速度较快且波动幅度较大；大城市（200万~300万，100万~200万）在城市扩展过程中对耕地的占用速度较慢且波动幅度较小；小城市（<50万）和中等城市（50万~100万）在城市扩展过程中对耕地的占用速度慢且波动幅度小。不同人口规模城市分开来看，城市扩展占用耕地速度表现出各自的特点（见图23）。

　　除小城市（市区人口小于50万）外，其余不同人口规模城市扩展占用的耕地面积比例均大于50.00%，占用耕地面积比例最大的是超大城市，达60.81%（见图24）。

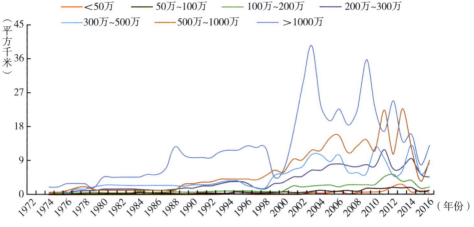

图 23 中国不同人口规模城市扩展平均历年占用的耕地面积

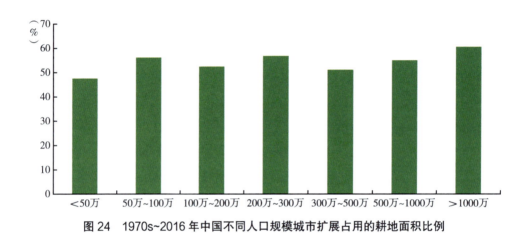

图 24 1970s~2016 年中国不同人口规模城市扩展占用的耕地面积比例

1.5.2 城市扩展占用其他土地特点

中国城市扩展不仅占用了大量的耕地，同时也占用了城镇以外的其他建设用地和其他土地等。

（1）中国城市扩展对其他建设用地的影响

城市扩展过程对于其他建设用地的影响主要是指，在城市建成区不断外扩过程中，原来位于城市周边但与建成区相对隔离的农村居民点和工交建设用地不断与城市建成区合并，成为城市建成区的一部分。遥感监测表明，其他建设用地是我国城市扩展的第二土地来源，在包头、广州、邯郸、济南、泉州和张家口等城市，甚至成为第一土地来源。共有 6315.13 平方千米其他建设用地融入建成区中，包括 3212.75 平方千米的农村居民点用地和 3102.38 平方千米的工业园区、经济开发区等工交建设用地,是被占用其他土地总量的 2.62 倍,仅相当于被占用耕地总面积的 58.43%。城市扩展占用其他建设用地的速度存在明显的阶段性差异,对城市实际扩展面积的贡献率最高时达 40.90%,最低时只有 13.50%,这种阶段性差异与我国 75 个城市平均历年扩展面积变化趋势具有一致性(见图 25)。

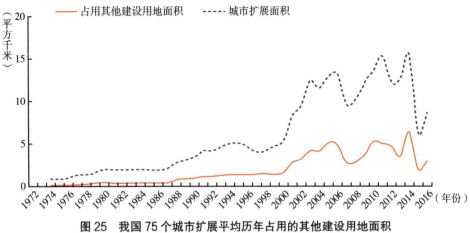

图 25　我国 75 个城市扩展平均历年占用的其他建设用地面积

城市扩展占用的其他建设用地分别有 51.26%、28.67% 和 20.07% 出现在省会(首府)城市(不含台北)、直辖市和其他城市。直辖市扩展占用其他建设用地的速度最快且波动性最大,其他城市对其他建设用地的占用速度最慢且波动性最小,省会(首府)城市(不含台北)介于二者之间(见图 26)。虽然不同类型城市扩展过程对其他建设用地的占用速度与比例存在差异,但总体趋势在 2007 年之前基本保持一致,即占用其他建设用地均先后经历了 20 世纪 70 年代初期至 80 年代中后期的低速稳定期、20 世纪 80 年代末至 2000 年的缓慢增速期、2000~2005 年的快速增

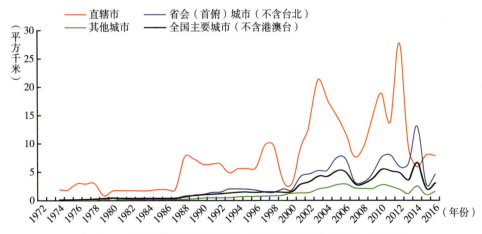

图 26　中国不同类型城市扩展平均历年占用的其他建设用地面积

长期和2005~2007年的减速期。2007年之后，不同类型城市在扩展过程中对其他建设用地的占用存在显著差异，直辖市和省会（首府）城市（不含台北）城市扩展占用其他建设用地均又先后经历了一个快速期和一个减速期，而其他城市扩展占用其他建设用地在2007年之后缓慢减速。

城市扩展对其他建设用地占用存在明显的区域差异，被占用的其他建设用地分别有8.77%、25.34%、7.73%、30.39%、10.84%、7.64%、8.54%和0.75%出现在东北地区、华北地区、华中地区、华东地区、华南地区、西北地区、西南地区和港澳台地区，半数以上出现在华北地区和华东地区。其他建设用地是东北地区、华北地区、华中地区、华东地区、西北地区和西南地区城市扩展的第二土地来源，是港澳台地区和华南地区城市扩展的第三土地来源，对8个区域城市扩展的贡献率介于15.25%（港澳台地区）~39.45%（华北地区）。华东地区城市扩展占用其他建设用地的速度最快，城市平均每年高达2.98平方千米，其后是华南地区（2.28平方千米）、华北地区（2.10平方千米）、东北地区（1.94平方千米）、华中地区（1.89平方千米）、西南地区（1.57平方千米）、西北地区（1.11平方千米），港澳台地区的速度最慢，城市平均每年仅有0.37平方千米。8个区域的城市占用其他建设用地的速度变化存在较大差异，但与各区域城市扩展速度变化趋势相似。20世纪90年代以前，8个区域城市扩展占用其他建设用地速度缓慢；20世纪90年代以后，尤其是进入21世纪以来，各区域（港澳台地区除外）城市扩展占用其他建设用地的速度呈增加态势，且存在明显的波动变化（见图27）。

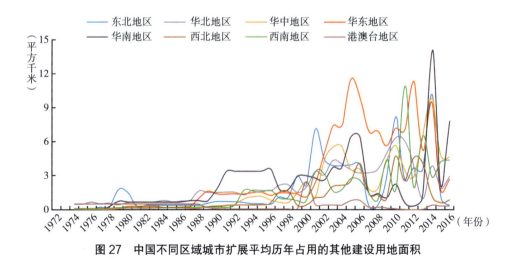

图27　中国不同区域城市扩展平均历年占用的其他建设用地面积

（2）中国城市扩展对其他土地的影响

城市扩展占用的其他土地类型构成比较复杂，是指除耕地和建设用地以外的其他所有类型的土地,实际监测中出现了林地、草地、水域和未利用土地等 4 类 18 个土地利用类型。相对于城市扩展对耕地、农村居民点和工交建设用地的占用,对其他土地占用的普遍程度、面积或比例均较小,不同城市扩展占用其他土地具有明显的时间差异。不同时期占用其他土地速度波动大,总体呈现增加趋势。在其他城市、省会(首府)城市(不包括台北)、直辖市等不同类型城市的扩展中,其他土地面积比例依次降低。不同区域城市扩展占用其他土地速度最快的是华南地区,速度最慢和比例最低的为华北地区。

不同时期占用其他土地速度波动大,总体呈增加趋势。20 世纪 90 年代以前对其他土地的占用较少且变化缓慢,20 世纪 90 年代是占用速度较快时期,21 世纪初速度进一步加快。在整个监测过程中,占用其他土地共经历了两次大的增速过程,第一次出现在 1990~1996 年,较 1990 年以前的平均速度增加了 2.74 倍;第二次增速过程出现在 1998~2013 年,较上一次又增加了 0.40 倍。

不同类型城市扩展对其他土地的占用速度整体表现为逐渐提高的趋势,但各自占用的面积及其比重存在明显差异(见图 28)。首先,不同类型城市扩展占用其他土地的速度表现为增加趋势,但占用速度的峰值各异,出现时间也不一致,峰值最大的为直辖市,出现时间最晚;其次,不同类型城市扩展占用其他土地在城市实际扩展面积中的平均比例及其比例峰值,其他城市均最大,具体分别为 16.68% 和 46.90%,远大于直辖市,分别为直辖市的 4.52 倍和 3.54 倍。

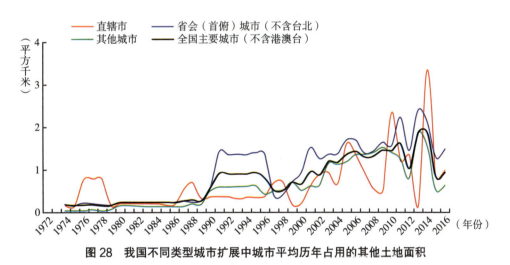

图 28 我国不同类型城市扩展中城市平均历年占用的其他土地面积

除港澳台地区外,不同区域城市扩展占用其他土地速度均有逐渐加快的趋势。各区域中,占用其他土地速度最高的是华南地区,仅次于华南地区的是港澳台地区,其他依次为华中地区、华东地区、东北地区、西北地区和西南地区,华北地

区速度最低；从不同区域城市扩展占用其他土地的比例看，港澳台地区最大，达49.18%，其他依次为华南地区、西北地区、东北地区、华中地区、华东地区和西南地区，华北地区的这一比例最小，仅为 6.84%。

1.6　中国主要城市扩展的总体特点

过去40年来，随着改革开放的实施与深入，中国社会经济长期处于高速发展中，工业化和城镇化进程引起了世界范围的广泛关注。十八届三中全会后，新型城镇化建设和城乡一体化发展已经成为我国社会发展的主导方向，系统、全面而客观地把握我国城市扩展的过程与影响，具有明确的现实意义。根据对我国土地利用的遥感监测，改革开放以来的土地利用变化广泛而强烈，城市及其周边是我国土地利用变化最集中、最强烈和影响最大的区域，针对以城市扩展为主要内容的时空特征研究，有利于从区域土地利用整体的角度分析城市用地规模变化和影响，也能够以重点解剖的方式支持区域土地利用研究，支持"优化国土空间格局"这一目标的实现。

第一，中国城市扩展具有普遍性。以用地规模增大为主要特点的趋势表现在不同类型、不同规模、不同地域的城市变化中。城市用地规模增加明显，提高了建设用地在整个土地利用构成中的比例。75个城市的建成区面积合计达到26505.88平方千米，较监测初期扩大了6.35倍，扩展总面积22899.62平方千米。

第二，城市扩展的阶段性和波动性特点明显。中国城市总体经历了20世纪80年代末、2000年以后以及2010年以来三次快速扩展阶段，扩展速度呈阶梯状波动上升，近年的扩展速度减缓趋势有所反弹。

第三，耕地是我国城市用地规模扩展的第一土地来源，这一趋势长期没有显著变化，对于区域经济的可持续发展和粮食安全战略有直接影响。40多年来的城市扩展面积中，耕地占总扩展面积的55.34%。城市扩展中不同类型土地的面积比例在城市间存在很大差异。就整体而言，40多年来的城市扩展占用耕地的面积比例始终最大，"十二五"时期城市扩展占用耕地的面积已经是"六五"时期的4.99倍。因为我国城市主要分布在广大东中部区域，个体规模大，分布相对集中，扩展更为明显，加之多数城市处于农业耕作历史相对悠久的区域，它们的扩展不仅占用了更多的耕地资源，而且是质量相对更好的耕地资源。

第四，农村居民点和工交建设用地等其他建设用地是中国城市扩展的第二土地来源，在部分城市甚至成为第一土地来源。40余年共有6315.13平方千米其他建设用地融入建成区，占城市实际扩展面积的32.33%。直辖市在城市扩展过程中对其他建设用地的占用速度明显快于省会（首府）城市（不含台北市）和其他城市，且波动性最大。城市扩展对其他建设用地占用存在明显的区域差异，华东地区、华南地区、华北地区和东北地区城市扩展占用其他建设用地的速度高于全国平均水平，被占用的其他建设用地半数以上出现在华东地区和华北地区。

第五，城市扩展的区域特点明显。华南地区的城市扩展高峰期出现时间明显早于其他地区，20 世纪 90 年代初期已有比较显著的扩展；西南和西北城市扩展高峰期出现普遍较晚，快速扩展期出现在 21 世纪初；其他地区的城市扩展高峰期基本上出现在 20 世纪 90 年代末期。整体上，东部地区城市的扩展高峰早于中部地区，西部地区相对最晚。

第六，不同人口规模城市的扩展过程差异显著。超大城市的扩展进程明显早于其他类型城市，在我国城市扩展过程中起到"领头羊"的作用，其次是特大城市、大城市、中等城市和小城市。城市扩展速度和平均每个城市实际扩展面积排序由大到小依次为超大城市、特大城市、大城市、中等城市和小城市。小城市、中等城市和大城市在"八五"之前的扩展趋势基本保持相对平稳、缓慢的一致性，之后出现明显分异，大城市、中等城市和小城市扩展分别在"八五""九五"和"十五"期间出现较为明显分异，但小城市的扩展明显滞后于中等城市 5 年左右，中等城市扩展滞后于大城市 5 年。特大城市和超大城市的持续快速增长从"十一五"期间开始减缓，且超大城市扩展速度减少幅度大于特大城市。

第七，2002~2003 年直辖市建成区扩展速度达到了历史最高值，之后虽然扩展速度有所下降，但扩展速度仍比较高；省会（首府）城市建成区扩展速度在 1997 年以后一路高歌猛进，2013~2014 年的扩展速度最快；计划单列市建成区扩展速度在 2003~2004 年达到了历史最高值后一路下滑；沿海开放城市建成区扩展速度先后在 2004~2005 年和 2008~2009 年出现了峰值。总体来看，"八五"时期中国各类城市开启扩展高潮，"十五"时期及之后城市扩展速度剧烈攀升。

第八，我国城市扩展与重大政策实施和国家战略部署具有时间一致性。城市扩展以经济为基础，所有城市的扩展都是在我国改革开放引导的社会经济快速发展中出现并加强的。城市扩展过程与经济特区建设、沿海开放城市和计划单列市的设立、西部大开发、振兴东北、中部崛起等计划的实施存在一致性，这些国家战略的实施促进了不同区域城市扩展的加速。国家的宏观调控与先后两次亚洲或全球金融动荡，也明显与城市扩展的减速相一致。

第九，人均城市用地面积增加是主要趋势，其他城市增加幅度明显超过省会（首府）和直辖市。与 1990 年相比，2015 年大陆地区 67 个主要城市中有 53 个城市的人均城市用地面积表现为增加，同时有 14 个城市的人均城市用地面积表

现为减少。总体来看，大陆 67 个城市 1990 年的人均城市用地面积为 0.73 平方千米 / 万人，2015 年为 1.18 平方千米 / 万人，增加了 0.46 平方千米 / 万人。直辖市 1990~2015 年增加了 0.19 平方千米 / 万人，省会（首府）城市 1990~2015 年增加了 0.57 平方千米 / 万人，其他城市 1990~2010 年增加了 0.55 平方千米 / 万人。与香港、澳门相比，内地城市的人均用地面积普遍较大。

进入 21 世纪后，我国城市扩展持续高速，总体呈现梯级加速态势，近年来的减缓趋势有反弹迹象。目前，我国正处于新型城镇化建设和城乡一体化建设的新时期，城市扩展及其空间布局优化是必然趋势。结合国家重大战略部署开展研究，持续监测城市变化过程，更好地掌握我国城市发展的过程特点和空间格局变化，对于提高土地利用效率、优化土地资源的空间布局具有重要意义。

参考文献

国家统计局：《中国统计年鉴 2016》，北京：中国统计出版社，2016。

国家质量技术监督局、中华人民共和国建设部：《中华人民共和国国家标准·城市规划基本术语标准 GB/T 50280–98》，北京：中国建筑工业出版社，1998。

国家发展和改革委员会发展规划司、云河都市研究院：《中国城市综合发展指标 2016——大城市群发展战略》，北京：人民出版社，2016。

G. 2
2010~2015年中国植被状况

中国在改革开放的三十多年来，经济始终保持快速增长。经济发展的同时，对生态环境的破坏也较为严重，对人们的生活环境也带来一定影响。近十多年来，我国对生态环境、大气环境等的保护逐渐开始制度化、法制化。中共中央政治局2015年4月30日审议通过的《京津冀协同发展规划纲要》指出，"京津冀生态环境保护是京津冀协同发展中需要率先取得突破的重点领域"。生态环境保护被列为和交通、产业发展同等重要的领域。生态环境保护已成为我国经济社会发展的重要一环。

植被是地球表面植物群落的总称，是生态环境的重要组成部分。植被的种类、数量和分布是衡量区域生态环境是否良好、安全和适宜人类居住的重要指标。生态环境保护首先是对地表植被的保护。因此，对中国现有植被状况及近十年的变化特征进行分析是开展生态环境保护的基础，具有重要意义。

本报告中使用的分析指标及其表征的意义如下。

（1）生态系统类型产品

根据联合国《生物多样性公约》的规定，"生态系统"是指植物、动物和微生物群落和它们的无生命环境作为一个生态单位交互作用形成的一个动态复合体。一般而言，生态系统没有固定的范围与大小，通常视环境发生突变为生态系统的边界。生态系统类型产品将地表覆盖发生显著变化的范围视为不同生态系统的边界，根据监测区域内地表覆盖类型将生态系统划分为森林、草地、水域、农田、城市和荒漠生态系统六大类型。其中，森林生态系统是以乔木和灌木为主体的生物群落，分别对应地表覆盖类型中的森林和灌丛；草地生态系统是以草本植物为主要生产者的生物群落，对应地表覆盖中的草地；水域生态系统是以水为基质的生态系统，包括水域中的生物群落及其环境，对应地表覆盖分类系统中的水体、湿地和冰雪；荒漠生态系统包括沙漠、戈壁以及耐寒的小乔木、灌木和半灌木，主要对应地表覆盖中的裸地以及季节性灌丛。农田和城市是两类主要的人造生态系统。其中农田生态系统主要包括一年生草本作物和多年生木本作物及农田附属设施。城市生态系统以建成区作为城市边界。本报告采用2015年清华大学生产的250米分辨率生态系统

类型产品分析中国陆地生态系统宏观结构以及各生态系统空间格局。

（2）叶面积指数

叶面积指数（Leaf Area Index，LAI）定义为单位地表面积上植物叶表面积总和的一半，是描述植被冠层功能的重要参数，也是影响植被光合作用、蒸腾以及陆表能量平衡的重要生物物理参量。报告使用中国科学院遥感与数字地球研究所生产的2010年至2015年1千米分辨率每5天合成的MuSyQ LAI产品分析中国植被LAI空间格局及年际变化；此外，还使用北京师范大学生产的2001年至2015年1千米分辨率每8天合成的GLASS LAI产品分析国家重大生态工程区内植被状况及其变化。报告采用年平均叶面积指数作为评价指标，计算方法为该年5天（或者8天）时间分辨率的叶面积指数产品经过时间序列重建得到5天（或者8天）内每天的平均值累加后再取平均数，取值范围为0~7，0表示区域没有植被，数值越高表明区域内植被生长状态越好。

（3）植被覆盖度

植被覆盖度（Fractional Vegetation Coverage，FVC）定义为植被冠层或叶面在地面的垂直投影面积占植被区总面积的比例，是衡量地表植被状况的一个重要指标。报告使用中国科学院遥感与数字地球研究所生产的2010年至2015年1千米分辨率每5天合成的MuSyQ FVC产品分析中国FVC空间格局及年际变化。报告使用年最大植被覆盖度作为评价指标，计算方法为该年中植被覆盖度的最大值，取值范围为0~100%，0表示地表像元内没有植被即裸地，数值越高表明区域内植被覆盖越大。

（4）光温水胁迫因子

光温水胁迫因子是指光照、温度、水分因素对植被生长的胁迫影响程度，值越高表明植被受到光、温、水影响越大。尼曼（Nemani）等（2003）基于物候控制模型提出对于植被生长产生胁迫的光照、温度、水分因子计算方法。其中，光照影响使用光合有效辐射计算；温度影响采用日最低温度计算；水分采用饱和水汽压差（VPD）计算，饱和水汽压差是指在一定温度下饱和水汽压与空气中的实际水汽压之间的差值，表示实际空气距离水汽饱和状态的程度，即空气的干燥程度。

利用每日三个参数分别计算光温水的日胁迫因子，通过平均计算全年影响，进而得到影响全年植被生长的主要胁迫因子。

温度胁迫因子计算公式：

$$iTMIN = 1 - \frac{TMIN - TMIN_{min}}{TMIN_{max} - TMIN_{min}} \quad TMIN_{min} = -2°C \quad TMIN_{max} = 5°C$$

当日最低温度小于 –2℃时，*iTMIN*=0；当日最低温度大于 5℃时，*iTMIN*=1。*iTMIN* 越大说明温度因子对植被生长的胁迫越大。温度胁迫因子仅描述低温胁迫，高温干旱胁迫通过水分胁迫因子进行描述。

光照胁迫因子计算公式：

$$iPhoto = 1 - \frac{Photo - Photo_{Min}}{Photo_{Max} - Photo_{Min}} \quad Photo_{Min} = 75\text{W/m}^2 \quad Photo_{Max} = 150\text{W/m}^2$$

当日光合有效辐射小于 75W/m² 时，*iPhoto*=0；当日光合有效辐射大于 150W/m² 时，*iPhoto*=1。*iPhoto* 越大，光照因子对植被生长的胁迫越大。

水分胁迫因子计算公式：

$$iVPD = 1 - \frac{VPD_{Max} - VPD}{VPD_{Max} - VPD_{Min}} \quad VPD_{Max} = 900\text{Pa} \quad VPD_{Min} = 4200\text{Pa}$$

当日饱和水汽压差大于 4200Pa 时，*iVPD*=0；当日 *VPD* 小于 900Pa 时，*iVPD*=1。*iVPD* 越大，饱和水汽压差越大，即空气越干燥，水分胁迫越大。

参与计算光温水胁迫因子所使用的光合有效辐射、日最低温度及饱和水汽压差数据采用 NASA/GMAO MERRA2 气象再分析数据。报告使用中国科学院遥感与数字地球研究所生产的 2010 年至 2015 年 0.5 度分辨率每天的光温水胁迫因子产品分析影响中国植被变化的环境因素。

（5）距平值

本报告采用植被特征参量距平值来描述植被生长状况的时空变化特征，定义为当年植被特征参量（如年平均叶面积指数、年最大植被覆盖度）与多年植被特征参量平均值的差值。采用光温水胁迫因子距平值描述光照温度水分因素对植被生长的胁迫影响程度，定义为当年植被生长产生胁迫因子（如光照胁迫因子、温度胁迫因子和水分胁迫因子）与多年植被生长产生胁迫因子平均值的差值。报告中使用 2010~2015 年平均值，距平值的计算公式如下：

$$Bias = Temp_n - \frac{\sum_{i=1}^{n} Temp_i}{n}$$

其中，*n* 表示年数，本报告中取值为 6，*Temp_i* 指第 *i* 年对应像元的植被特征参量或植被生长产生胁迫因子，*Bias* 为该像元的距平值。

（6）变化率

本报告采用回归分析的方法研究植被叶面积指数长时间序列变化特征。根据最

小二乘法原理，计算植被特征参量与时间的回归直线，结果是一幅斜率影像。具体计算过程为：对 2001~2015 年年平均 LAI 遥感产品，基于每一个像元，求取 15 年的变化率。

变化率的计算公式如下：

$$K = \frac{n \times \sum_{i=1}^{n} i \times Temp_i - (\sum_{i=1}^{n} i)(\sum_{i=1}^{n} Temp_i)}{n \times \sum_{i=1}^{n} i^2 - (\sum_{i=1}^{n} i)^2}$$

其中，n 表示年数，本报告中取值为 15，$Temp_i$ 指第 i 年对应像元的植被特征参量，K 为该像元长期的变化趋势。

2.1　2015年中国植被状况

2.1.1　中国生态系统状况

中国生态系统主要由农田（315.82 万平方千米）、森林（193.13 万平方千米）、草地（133.07 万平方千米）、水域（19.99 万平方千米）、城市（5.89 万平方千米）和荒漠生态系统（280.56 万平方千米）构成，其中，农田、荒漠、森林、草地生态系统面积较大，面积占比依次为 33.30%、29.58%、20.36% 和 14.03%。

中国不同区域的生态系统结构差异很大，且各分区内生态系统在区域中的面积占比与各生态系统在区域内的分布比例也不完全一致（见图 1 和表 1）。农田生态系统在华北地区和西南地区分布较广，面积分别为 62.65 万平方千米和 57.03 万平方千米，分别占农田生态系统总面积的 19.84% 和 18.06%。森林生态系统在西南地区分布面积最大，为 58.05 万平方千米，占森林生态系统总面积的 30.06%；其次为东北地区和华东地区，森林面积依次为 28.30 万平方千米和 25.90 万平方千米。草地生态系统在西北地区面积最大，为 57.55 万平方千米，占草地生态系统的 43.24%，其次为西南地区和华北地区，草地面积依次为 41.46 万平方千米和 26.37 万平方千米。内陆水体在西南地区和西北地区分布较广，面积分别为 7.35 万平方千米和 6.50 万平方千米，占水域生态系统的 36.79% 和 32.53%。城市生态系统在华东地区面积最大，为 2.19 万平方千米，占城市生态系统的 37.18%。荒漠生态系统在西北地区分布最广，面积为 172.38 万平方千米，占荒漠生态系统的 61.43%。

华中地区、华东地区、东北地区和华南地区的农田生态系统和森林生态系统占区域总面积的 90% 以上，农田生态系统占区域总面积的比例依次为 65.92%、61.33%、55.43% 和 45.18%，森林生态系统占区域总面积比例为 29.80%、31.31%、35.88% 和 48.94%。西北地区以荒漠生态系统、草地生态系统和农田生态系统为

主，各生态系统占比依次为 57.28%、19.12% 和 14.71%。华北地区和西南地区的各
生态系统占比相对比较均衡，其中农田生态系统分布相对较广，面积占比分别为
41.28% 和 24.48%；其次为荒漠生态系统，占比分别为 25.52% 和 29.51%；草地生
态系统面积占比分别为 17.37% 和 17.80%，森林生态系统面积占比分别为 14.53%
和 24.92%。

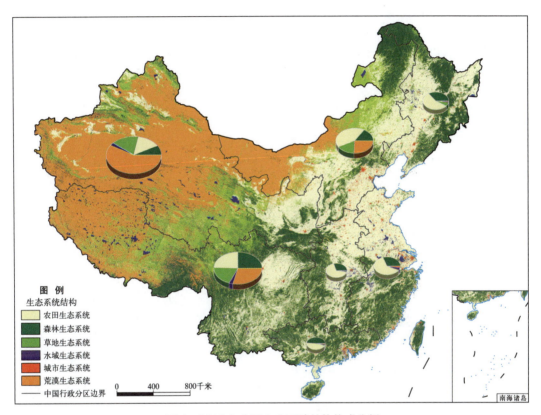

图 1　2015 年中国生态系统结构构成比例

表 1　中国各区和分省生态系统面积及比例

单位：万平方千米；%

	农田生态系统		森林生态系统		草地生态系统		水域生态系统		城市生态系统		荒漠生态系统	
	面积	比例	面积	比例	面积	比例	面积	比例	面积	比例	面积	比例
东北地区	**43.71**	**55.43**	**28.30**	**35.88**	**4.77**	**6.05**	**1.00**	**1.26**	**0.81**	**1.03**	**0.27**	**0.35**
黑龙江省	23.03	50.89	17.88	39.51	3.25	7.18	0.63	1.4	0.28	0.61	0.19	0.41
吉林省	11.12	58.25	6.65	34.86	0.88	4.59	0.22	1.17	0.16	0.83	0.06	0.29
辽宁省	9.57	65.87	3.76	25.90	0.64	4.44	0.14	0.96	0.38	2.62	0.03	0.21
华北地区	**62.65**	**41.28**	**22.06**	**14.53**	**26.37**	**17.37**	**0.86**	**0.57**	**1.11**	**0.73**	**38.73**	**25.52**
北京市	0.65	39.76	0.66	39.94	0.13	7.96	0.01	0.68	0.19	11.57	0.00	0.10
天津市	0.82	71.34	0.06	4.87	0.05	4.54	0.07	6.21	0.13	11.39	0.02	1.64

续表

	农田生态系统		森林生态系统		草地生态系统		水域生态系统		城市生态系统		荒漠生态系统	
	面积	比例	面积	比例	面积	比例	面积	比例	面积	比例	面积	比例
河北省	13.33	71.17	3.27	17.44	1.41	7.50	0.14	0.74	0.52	2.77	0.07	0.37
山西省	11.02	70.32	3.56	22.72	0.85	5.41	0.03	0.18	0.16	1.03	0.05	0.34
内蒙古自治区	36.83	32.14	14.52	12.67	23.93	20.89	0.61	0.53	0.10	0.09	38.59	33.68
华东地区	**50.73**	**61.33**	**25.90**	**31.31**	**1.16**	**1.41**	**2.46**	**2.98**	**2.19**	**2.64**	**0.27**	**0.33**
上海市	0.41	65.49	0.03	4.42	0.01	1.45	0.02	2.87	0.16	25.23	0.00	0.54
山东省	13.69	88.99	0.53	3.42	0.17	1.12	0.35	2.29	0.56	3.64	0.08	0.55
江苏省	8.42	83.52	0.27	2.71	0.07	0.70	0.82	8.18	0.46	4.58	0.03	0.3
安徽省	10.34	73.69	2.95	20.99	0.12	0.85	0.45	3.23	0.17	1.18	0.01	0.06
江西省	8.18	48.96	7.61	45.53	0.33	2.00	0.40	2.37	0.13	0.77	0.06	0.37
浙江省	4.4	43.30	5.03	49.50	0.17	1.66	0.20	1.97	0.34	3.35	0.02	0.22
福建省	4.14	34.14	7.34	60.59	0.25	2.05	0.11	0.87	0.24	2.01	0.04	0.33
台湾	1.15	32.16	2.14	59.7	0.04	1.14	0.10	2.84	0.13	3.61	0.02	0.55
华中地区	**37.15**	**65.92**	**16.79**	**29.80**	**0.78**	**1.38**	**0.95**	**1.69**	**0.56**	**0.99**	**0.13**	**0.23**
湖北省	11.38	61.19	6.20	33.36	0.30	1.64	0.55	2.97	0.13	0.71	0.02	0.13
湖南省	11.95	56.36	8.47	39.94	0.33	1.57	0.29	1.38	0.13	0.62	0.02	0.12
河南省	13.83	83.49	2.12	12.78	0.14	0.86	0.10	0.63	0.29	1.76	0.08	0.48
华南地区	**20.27**	**45.18**	**21.96**	**48.94**	**0.99**	**2.21**	**0.86**	**1.91**	**0.71**	**1.58**	**0.08**	**0.18**
广东省、香港和澳门	8.06	45.40	8.32	46.88	0.33	1.87	0.41	2.34	0.57	3.20	0.05	0.31
广西壮族自治区	10.61	44.93	12.06	51.08	0.57	2.43	0.25	1.04	0.11	0.45	0.02	0.07
海南省	1.6	45.72	1.58	45.14	0.09	2.53	0.19	5.51	0.03	0.91	0.01	0.20
西南地区	**57.03**	**24.48**	**58.05**	**24.92**	**41.46**	**17.80**	**7.35**	**3.16**	**0.32**	**0.14**	**68.74**	**29.51**
重庆市	5.15	62.51	2.81	34.14	0.13	1.52	0.09	1.09	0.06	0.68	0.00	0.06
四川省	17.49	36.00	17.94	36.93	10.89	22.40	0.77	1.58	0.13	0.28	1.36	2.81
贵州省	10.49	59.61	6.46	36.71	0.54	3.08	0.05	0.32	0.03	0.19	0.02	0.09
云南省	18.14	47.34	18.16	47.41	1.39	3.63	0.30	0.79	0.10	0.25	0.22	0.57
西藏自治区	5.76	4.79	12.67	10.54	28.51	23.72	6.14	5.11	0.00	0.00	67.14	55.85
西北地区	**44.26**	**14.71**	**20.07**	**6.67**	**57.55**	**19.12**	**6.50**	**2.16**	**0.19**	**0.06**	**172.38**	**57.28**
陕西省	11.58	56.31	8.09	39.33	0.53	2.57	0.15	0.72	0.09	0.43	0.13	0.64
甘肃省	12.04	28.29	4.94	11.61	6.26	14.71	0.37	0.87	0.04	0.10	18.90	44.42
宁夏回族自治区	3.4	65.44	0.12	2.23	0.71	13.60	0.03	0.56	0.01	0.20	0.93	17.98
新疆维吾尔自治区	12.44	7.63	3.80	2.33	20.29	12.45	3.40	2.09	0.03	0.02	123.03	75.48
青海省	4.81	6.90	3.14	4.50	29.77	42.73	2.55	3.66	0.01	0.02	29.4	42.19

　　根据各省、自治区、直辖市农田生态系统面积统计结果以及占各省、自治区、直辖市总面积的比例（见图2），内蒙古自治区农田生态系统面积最大，为36.83万平方千米，占自治区总面积的32.14%。其次为黑龙江省，农田生态系统面积为

23.03 万平方千米，占全省总面积的 50.89%。云南省、四川省、河南省、山东省、河北省、新疆维吾尔自治区、甘肃省、湖南省、陕西省、湖北省、吉林省、山西省、广西壮族自治区、贵州省、安徽省农田生态系统面积介于 10 万平方千米到 20 万平方千米范围内，其中河南省、山东省、河北省、湖北省、山西省、安徽省、辽宁省、江苏省、重庆市、宁夏回族自治区、天津市和上海市农田面积占区域总面积的比例超过 60%。其余区域的农田生态系统面积小于 10 万平方千米。

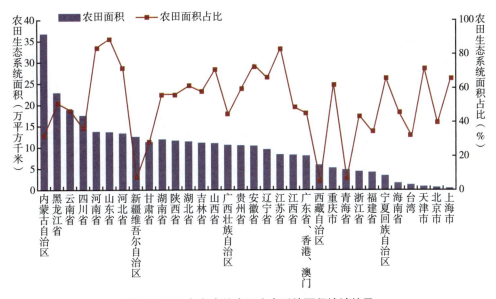

图 2 2015 年各省份农田生态系统面积统计结果

根据各省、自治区、直辖市森林生态系统面积统计结果以及占各省、自治区、直辖市总面积的比例（见图 3），云南省、四川省、黑龙江省、内蒙古自治区、西藏自治区、广西壮族自治区的森林生态系统面积较大，依次为 18.16 万平方千米（占比 47.41%）、17.94 万平方千米（占比 36.93%）、17.88 万平方千米（占比 39.51%）、14.52 万平方千米（占比 12.67%）、12.67 万平方千米（占比 10.54%）、12.06 万平方千米（占比 51.08%）。北京市、山东省、江苏省、宁夏回族自治区、天津市、上海市的森林生态系统面积都低于 1 万平方千米，除北京市森林面积占比 39.94% 外，其他区域面积占比低于 5%。其余省份的森林生态系统面积介于 1 万平方千米到 10 万平方千米。

根据各省、自治区、直辖市草地生态系统面积统计结果以及占各省、自治区、直辖市总面积的比例（见图 4），青海省、西藏自治区、内蒙古自治区、新疆维吾尔自治区草地生态系统面积较大，依次为 29.77 万平方千米（占比 42.73%）、28.51 万平方千米（占比 23.72%）、23.93 万平方千米（占比 20.89%）、20.29 万平方千米

（占比 12.45%），是我国主要的畜牧业基地。此外，四川省、甘肃省、黑龙江省、河北省、云南省也有草地生态系统分布，面积介于 1 万平方千米至 10 万平方千米，其余区域的草地生态系统面积低于 1 万平方千米，其中四川省和宁夏回族自治区的草地生态系统面积占比高于 13%。

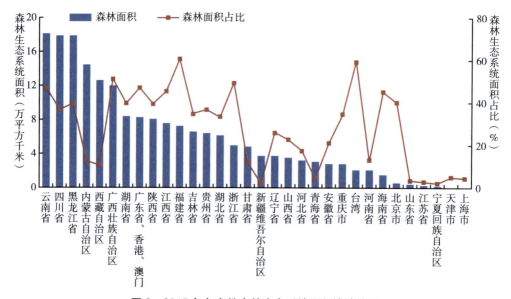

图3 2015 年各省份森林生态系统面积统计结果

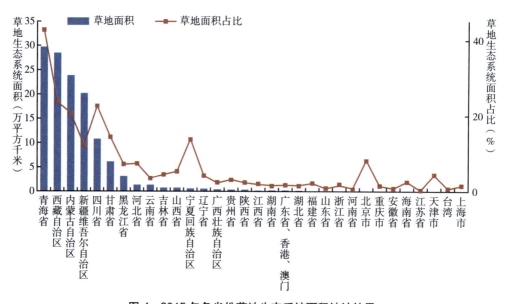

图4 2015 年各省份草地生态系统面积统计结果

2.1.2 东北地区

东北地区包含黑龙江、吉林、辽宁三个省份，以农田生态系统和森林生态系统为主，两者面积占区域面积的 90% 以上，此外有少量草地生态系统分布。东北地区的森林类型以北方针叶林、温带针叶落叶阔叶混交林为主，主要分布在大小兴安岭、长白山地区。东北地区是我国重要的粮食基地之一，以玉米、稻谷、大豆等粮食作物为主，主要分布在三江平原、松嫩平原、吉林中部平原及辽宁中部平原。黑龙江松嫩平原、吉林西部科尔沁草原，是中国主要畜牧业区。

东北地区植被年平均叶面积指数分布与地形、地表覆盖类型显著相关（见图 5）。东北地区气候寒冷，森林生长季较短，虽然年最大植被覆盖度普遍高于 97.5%，但年平均叶面积指数仅为 1.5~3。农作物以一年一熟为主，年最大植被覆盖度普遍高于 97.5%，年平均叶面积指数介于 1~1.5。黑龙江省西南部大庆市、吉林省西部白城市和松原市、辽宁省中西部地区的草地或荒漠化区域的年平均叶面积指数普遍低于 1，年最大植被覆盖度低于 70%。

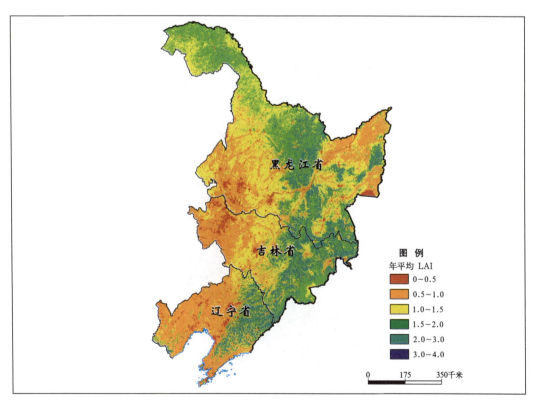

图 5　2015 年东北地区年平均叶面积指数分布

结合表 2 参数分省统计结果，东北地区三个省份的植被覆盖和长势良好，其年最大植被覆盖度均值都达到 97% 及以上，年平均叶面积指数平均高于 1。但辽宁省由于中西部地区的草地或荒漠生态系统植被分布较少，植被年平均叶面积指数均值较其他两个省份低约 18.32%。

表 2   2015 年东北地区主要参数分省统计结果

	黑龙江省	吉林省	辽宁省
年平均叶面积指数	1.33	1.31	1.07
年最大植被覆盖度	99%	97%	97%

2010~2015 年东北地区植被年平均叶面积指数变化整体呈现增加趋势，空间差异不明显（见图 6）。黑龙江省和吉林省境内的森林区域由于光照降低（见图 7a），以及森林火灾等扰动因素影响，森林类型年平均叶面积指数存在下降趋势，降低0.05~0.15。黑龙江省和吉林省的农田区域由于光照增强、降水增加（见图 7），促进农作物生长，年平均叶面积指数增加 0.05~0.2，促使黑龙江省水稻产量增加 0.4%，吉林省玉米和大豆产量分别增加 1.1% 和 1.4%。辽宁省中西部由于降水减少，气候

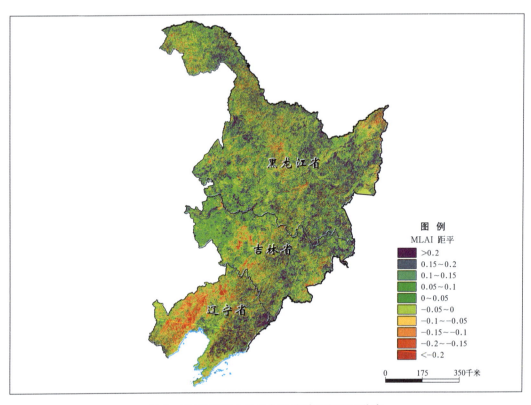

图 6   2015 年东北地区年平均叶面积距平分布

干旱，植被生长状况较差，年平均叶面积指数普遍降低 0.05~0.2，农田区年平均叶面积指数最大下降 0.2 左右，导致辽宁省玉米产量减少 1.0%。

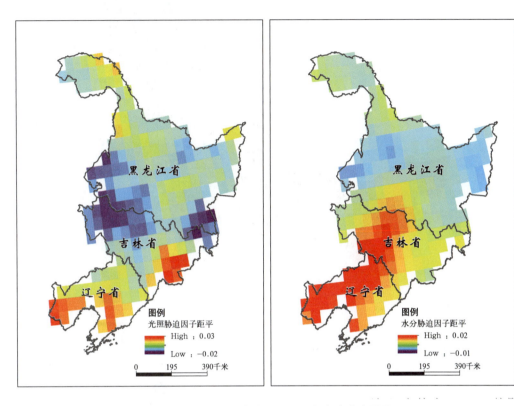

图 7　东北地区光照胁迫因子距平和水分胁迫因子距平

2.1.3　华北地区

华北地区包含北京市、天津市、河北省、山西省、内蒙古自治区。华北地区位于秦岭、淮河以北，地形平坦广阔，区域主要包括农田、荒漠、草地和森林生态系统。华北地区森林类型有北方针叶林、温带针叶落叶阔叶混交林、落叶阔叶林等，主要分布在内蒙古自治区东北部的大兴安岭和华北平原西部的太行山脉。华北平原粮食作物以小麦、玉米为主，主要经济作物有棉花和花生，主要分布在河套平原、汾河平原和海河平原。内蒙古高原草原辽阔，是我国重要的畜牧业生产基地，东部有呼伦贝尔大草原和松嫩草地，中部有锡林郭勒草地和科尔沁草地，中西部有乌兰察布草地。

华北地区植被年平均叶面积指数（见图 8）和年最大植被覆盖度（见图 9）分布呈自东向西逐渐降低趋势，其空间分布与地形、地表覆盖类型显著相关。内蒙古自治区东北部的大兴安岭森林年最大植被覆盖度普遍高于 95%，但年平均叶面积指

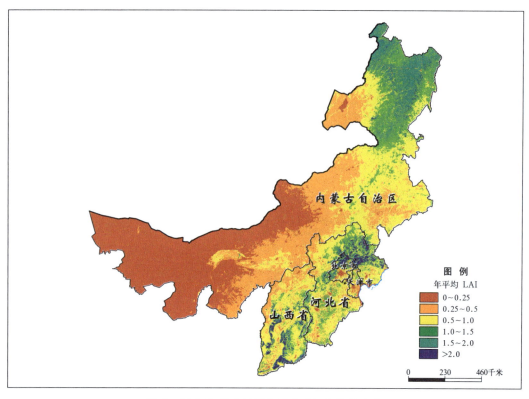

图 8　2015 年华北地区年平均叶面积指数分布

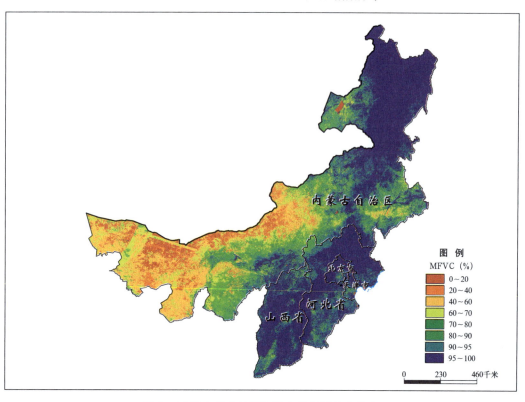

图 9　2015 年华北地区年最大植被覆盖度分布

数不高,介于 1.5~2。农作物以两年三熟为主,年平均叶面积指数介于 0.5~1.5,年最大植被覆盖度介于 80%~95%。草地年平均叶面积指数介于 0.25~0.5,年最大植被覆盖度介于 70%~80%。内蒙古自治区西部荒漠生态区年平均叶面积指数普遍低于 0.25,年最大植被覆盖度低于 40%,局部低于 10%。

结合表 3 参数分省份统计结果,华北地区除内蒙古自治区植被覆盖度较低外,四个省份年最大植被覆盖度均值都达到 91% 及以上。除北京市植被年平均叶面积指数为 1.18 外,四个省份植被年平均叶面积指数平均低于 1。

表 3 2015 年华北地区主要参数分省统计结果

	北京市	天津市	河北省	山西省	内蒙古自治区
年平均叶面积指数	1.18	0.61	0.92	0.87	0.51
年最大植被覆盖度	97%	91%	96%	96%	76%

2010~2015 年华北地区植被年平均叶面积指数变化整体呈现增加趋势(见图 10),年最大植被覆盖度变化空间差异显著(见图 11)。华北地区东北部大兴安岭、山西东部和河北西部的太行山脉、华北的燕山和阴山山脉的森林区域降水丰

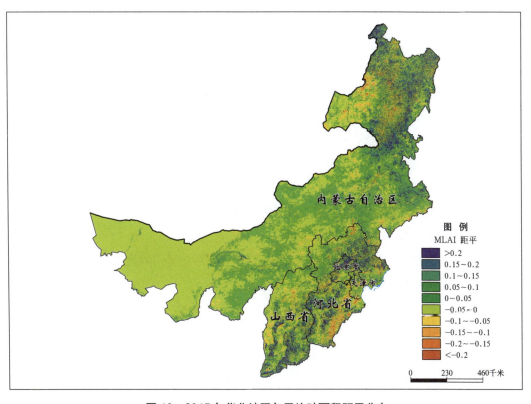

图 10 2015 年华北地区年平均叶面积距平分布

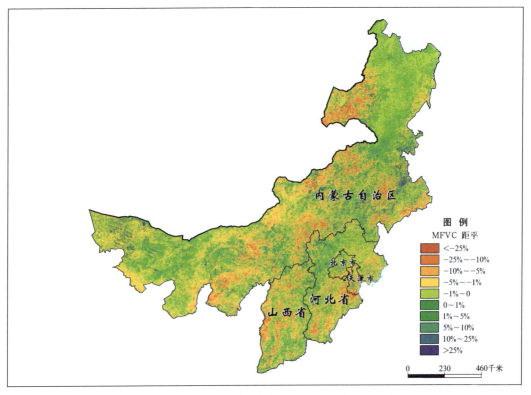

图 11　2015 年华北地区年最大植被覆盖度距平分布

沛、光照增加，同时受我国封山育林和森林保护政策的影响，年平均叶面积指数升高 0.05~0.2，年最大植被覆盖度增加 5% 左右。华北地区中部由于降水增加（见图 12），有利于植被生长，区域内农作物和草地类型的年平均叶面积指数和年最大植被覆盖度增加和降低的趋势并存，年平均叶面积指数变化幅度在 –0.05 到 0.05，年最大植被覆盖度变化幅度为 –10% 到 10%。内蒙古自治区东北部和山西省由于光照和降水都出现降低（见图 12），农作物长势受到影响，年平均叶面积指数下降 0.05~0.1，年最大植被覆盖度最大下降 25%，造成内蒙古自治区玉米和大豆产量分别减少 0.7% 和 1.1%，山西省玉米和大豆产量分别减少 8.6% 和 7.6%。内蒙古自治区贺兰山以西的巴丹吉林沙漠、腾格里沙漠等沙漠戈壁区，降水有所增加，沙漠戈壁植被年最大植被覆盖度增加 5% 左右。

2.1.4　华东地区

华东地区包含上海市、山东省、江苏省、安徽省、江西省、浙江省、福建省、台湾等东部沿海地区。华东地区地形以丘陵、盆地、平原为主，农田生态系统占区域总面积的 61.33%，其余依次为森林、内陆水域、城市等生态系统。华东地区除

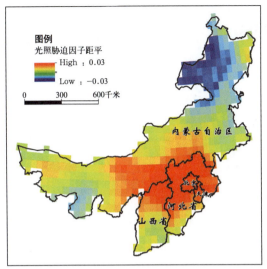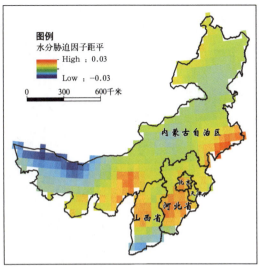

图 12　华北地区光照胁迫因子距平和水分胁迫因子距平

上海市外，各区域农业都比较发达，其中黄淮平原、江淮平原、鄱阳湖平原是我国重要的商品粮基地，也是黄淮海平原和长江中下游平原的重要组成部分，农作物类型以小麦、水稻和棉花为主，此外还有油菜籽、花生、芝麻、甘蔗、茶叶等经济作物。华东地区森林类型以亚热带常绿阔叶林、针叶林和混交林为主，主要分布在浙江省、福建省、江西省和台湾省境内的山地和丘陵区域。此外，华东地区水资源丰富，河道湖泊密布，境内分布黄河、淮河、长江、钱塘江四大水系，中国五大淡水湖中有四个位于此区，分别是江西省的鄱阳湖、江苏省的太湖和洪泽湖，以及安徽省的巢湖。

华东地区植被年平均叶面积指数（见图 13）和年最大植被覆盖度（见图 14）分布呈自北向南逐渐升高趋势，其空间分布与地形、地表覆盖类型显著相关。台湾、福建省、江西省、浙江省、安徽省南部森林区域年最大植被覆盖度普遍高于97.5%，年平均叶面积指数主要介于 3~5，局部低至 2 左右。山东省、江苏省、安徽省北部平原区以农田为主，农作物以一年二熟为主，年平均叶面积指数低于 2，年最大植被覆盖度介于 90%~97.5%。

结合表 4 参数分省份统计结果，华东地区所有区域的年最大植被覆盖度均值都达到 89% 及以上。台湾植被年平均叶面积指数最高为 2.86；其次为福建省，植被年平均叶面积指数为 2.48；江西省、浙江省和安徽省植被年平均叶面积指数介于1~2；上海市、山东省和江苏省植被年平均叶面积指数平均低于 1。

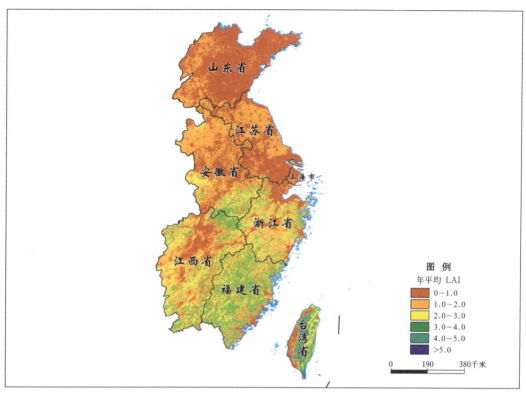

图 13　2015 年华东地区年平均叶面积指数分布

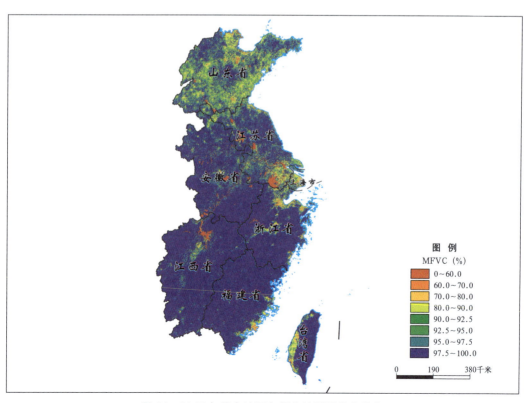

图 14　2015 年华东地区年最大植被覆盖度分布

表4 2015 年华东地区主要参数省份统计结果

	上海市	山东省	江苏省	安徽省	江西省	浙江省	福建省	台湾
年平均叶面积指数	0.56	0.78	0.95	1.47	1.95	1.82	2.48	2.86
年最大植被覆盖度	89%	93%	90%	97%	98%	98%	99%	97%

2010~2015 年华东地区植被年平均叶面积指数变化和年最大植被覆盖度变化的空间差异显著（见图15和图16）。华东地区光、温、水资源条件比较充足，气候因子变化对植被生长状况影响较小，植被变化受人为因素影响较大。区域北部的山东省、江苏省和安徽省平原区植被年平均叶面积指数增加 0.05~2，年最大植被覆盖度增加 1%~10%，促使江苏省玉米、水稻、小麦和大豆产量分别增加 1.0%、2.4%、1.1% 和 1.4%，山东省玉米、小麦和大豆产量分别增加 2.6%、4.5% 和 2.7%。此外，在安徽省北部和台湾中东部区域，植被年平均叶面积指数增量最高超过 0.2。区域南部的福建省、江西省和浙江省森林区域，受我国封山育林和森林保护政策的影响，年最大植被覆盖度增加 1%~10%，局部最高达到 25%；但森林生长状况较差，年平均叶面积指数显著下降，下降 0.1~0.2，局部下降最大值超过 0.2。

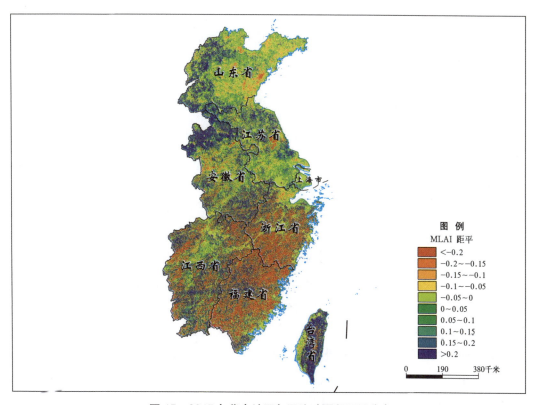

图15 2015 年华东地区年平均叶面积距平分布

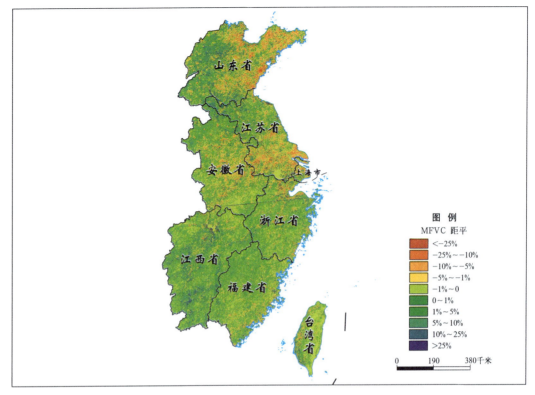

图 16 2015 年华东地区年最大植被覆盖度距平分布

2.1.5 华中地区

华中地区包含河南、湖北和湖南三个省份，以农田生态系统和森林生态系统为主，两者面积占区域面积的 95% 以上，其中，农田生态系统比例达区域面积的 65.92%，是农田生态系统占比最高的地区。华中地区地形以平原、丘陵、盆地为主，气候环境为温带季风气候和亚热带季风气候。华中暖温带地区是全国小麦、玉米等粮食作物重要的生产基地之一，主要分布在河南省中部及北部农业区，如淮北、豫中平原农业区、南阳盆地农业区、豫东北平原农林间作区、太行山及山前平原农林区等。华中亚热带湿润地区的农作物以水稻和油菜为主，主要分布在湖北江汉平原、湖南洞庭湖平原等。华中地区的森林类型以常绿阔叶林为主，主要分布在华中西部地区的山区。

华中地区植被年平均叶面积指数分布与地形、地表覆盖类型显著相关（见图 17）。华中西部山区主要分布着森林植被，年最大植被覆盖度普遍高于 97.5%，但森林植被年平均叶面积指数仅为 1~3；农田以一年二熟制作物为主，年最大植被覆盖度普遍高于 97.5%（见图 18），年平均叶面积指数介于 1~2；河南省郑州市和洛阳市、湖北省

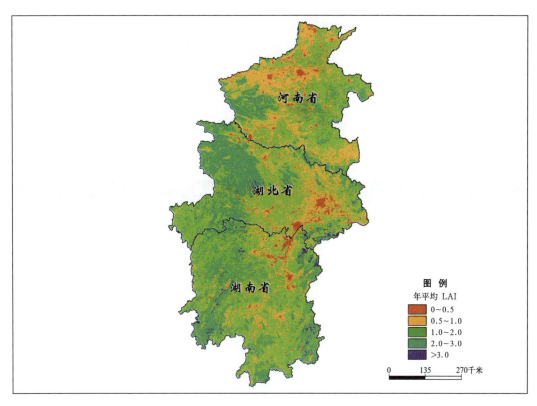

图 17　2015 年华中地区年平均叶面积指数分布

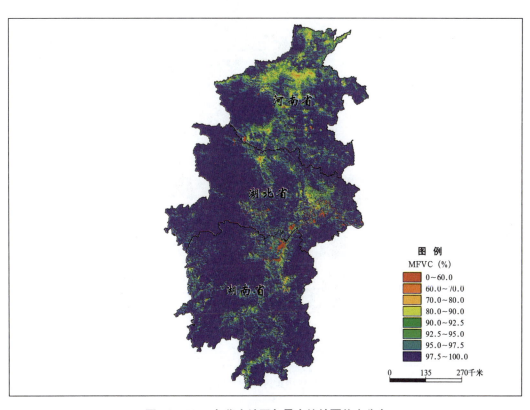

图 18　2015 年华中地区年最大植被覆盖度分布

武汉市及其周边年最大植被覆盖度低于90%，年平均叶面积指数普遍低于1。

结合表5参数分省统计结果，在华中地区，湖南省年最大植被覆盖度均值达到98%，湖北省和河南省年最大植被覆盖度均值约为97%。同时，湖南省植被年平均叶面积指数也最高，为1.63；其次为湖北省，植被年平均叶面积指数为1.54；河南省植被年平均叶面积指数为1.29。

表5　2015年华中地区主要参数分省统计结果

	河南省	湖北省	湖南省
年平均叶面积指数	1.29	1.54	1.63
年最大植被覆盖度	97%	97%	98%

2010~2015年华中地区年平均叶面积指数变化整体呈现增加趋势，华中北部地区年平均叶面积指数增加趋势整体大于南部地区（见图19）。河南省境内和湖北省北部地区由于温度和光照适宜（见图20），有利于植被生长，植被年平均叶面积指数表现出上升趋势，部分区域上升幅度大于0.2。华中地区中部和南部地区光、温、水资源条件比较充足，气候因子变化对植被生长状况影响较小，植被变化受人为因

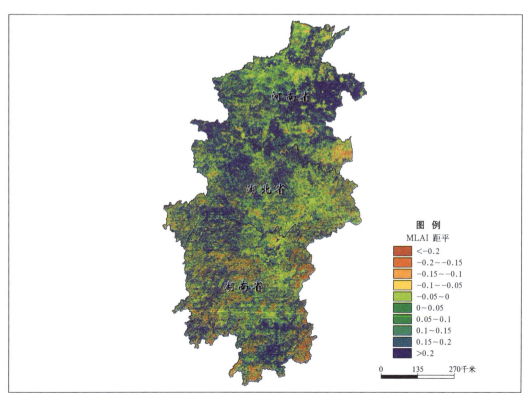

图19　2015年华中地区年平均叶面积距平分布

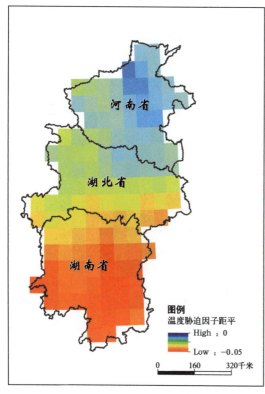

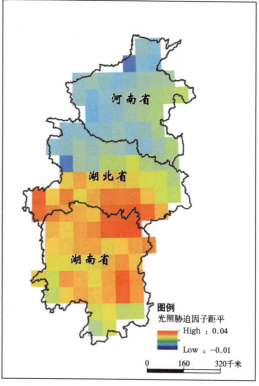

图 20　华中地区温度胁迫因子距平和光照胁迫因子距平

素影响较大。华中地区中部和南部的大部分农作物区域，年平均叶面积指数表现出微弱上升趋势；湖南省的湘西山地、湘东山地及南岭山区的森林植被年平均叶面积指数表现出微弱的降低趋势，最大下降 0.2 左右。

2.1.6　华南地区

华南地区包含广东省、广西壮族自治区、海南省、香港特别行政区及澳门特别行政区，以森林生态系统和农田生态系统为主，两者的面积占区域面积的比例达90% 以上，其中，森林生态系统比例达 48.94%，是森林生态系统占比最高的地区。华南地区从南到北横跨热带、南亚热带和中亚热带三个气候带，与之相适应，植被类型的分布也存在地带分异性，华南地区北部的地带性森林是亚热带典型常绿阔叶林，中部的地带性森林是亚热带季风常绿阔叶林，南部的地带性森林是热带季雨林和热带雨林。华南地区的农作物以一年三熟制为主，除大范围生产水稻外，也盛产甘蔗等糖料作物，主要分布在海南、广东和广西的北纬 24° 以南地区。此外，海南省降水丰沛，雨热同期，也是我国重要的热带经济作物产区，天然橡胶产量占到全国的六成。

华南地区植被年平均叶面积指数分布与地形、地表覆盖类型显著相关（见图21）。农作物年平均叶面积指数普遍介于1~2，主要分布在海南省沿海、广东湛江市等平原地区，年最大植被覆盖度介于80%到95%（见图22）；海南省中部广大山区分布着茂密的热带雨林和季雨林，年平均叶面积指数普遍高于3，黎母岭、雅加大岭等山区森林年平均叶面积指数超过5，年最大植被覆盖度高于98%；广东

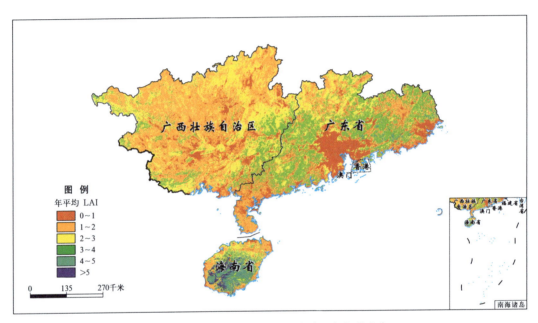

图21　2015年华南地区年平均叶面积指数分布

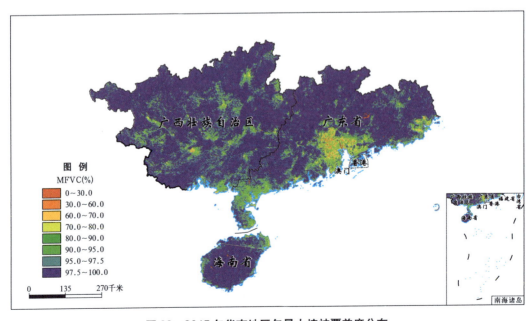

图22　2015年华南地区年最大植被覆盖度分布

省森林年平均叶面积指数普遍介于 3~4；广西壮族自治区森林年平均叶面积指数普遍介于 1~3；珠江三角洲区域由于已经完成从传统农业经济向重要制造业中心的转变，年平均叶面积指数普遍低于 1，年最大植被覆盖度低于 70%。

结合表 6 参数分省份统计结果，在华南地区，海南省和广西壮族自治区的年最大植被覆盖度均值为 98%，广东省、香港和澳门的年最大植被覆盖度均值约为 96%。但是广东省、香港和澳门的植被年平均叶面积指数略高于广西壮族自治区，分别为 2.13 和 1.92；海南省植被年平均叶面积指数最高，为 3.11。

表 6   2015 年华南地区主要参数分省统计结果

	广东省、香港和澳门	广西壮族自治区	海南省
年平均叶面积指数	2.13	1.92	3.11
年最大植被覆盖度	96%	98%	98%

2010~2015 年华南地区植被年平均叶面积指数变化和年最大植被覆盖度变化的空间差异显著（见图 23 和图 24）。华南地区自然条件十分优越，光、温、水资源条件充足，气候因子变化对植被生长状况影响较小，植被变化主要受人为因素影响。华南北部地区的植被年平均叶面积指数显著降低，部分区域降低 0.2 以上；华南中部地区的植被年平均叶面积指数升高和降低并存，其中，广西中部平原即河池市南部和南宁市北部地区的植被年平均叶面积指数升高 0~0.2，年最大植被覆盖度上升

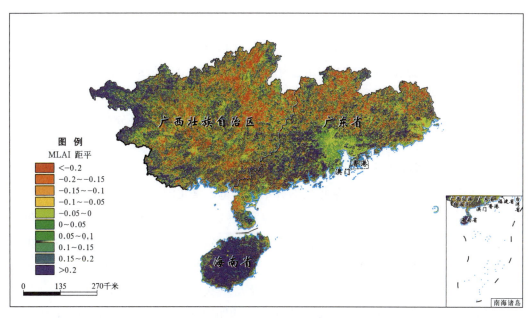

图 23   2015 年华南地区年平均叶面积距平分布

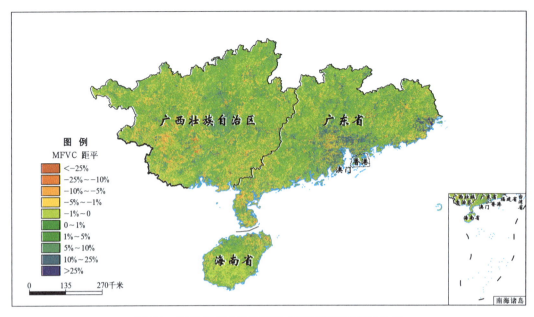

图 24　2015 年华南地区年最大植被覆盖度距平分布

1%~10%；华南南部地区年平均叶面积指数普遍表现为上升趋势，海南全省植被的年平均叶面积指数几乎均升高 0.2 以上，但广东省佛山市的植被年平均叶面积指数表现出微弱下降趋势，年最大植被覆盖度也降低 5%~10%。此外，广东省汕头市植被覆盖度有明显的增加趋势，增加 5%~25%。

2.1.7　西南地区

西南地区包含四川省、贵州省、云南省、西藏自治区、重庆市等五个省区，西南地区地形结构复杂，以高原、山地为主，主要有农田生态系统、森林生态系统、草地生态系统和荒漠生态系统；其中，农田生态系统主要分布在云南、四川、贵州三个省区，三者面积占区域面积的 85% 以上，森林生态系统主要分布在四川、云南、西藏三个省区，三者面积占区域面积的 80% 以上，而草地生态系统主要分布在西藏和四川两个省区，两者面积占区域面积的 90% 以上。西南地区林木、牧草资源十分丰富，拥有大面积高山区和草场以及常年生的林木和牧草，是我国发展橡胶、甘蔗、茶叶等热带经济作物的宝贵地区。森林类型主要以常绿阔叶林、热带雨林为主，主要分布在巴蜀盆地及其周边山地、云贵高原中高山山地丘陵区、青藏高原高山山地及藏南地区。

西南地区植被年平均叶面积指数分布与地形、地表覆盖类型显著相关（见图 25）。其中，巴蜀盆地气候比较柔和，湿度较大，多云雾，地势较为平缓，是农业集中发展的区域，其森林地上生物量总量较高，年最大植被覆盖度普遍高于 96%（见

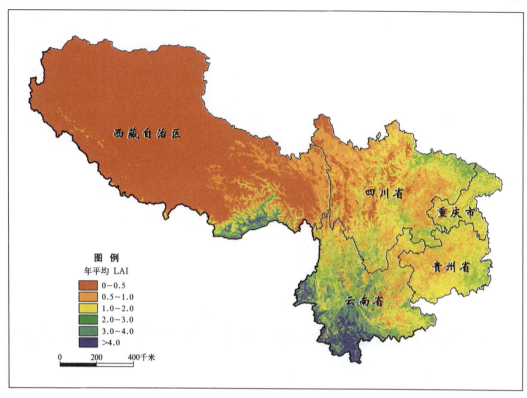

图 25　2015 年西南地区年平均叶面积指数分布

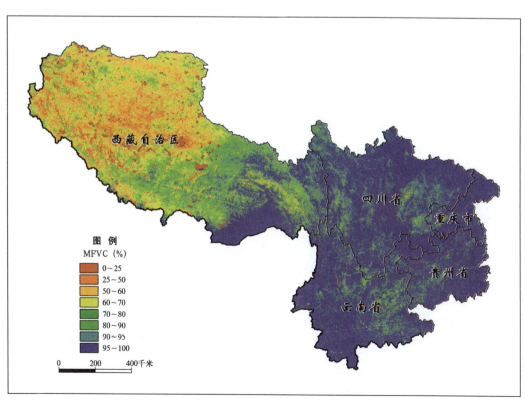

图 26　2015 年西南地区年最大植被覆盖度分布

图 26），年平均叶面积指数介于 1~3；云贵高原低纬高原四季如春，山地适合发展林牧业，坝区适合发展农业烟草等，其森林地上生物量总量较高，年最大植被覆盖度普遍高于 97.5%，且年平均叶面积指数介于 2~4，西双版纳热带雨林地区年平均叶面积指数超过 4；青藏高原的喜马拉雅山脉主要是寒带气候，主要为牧业区，年平均叶面积指数介于 2~3，但青藏高原大部分是草地生态系统，森林地上生物量总量较低，年最大植被覆盖度普遍高于 70%，年平均叶面积指数普遍低于 0.5。

结合表 7 西南地区主要参数分省份统计结果，在西南地区，云南省森林分布最广，森林地上生物量最高，其余依次为重庆市和贵州省。云南省南部主要是西双版纳热带雨林区，年平均叶面积指数相对较高，高于 2；西藏自治区大部分是荒漠地区，年平均叶面积指数相对较低，低于 0.5。

表 7　2015 年西南地区主要参数分省份统计结果

	四川省	贵州省	云南省	西藏自治区	重庆市
年平均叶面积指数	1.12	1.32	2.22	0.31	1.52
年最大植被覆盖度	97%	98%	97%	69%	98%

2010~2015 年西南地区年平均叶面积指数变化整体呈东升西降趋势，空间差异比较明显（见图 27）。西南地区地形结构复杂，影响植被生长的因子相对较多，巴蜀盆地及其周边山地由于温度升高（见图 28b），有利于植被生长，年平均叶面积指数显著增大 0.1~0.5，局部地区超过 0.5；云贵高原中高山山地丘陵区及其西双版纳热带雨林区由于降水量增加（见图 28c），植被生长状况较好，年平均叶面积指数显著增大 0.1~0.5，局部地区超过 0.5；青藏高原高山山地区域主要受光照和温度共同胁迫影响，该地区光照减弱、温度降低、降水减少（见图 28），区域趋干冷气候，植被生长状况较差，年平均叶面积指数降低，最大下降 0.5 左右。

2.1.8　西北地区

西北地区指大兴安岭以西，昆仑山—阿尔泰山、祁连山以北的广大地区，包括陕西省、甘肃省、青海省、宁夏回族自治区、新疆维吾尔自治区，西北地区地形以高原、盆地为主，地面植被由东向西为草原、荒漠草原、荒漠，其中荒漠占区域面积的 57.28%，其余依次为草地生态系统和农田生态系统，农田生态系统主要以宁夏平原灌溉农业和河西走廊的绿洲农业为主。森林主要分布在陕西省南部秦巴山区和甘肃陇南山地。

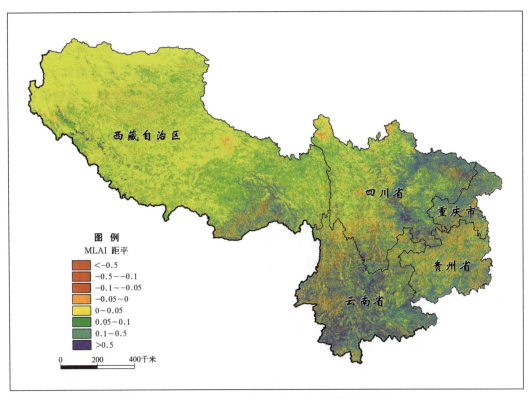

图 27　2015 年西南地区年平均叶面积距平分布

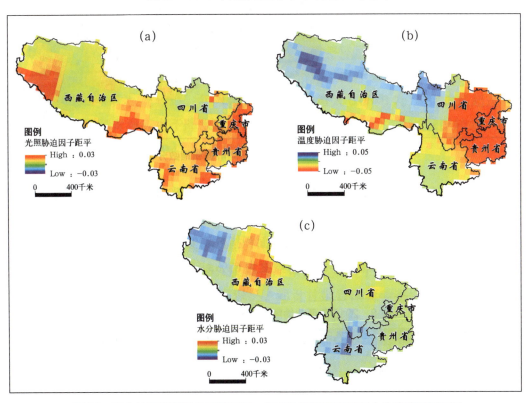

图 28　西南地区光照胁迫因子距平、温度胁迫因子距平和水分胁迫因子距平

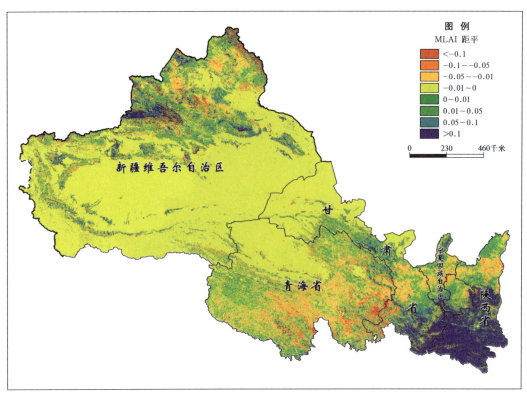

图 31　2015 年西北地区年平均叶面积距平分布

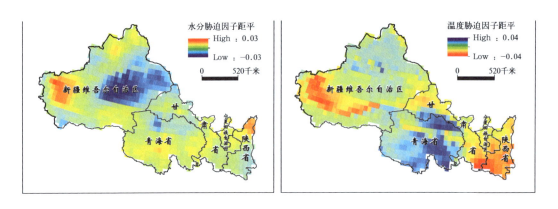

图 32　西北地区水分胁迫因子距平和温度胁迫因子距平

地区生态平衡的重建、恢复和改善生态环境起了决定性的作用。为改善京津地区生态环境，遏制沙尘危害，2000 年 6 月国家紧急启动京津风沙源治理工程，这是从北京所处位置特殊性及改善这一地区生态环境的紧迫性出发实施的重点生态工程，主要解决首都周边地区的风沙危害问题。

　　山江湖工程是江西省鄱阳湖流域综合开发治理工程的简称，基本战略是协调与统筹全流域上、中、下游的生态建设、环境治理与经济、社会发展，以实现全流域可持续发展为目标。工程开创了我国大流域实施"环境与发展协调"战略、推进流域生态经济建设的先河，从侧面展现中国流域生态经济建设的轨迹，对中国区域、流域生态经济建设有所裨益。

　　三江源地区地处青藏高原腹地，是长江、黄河、澜沧江的发源地，是我国淡水资源的重要补给地，是高原生物多样性最集中的地区，是亚洲、北半球乃至全球气候变化的敏感区。特殊的地理位置、丰富的自然资源、重要的生态功能决定了三江源地区在全国的生态地位极为重要。开展三江源地区生态保护和建设，对于构建我国青藏高原生态安全屏障、建设生态文明具有重要意义，关系到中华民族的长远发展。

　　利用植被定量遥感产品分析国家重大生态工程区内植被状况及变化，监测这些生态工程区植被恢复状况以及工程的效果对评估工程实施的效益极其重要。

2.2.1　"三北"防护林工程

　　始于 1979 年，政府为改善生态环境提出"三北"防护林工程，是指在中国"三北"地区（西北、华北和东北）建设的大型林业生态工程。工程区东起黑龙江宾县，西至新疆的乌孜别里山口，北抵北部边境，南沿海河、永定河、汾河、渭河、洮河下游、喀喇昆仑山，包括新疆、青海、甘肃、宁夏、内蒙古、陕西、山西、河北、辽宁、吉林、黑龙江、北京、天津等 13 个省、自治区、直辖市的 559 个县（旗、区、市）。"三北"防护林工程区包含了三北地区的八大沙漠（即塔克拉玛干沙漠、古尔班通古特沙漠、巴丹吉林沙漠、腾格里沙漠、乌兰布和沙漠、库布齐沙漠、柴达木盆地沙漠、库木塔格沙漠）和四大沙地（即科尔沁沙地、毛乌素沙地、浑善达克沙地、呼伦贝尔沙地）。此外，2000 年启动的京津风沙源治理工程区位于"三北"防护林工程区中东部，一期工程区西起内蒙古的达茂旗，东至内蒙古的阿鲁科尔沁旗，南起山西的代县，北至内蒙古的东乌珠穆沁旗，涉及北京、天津、河北、山西及内蒙古等 5 个省、自治区、直辖市的 75 个县（旗、市）。

　　"三北"防护林工程区海拔高度西北高、东南低，分布着荒漠生态系统、草地生态系统、农田生态系统和森林生态系统。区域内以荒漠生态系统为主，面积201.84 万平方千米，占区域总面积的 45.02%；其次为农田生态系统，面积129.26万平方千米，占区域总面积的 28.83%；其余依次为草地生态系统、森林生态系统、水域生态系统和城市生态系统，分别占区域总面积的 14.42%、9.94%、1.46% 和0.33%。"三北"防护林工程区近一半的面积为荒漠生态系统，主要分布在内蒙古至

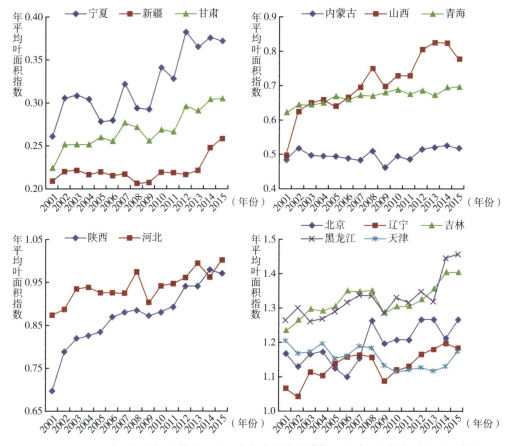

图34 2001~2015 年"三北"防护林工程区内各省份的植被年平均叶面积指数时间序列曲线

成部分。东、西、南三面环山，中间丘陵起伏，北部为我国第一大淡水湖——鄱阳湖及湖区平原，整个地势由东、南、西三面逐渐向鄱阳湖倾斜，形成一个向北开口的巨大盆地。地貌类型以山地丘陵为主，兼有平原、岗地，山地面积占江西省土地总面积的 36%，丘陵占 42%，岗地、平原、水面占 22%。生态系统结构以农田生态系统、森林生态系统和水域生态系统为主，农田生态系统主要分布在江西省北部鄱阳湖湖区平原和中部丘陵，面积为 8.18 万平方千米，占区域总面积的 48.96%，森林生态系统主要分布在江西省东、南、西部的山区，面积为 7.61 万平方千米，占区域总面积的 45.53%；水域生态系统占区域总面积的 2.37%，其余依次为草地生态系统、城市生态系统和荒漠生态系统，分别占区域总面积的 2.00%、0.77% 和 0.37%。

自 2001 年至 2015 年的 15 年间，从植被年平均叶面积指数变化率空间分布结果（见图 35）可以看出，山江湖生态保护工程区内植被恢复效果十分明显，工程区内绝大部分植被年平均叶面积指数呈现增加趋势，其中，武山、雩山和九岭山山脉的森林区，年平均叶面积指数增加最显著；江西省南昌市及周边区域、新余市，

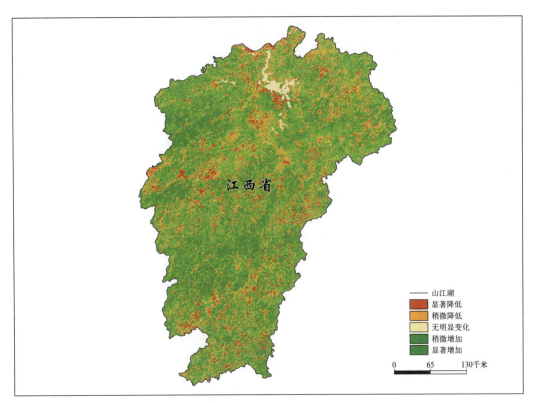

图 35　2001~2015 年山江湖生态保护工程区植被年平均叶面积指数变化率空间分布

植被年平均叶面积指数存在显著或微弱降低趋势；上饶市、鹰潭市和赣州市的植被年平均叶面积指数微弱增加和微弱降低并存。

统计 2001 年至 2015 年山江湖生态保护工程区内各市的植被年平均叶面积指数，按照叶面积指数量级分别绘制 15 年的年平均叶面积指数时间序列曲线（见图 36），结果显示：江西省南昌市和九江市在 2008 年以前年平均叶面积指数整体呈现下降趋势，在 2008 年以后年平均叶面积指数整体呈现增加趋势，且在 2009 年和 2014 年增加显著。宜春市、萍乡市、吉安市和抚州市的植被年平均叶面积指数在 2001~2015 年整体呈现增加趋势，且在 2008 年以后平均叶面积指数增加趋势十分明显，逐年增加 0.01~0.04。

2.2.3　三江源生态保护区

2000 年 8 月 19 日，为保护三江源的自然资源，三江源自然保护区正式成立。三江源自然保护区位于青藏高原腹地，青海省南部，西南与西藏自治区接壤，东部与四川省毗邻，北部与青海省蒙古族藏族自治州都兰县相接。三江源自然保护区覆盖玉树、果洛全境和海南、黄南、海西的部分地区，总面积 36.6 万平方千米，包

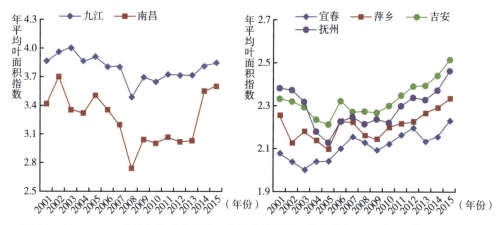

图 36　2001~2015 年山江湖生态保护工程区内典型县市的植被年平均叶面积指数时间序列曲线

括泽库、河南、同德、兴海、玛沁、甘德、久治、达日、班玛、玛多、称多、曲麻莱、玉树、囊谦、治多、杂多、唐古拉山乡等 17 个县市，占青海省土地总面积的43.88%。三江源自然保护区是中国面积最大的自然保护区，也是世界高海拔地区生物多样性最集中的地区和生态最敏感的地区，外流河主要是通天河、黄河、澜沧江（上游称扎曲）三大水系，通天河是长江的源区干流，因此三江为长江、黄河和澜沧江，支流有雅砻江、当曲、卡日曲、孜曲、结曲等大小河川并列组成。

　　三江源自然保护区海拔高度东低西高，最低海拔位于玉树藏族自治州东南部的金沙江河谷，最高位于唐古拉山主峰格拉丹东。分布着草地生态系统、森林生态系统、荒漠生态系统和农田生态系统。区域内以草地生态系统为主，面积 20.28 万平方千米，占区域总面积的 58.89%；其次为荒漠生态系统，面积 9.22 万平方千米，占区域面积的 26.77%，农田生态系统和森林生态系统面积相当，面积分别为 1.85万平方千米、1.80 平方千米，其余依次为水域生态系统和城市生态系统。三江源地区为中亚高原高寒环境和世界高寒草原的典型代表，一半以上面积是草地生态系统，几乎分布于整个区域，主要分布在中东部；三江源自然保护区的荒漠生态系统主要分布在区域西部的治多、唐古拉山乡两个县市；而森林生态系统主要分布在东昆仑山、支脉阿尼玛卿山、巴颜喀拉山和唐古拉山山脉。三江源地区具有独特而典型的高寒生态系统，植被类型有针叶林、阔叶林、针阔混交林、灌丛、草甸、草原、沼泽及水生植被、垫状植被和稀疏植被等 9 个植被类型，植物种类以草本植物居多，有川西云杉、紫果云杉、红杉、祁连圆柏、大果圆柏、塔枝圆柏、密枝圆柏、白桦、红桦和糙皮桦等，灌丛植被有杜鹃、山柳、沙棘、金露梅、锦鸡儿、锈线菊和水荀子等。

　　自 2001 年至 2015 年的 15 年间，从植被平均叶面积指数差值分布结果（见图37）可以看出，三江源生态保护区内植被恢复取得一定效果，但不太显著，其中无明显变化区域约占三江源生态保护区总面积的 50.7%，长江、黄河和澜沧江的发源地均在玉树境内，从玉树县 2001 年到 2015 年植被年平均叶面积指数变化率时间序列曲线（见图 38）可以看出，建立自然保护区的第一个五年，玉树县植被年平均叶面积指数明显增加，在 2005 年达最大，比 2001 年高出 0.13，但是在第三个五年，玉树县植被年平均叶面积指数出现降低趋势，2015 年与 2001 年植被年平均叶面积指数相差不明显。局部地区植被年平均叶面积指数增加较明显，整体增加部分约占区域总面积的 25.62%，区域西部治多县、唐古拉山县和中部玛多县这三个地区的植被年平均叶面积指数增加最为明显，普遍增加 0.5 以上，其中治多县和唐古拉山县主要是荒漠生态系统，植被年平均叶面积指数介于 0.7~0.9。三江源自然保护区的建立，有效阻止了沙漠化面积扩散和草地退化，玛多县属于高寒草原气候，是黄河的发源地，境内河流密集、湖泊众多，植被年平均叶面积指数最高，介于 1.5~1.7。建立三江源自然保护区以来，玛多县的植被年平均叶面积指数明显增加，在 2010 年达到最高，高出 2001 年 0.15，说明自然保护区建立后，加强对水资源的保护，有效防止湖泊、河流干涸，植被恢复效果较明显，生长较好。

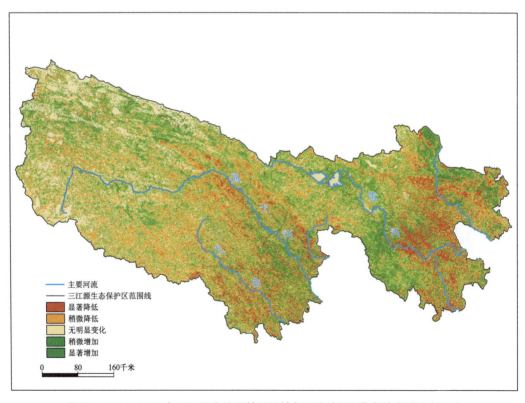

图 37　2011~2015 年三江源自然保护区植被年平均叶面积指数变化率空间分布

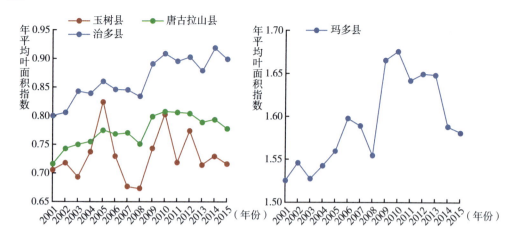

图 38　2001 年到 2015 年三江源生态保护工程区内典型县市的植被年平均叶面积指数时间序列曲线

G. 3
2015~2017年中国大气质量

相对于当前环保系统多采用地面监测技术，大气环境遥感监测技术具有覆盖面广、实时观测、空间连续和不破坏监测对象物化属性等优点，可追溯监测卫星完整观测时期全部覆盖范围的大气污染状况。

3.1 2016~2017年中国NO_2柱浓度

3.1.1 大气NO_2遥感监测

大气污染直接影响大气环境质量状况和全球气候变化，是全世界关注的重要环境问题之一。大气污染对气候、植物和人类健康产生的不良影响日益显著，如何减轻大气污染已成为全世界需要解决的共同问题。近年来，随着我国工业化和城市化进程加快，大气污染物呈现强度高、集中性排放的特点，并已大大超过了环境承载能力，导致空气质量严重退化。在中国东部，首都北京及周边地区、长江三角洲地区、珠江三角洲地区，大气复合污染问题一直是困扰大气环境质量的关键因素，并已成为影响城市和区域可持续发展的重要因素。大气污染物中，污染气体NO_2、SO_2发挥着非常重要的作用。

卫星遥感技术可获得区域大气污染分布情况，对城市群与区域尺度来说，遥感大气污染监测较地面监测等常规方法更具客观性，便于对大气污染进行动态监测和预报，具有广阔的应用前景。当前大气污染遥感在国际上正得到快速发展，在发达国家和地区，卫星遥感已成为大气环境监测和大气质量预报的重要手段。在中国，结合环境保护的卫星遥感大气监测工作目前也得到越来越多的关注，大气环境遥感监测的研究和应用力度日益加强。

3.1.2 2016~2017年中国NO_2柱浓度

臭氧监测仪（Ozone Monitoring Instrument，OMI）由荷兰、芬兰和美国国家航空航天局（National Aeronautics and Space Administration，NASA）联合制造，可以获得污染气体如NO_2、SO_2分布的监测结果。OMI穿越赤道的时间在当地时间的13:40到13:50，观测周期为每日全球覆盖。OMI具有较高的光谱分辨率、空间分辨率、时间分辨率和信噪比等优点，因此被广泛应用于污染气体的动态实时监测及空气质量预报等方面。基于 AURA/OMI 卫星数据，对中国地区大气中的 NO_2 进行监测，2016 年 1 月 ~2017 年 12 月，中国大气 NO_2 柱浓度遥感监测详细情况见图 1~ 图 24。由于中国东北部、四川部分地区冬季多云，图中白色部分为云覆盖所致。

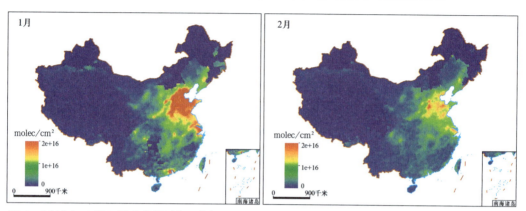

图 1　2016 年 1 月卫星遥感监测中国大气 NO_2 柱　图 2　2016 年 2 月卫星遥感监测中国大气 NO_2 柱
　　　浓度分布　　　　　　　　　　　　　　　　　　　　　浓度分布

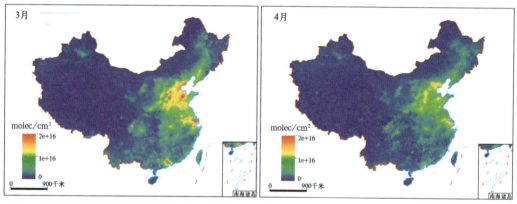

图 3　2016 年 3 月卫星遥感监测中国大气 NO_2 柱　图 4　2016 年 4 月卫星遥感监测中国大气 NO_2 柱
　　　浓度分布　　　　　　　　　　　　　　　　　　　　　浓度分布

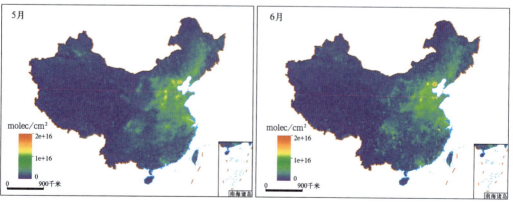

图 5　2016 年 5 月卫星遥感监测中国大气 NO_2 柱　图 6　2016 年 6 月卫星遥感监测中国大气 NO_2 柱
　　　浓度分布　　　　　　　　　　　　　　　　　　　　　浓度分布

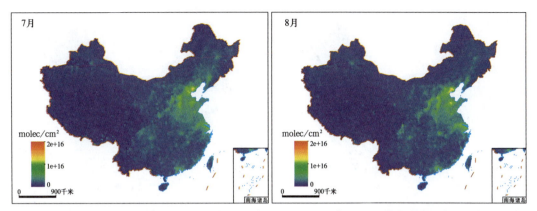

图 7　2016 年 7 月卫星遥感监测中国大气 NO₂ 柱浓度分布　图 8　2016 年 8 月卫星遥感监测中国大气 NO₂ 柱浓度分布

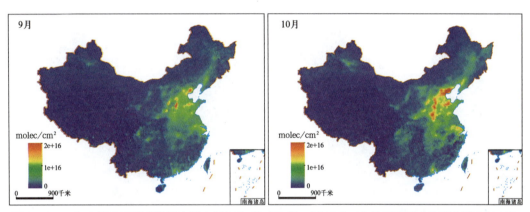

图 9　2016 年 9 月卫星遥感监测中国大气 NO₂ 柱浓度分布　图 10　2016 年 10 月卫星遥感监测中国大气 NO₂ 柱浓度分布

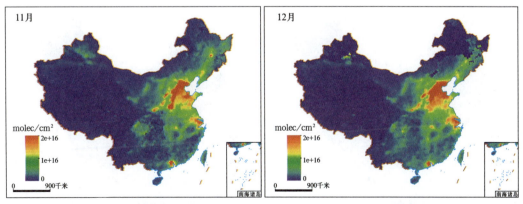

图 11　2016 年 11 月卫星遥感监测中国大气 NO₂ 柱浓度分布　图 12　2016 年 12 月卫星遥感监测中国大气 NO₂ 柱浓度分布

091

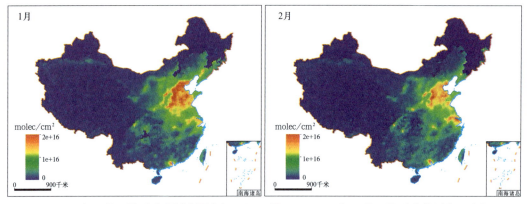

图 13　2017 年 1 月卫星遥感监测中国大气 NO₂
　　　　柱浓度分布

图 14　2017 年 2 月卫星遥感监测中国大气 NO₂
　　　　柱浓度分布

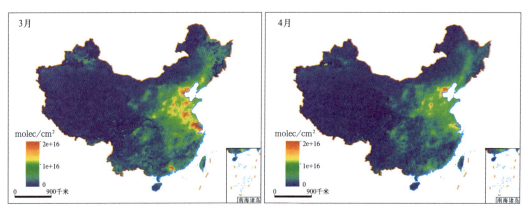

图 15　2017 年 3 月卫星遥感监测中国大气 NO₂
　　　　柱浓度分布

图 16　2017 年 4 月卫星遥感监测中国大气 NO₂
　　　　柱浓度分布

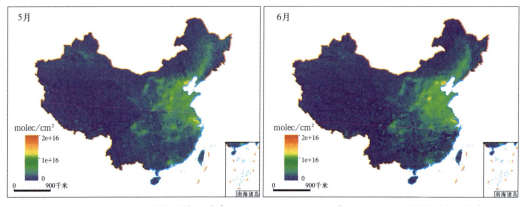

图 17　2017 年 5 月卫星遥感监测中国大气 NO₂
　　　　柱浓度分布

图 18　2017 年 6 月卫星遥感监测中国大气 NO₂
　　　　柱浓度分布

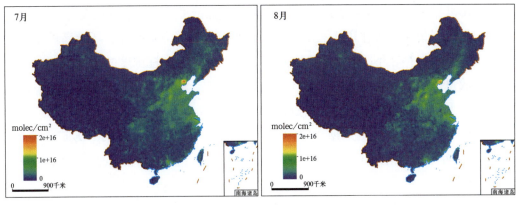

图 19 2017 年 7 月卫星遥感监测中国大气 NO₂
柱浓度分布

图 20 2017 年 8 月卫星遥感监测中国大气 NO₂
柱浓度分布

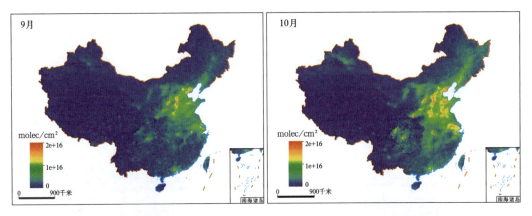

图 21 2017 年 9 月卫星遥感监测中国大气 NO₂
柱浓度分布

图 22 2017 年 10 月卫星遥感监测中国大气 NO₂
柱浓度分布

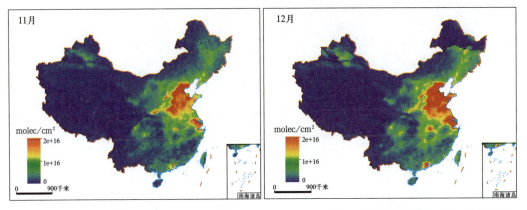

图 23 2017 年 11 月卫星遥感监测中国大气 NO₂
柱浓度分布

图 24 2017 年 12 月卫星遥感监测中国大气 NO₂
柱浓度分布

2016 年 1 月 ~2017 年 12 月，中国大气 NO_2 柱浓度的高值区主要集中在京津冀地区、长江三角洲地区和珠江三角洲地区，河南北部、山东西部、新疆乌鲁木齐和陕西西安等地也存在不同程度的 NO_2 柱浓度高值区。NO_2 柱浓度的高低，与当地的机动车数量、煤炭消耗等工业活动强度、气象条件、本地地形等因素密切相关，在一定程度上可以反映当地的工业排放量。

基于 AURA/OMI 卫星数据，对 2016 年全年中国地区大气中的 NO_2 进行监测，并与 2015 年 NO_2 柱浓度进行比较，2016 年中国地区大气 NO_2 较上一年变化趋势见图 25~ 图 27。

3.2　2016~2017年中国SO_2柱浓度

基于 AURA/OMI 卫星数据，对中国地区大气中的 SO_2 进行监测，2016 年 1 月 ~2017 年 12 月，中国大气 SO_2 柱浓度遥感监测详细情况见图 28~ 图 51。

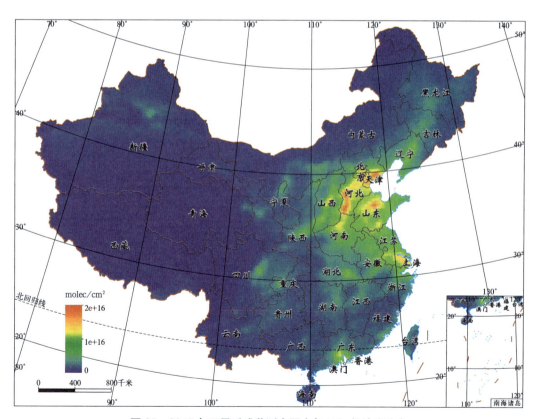

图 25　2015 年卫星遥感监测中国大气 NO_2 柱浓度分布

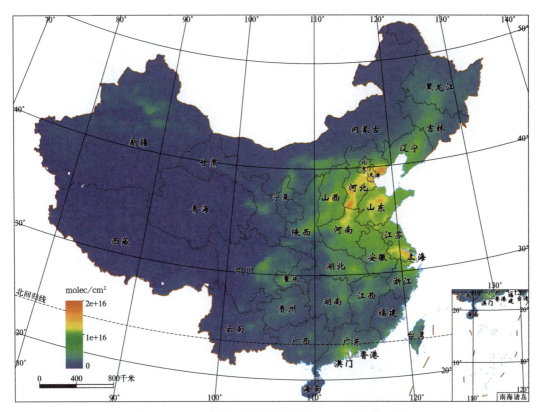

图 26　2016 年卫星遥感监测中国大气 NO₂ 柱浓度分布

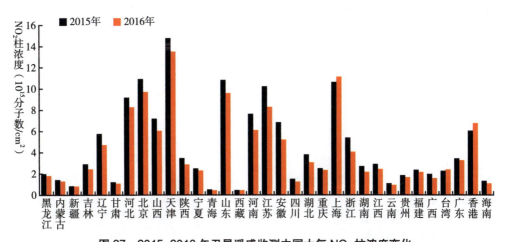

图 27　2015~2016 年卫星遥感监测中国大气 NO₂ 柱浓度变化

基于 AURA/OMI 卫星数据，对 2016 年全年中国地区大气中的 SO₂ 进行监测，并与 2015 年 SO₂ 柱浓度进行比较，2016 年中国地区大气 SO₂ 较上一年变化趋势见图 52~ 图 54。

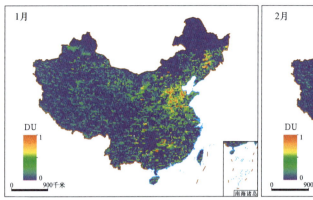

图28　2016年1月卫星遥感监测中国大气SO$_2$柱浓度分布

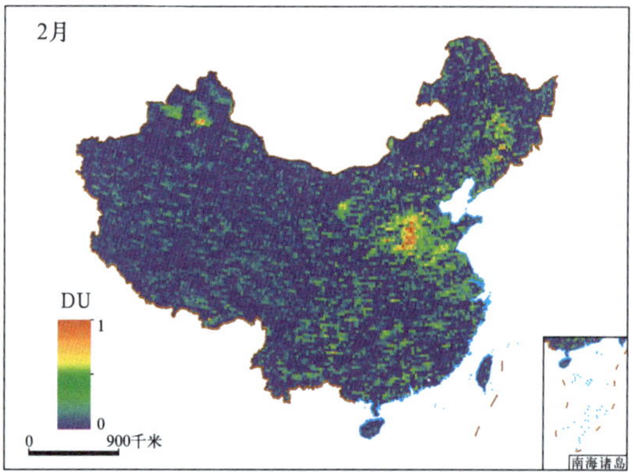

图29　2016年2月卫星遥感监测中国大气SO$_2$柱浓度分布

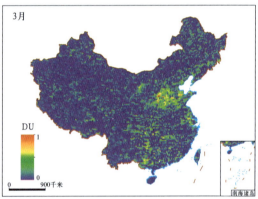
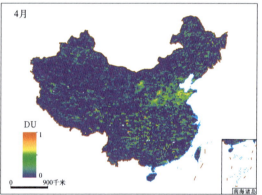

图30　2016年3月卫星遥感监测中国大气SO$_2$柱浓度分布

图31　2016年4月卫星遥感监测中国大气SO$_2$柱浓度分布

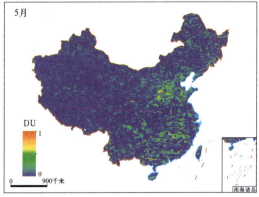
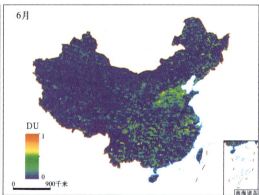

图32　2016年5月卫星遥感监测中国大气SO$_2$柱浓度分布

图33　2016年6月卫星遥感监测中国大气SO$_2$柱浓度分布

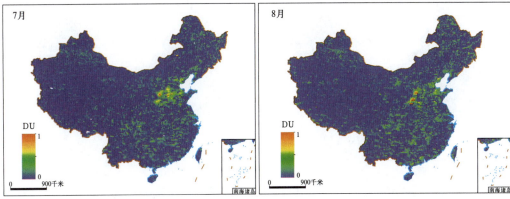

图 34 2016 年 7 月卫星遥感监测中国大气 SO_2 柱浓度分布   **图 35** 2016 年 8 月卫星遥感监测中国大气 SO_2 柱浓度分布

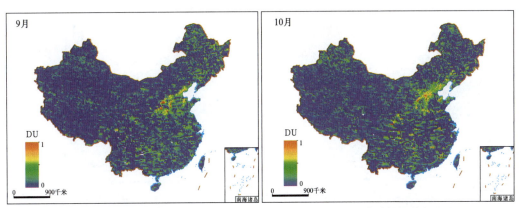

图 36 2016 年 9 月卫星遥感监测中国大气 SO_2 柱浓度分布   **图 37** 2016 年 10 月卫星遥感监测中国大气 SO_2 柱浓度分布

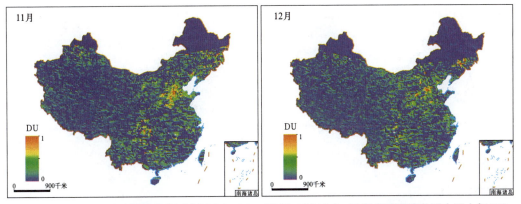

图 38 2016 年 11 月卫星遥感监测中国大气 SO_2 柱浓度分布   **图 39** 2016 年 12 月卫星遥感监测中国大气 SO_2 柱浓度分布

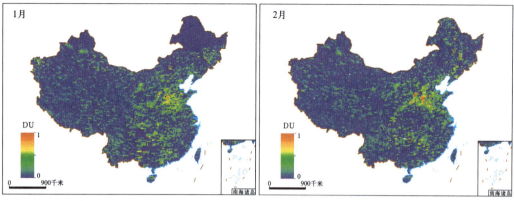

图40　2017年1月卫星遥感监测中国大气SO$_2$柱浓度分布　　图41　2017年2月卫星遥感监测中国大气SO$_2$柱浓度分布

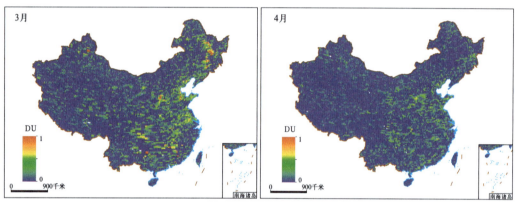

图42　2017年3月卫星遥感监测中国大气SO$_2$柱浓度分布　　图43　2017年4月卫星遥感监测中国大气SO$_2$柱浓度分布

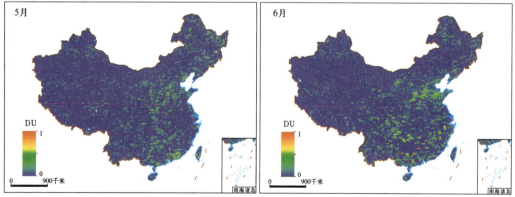

图44　2017年5月卫星遥感监测中国大气SO$_2$柱浓度分布　　图45　2017年6月卫星遥感监测中国大气SO$_2$柱浓度分布

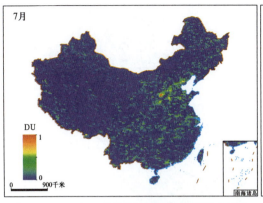

图 46　2017 年 7 月卫星遥感监测中国大气 SO₂
柱浓度分布

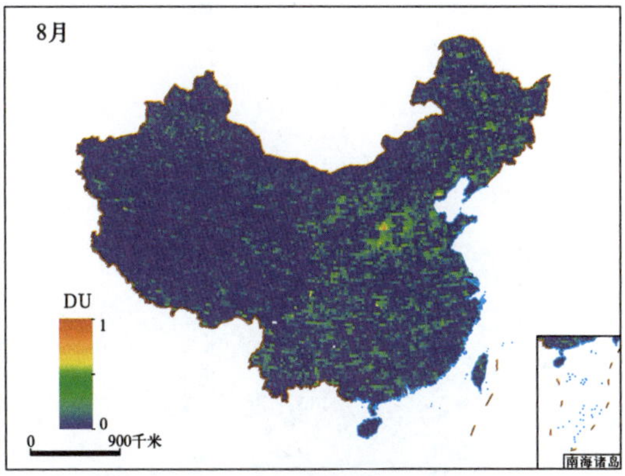

图 47　2017 年 8 月卫星遥感监测中国大气 SO₂
柱浓度分布

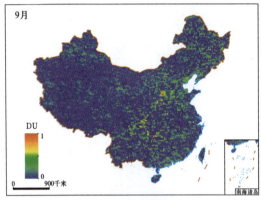
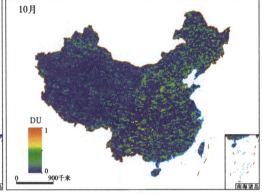

图 48　2017 年 9 月卫星遥感监测中国大气 SO₂
柱浓度分布

图 49　2017 年 10 月卫星遥感监测中国大气 SO₂
柱浓度分布

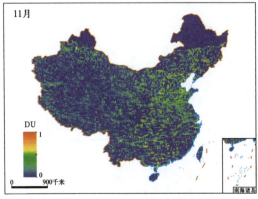
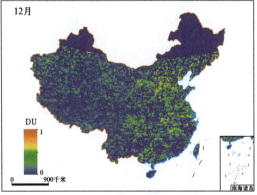

图 50　2017 年 11 月卫星遥感监测中国大气 SO₂
柱浓度分布

图 51　2017 年 12 月卫星遥感监测中国大气 SO₂
柱浓度分布

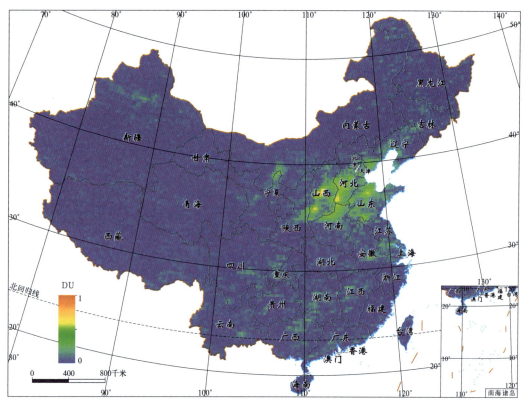

图52　2015年卫星遥感监测中国大气 SO₂ 柱浓度分布

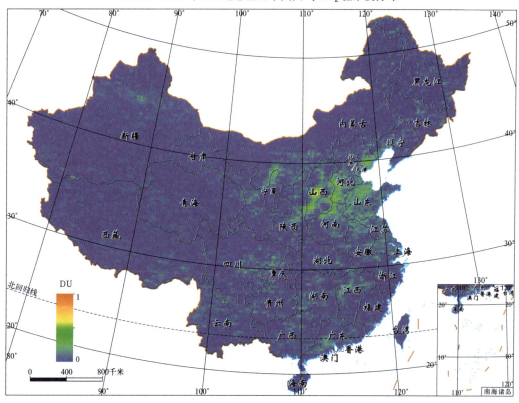

图53　2016年卫星遥感监测中国大气 SO₂ 柱浓度分布

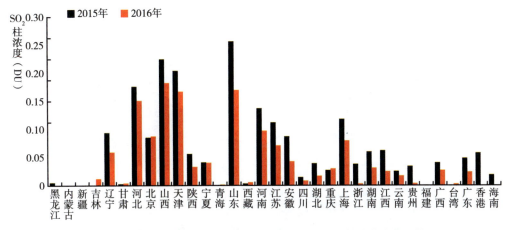

图 54　2015~2016 年卫星遥感监测中国大气 SO_2 柱浓度变化趋势

3.3　2015年中国细颗粒物浓度遥感监测

3.3.1　2015年中国区域细颗粒物浓度遥感监测

本报告基于 MODIS 气溶胶光学厚度产品以及环保部地面 PM2.5 浓度观测站点数据，建立起二者的相关关系，实现对 2015 年中国区域 PM2.5 年平均浓度的重现，并对污染情况及空间分析进行了定量化的分析。

根据图 55、图 56，2015 年中国区域 PM2.5 年平均浓度为 46.49μg/m³，整体空气质量等级为良，其中我国西部、南部空气质量情况整体较好，多地空气质量等级达到优，空气质量等级为良的区域共占我国国土覆盖面积的 68.91%，另外还有约 8.94% 的国土面积受到空气污染，主要分布在华北平原地区以及新疆塔克拉玛干沙漠地区，特殊的地理条件，使得华北平原地区的大气扩散能力不足，外部污染物堆积、本地污染又不易扩散，这就加剧了华北平原的污染情况。而新疆地区由于塔克拉玛干沙漠粉尘较为严重，其 PM2.5 年平均浓度也相对较高。

3.3.2　2015年重点城市群细颗粒物浓度遥感监测

3.3.2.1　2015年中原城市群细颗粒物浓度遥感监测

1.中原城市群地区概述

中原城市群位于我国中东部，是以郑州市、洛阳市为中心的中原城市经济带，此城市群的核心区域主要包括河南省的郑州、洛阳、平顶山、新乡、开封、济源等

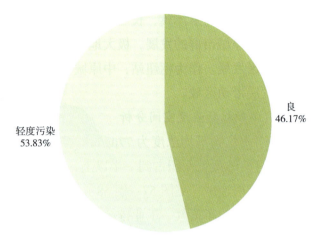

图58 2015年中原城市群空气质量等级分级

了环长株潭城市群、武汉城市圈、江淮城市群等多个城市群，湖北省、湖南省、江西省三省省会遥相呼应，逐渐形成了武汉都市圈、南昌都市圈、长沙都市圈，三大都市圈极大地拉动了各省经济的快速发展，并且不断带动周边区域的资源利用、经济增长，三大省会的首位城市地位跟核心力量地位也可以以三大核心的形式推动中部崛起，保证各部协调、有效发展。

2. 2015年长江中游城市群细颗粒物浓度空间分析

2015年长江中游城市群细颗粒物平均浓度为57.9μg/m³，空气质量等级为良。其中87.25%的覆盖面积上空空气质量等级为良，0.26%的覆盖面积空气质量等级为优。轻度污染覆盖面积达到12.49%，主要分布在城市群的西北方向，向东南方向辐射逐级递减（见图59、图60）。

3.3.2.3 2015年哈长城市群细颗粒物浓度遥感监测

1.哈长城市群地区概述

哈长城市群是指中国东北地区以哈尔滨市、长春市为中心，辐射两翼大庆、吉林、齐齐哈尔等地的经济带，其主要范围包括东北中北部一带的地区。哈长城市群包括哈尔滨、长春、大庆、吉林、齐齐哈尔、牡丹江、四平、延边朝鲜族自治州等多个地市，辐射人口3945.59万。2013年该地区经济总量达2.16万亿元，其中哈尔滨、大庆、长春三地经济总量接近1.5万亿元。

2. 2015年哈长城市群细颗粒物浓度空间分析

2015年哈长城市群细颗粒物平均浓度为46.4μg/m³，空气质量等级为良。其中98.62%的覆盖面积上空的空气质量等级为良，1.36%上空的空气质量为优（见图61、图62）。其PM2.5分布由南向北递减，其主要污染是由于冬季采暖燃煤燃烧、

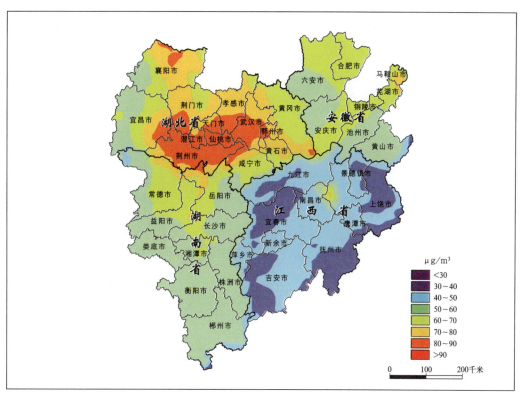

图 59　2015 年长江中游城市群 PM2.5 年平均浓度遥感监测分布

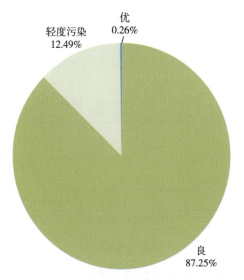

图 60　2015 年长江中游城市群空气质量等级分级

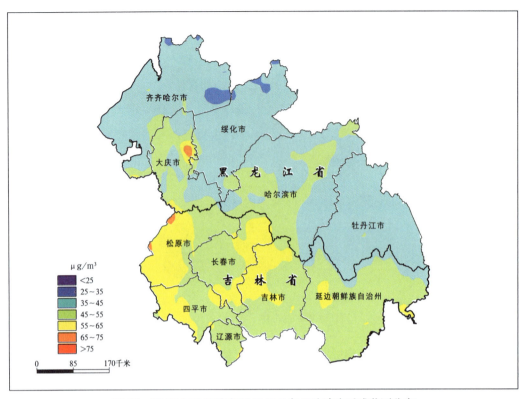

图 61　2015 年哈长城市群 PM2.5 年平均浓度遥感监测分布

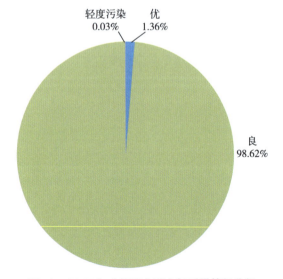

图 62　2015 年哈长城市群空气质量等级分级

生物质燃烧以及石油开采产生的废气等。

3.3.2.4　2015年成渝城市群细颗粒物浓度遥感监测

1.成渝城市群地区概述

成渝城市群是以四川省成都市以及重庆市为核心，集合了成都市、遂宁市、资阳市、内江市、重庆市主城区等形成的城市群。成渝城市群总面积18.5万平方千米，2014年常住人口9094万人，地区生产总值3.76万亿元，分别占全国的1.92%、6.65%和5.49%。成渝城市群是全国重要的城镇化区域，具有承东启西、连接南北的区位优势。自然禀赋优良，综合承载力较强，交通体系比较健全。成渝城市群各城市间山水相连、人缘相亲、文化一脉，毗邻区域合作不断深化，川渝合作进程逐步加快，一体化发展的趋势日益明显。

2.2015年成渝城市群细颗粒物浓度空间分析

根据图63、图64，2015年成渝城市群细颗粒物平均浓度为53.9μg/m³，城市群外围地域空气质量情况更好，部分地区达到优以上。2015年成渝城市群96.07%的覆盖面积上空的空气质量等级为良，仅有1.40%的面积受到轻度污

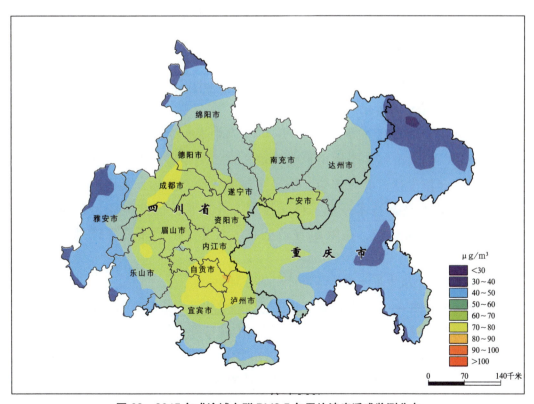

图63　2015年成渝城市群PM2.5年平均浓度遥感监测分布

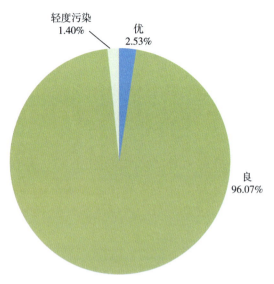

图 64　2015 年成渝城市群空气质量等级分级

染。一方面，成渝城市群空气污染主要来自移动源等，并且由于成渝城市群所处区域降水较多，相对湿度较高，细颗粒物会吸湿膨胀，导致粒子富集；另一方面，特殊的四川盆地地形也严重影响了细颗粒物浓度，使得盆地区域浓度相对较高。

3.3.2.5　2015年关中城市群细颗粒物浓度遥感监测

1.关中城市群地区概述

关中城市群是以陕西省西安市为中心，同时集合咸阳市、渭南市、商洛市、宝鸡市、铜川市等多个城市形成的城市群，关中城市群是陕西省人口最密集的地区，经济发达，文化繁荣。历经多年的建设与发展，关中城市群现已成为西北部重要的高新技术产业、科学技术产业地带，也发展成为我国西北乃至西部地区的优势区域，是陕西省乃至我国西北地区的重要生产基地、科研基地。

2. 2015年关中城市群细颗粒物浓度空间分析

根据图 65、图 66，2015 年关中城市群细颗粒物平均浓度为 50.1μg/m^3，城市群中心以及中东部较其他区域相对较高，但关中城市群空气质量情况较好，空气质量等级达到良的区域达到 98.96%。关中城市群的空气污染主要源自化石燃料燃烧、汽车尾气、工地和马路扬尘以及其他工业企业的排放。

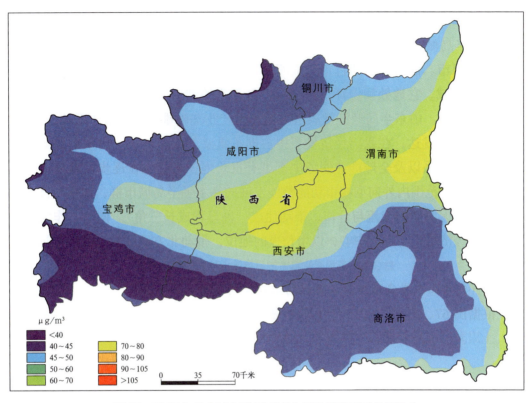

图 65　2015 年关中城市群 PM2.5 年平均浓度遥感监测分布

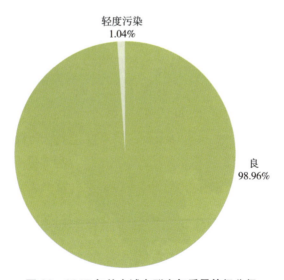

图 66　2015 年关中城市群空气质量等级分级

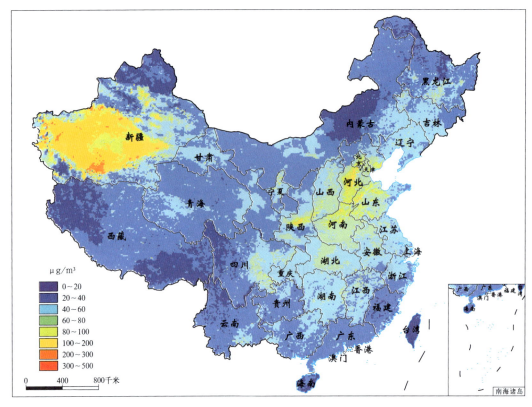

图 69　2016 年中国 PM2.5 年平均浓度遥感监测分布

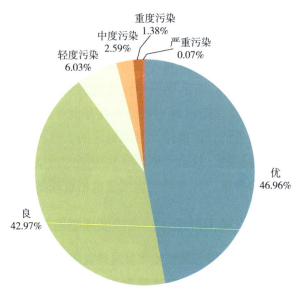

图 70　2016 年中国空气质量等级分级

区等级可达到优。2016 年中原城市群一半以上的覆盖面积上空的空气质量等级为良，约为 64.53%。约有 35.33% 区域面积上空受到轻度污染（见图 71、图 72）。

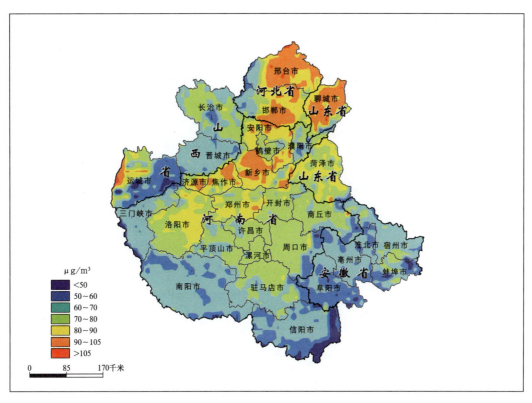

图 71　2016 年中原城市群 PM2.5 年平均浓度遥感监测分布

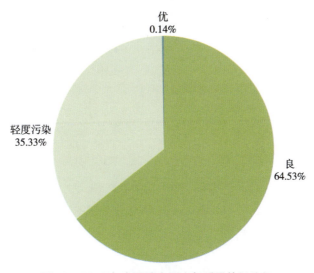

图 72　2016 年中原城市群空气质量等级分级

3.4.2.2　2016年长江中游城市群细颗粒物浓度遥感监测

2016年长江中游城市群细颗粒物平均浓度为 50.10μg/m³，空气质量等级为良。大部分区域上空的空气质量为良，约占城市群面积的 90.39%，其中，西北部的襄阳市、宜昌市及周边的 PM2.5 浓度较高，主要源于工业生产、机动车、燃煤和扬尘等（见图 73、图 74）。

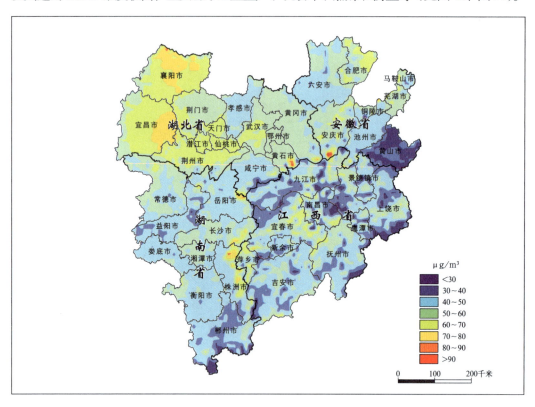

图73　2016年长江中游城市群 PM2.5 年平均浓度遥感监测分布

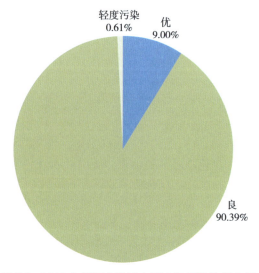

图74　2016年长江中游城市群空气质量等级分级

3.4.2.3　2016年哈长城市群细颗粒物浓度遥感监测

2016 年哈长城市群细颗粒物平均浓度为 39.8μg/m³，空气质量等级为良。城市群 62.17% 的覆盖面积上空的空气质量等级为良，37.69% 的覆盖面积上空空气质量为优，其中哈尔滨上空的 PM2.5 水平较高，2016 年年平均浓度大于 50μg/m³，其污染来源主要是由冬季供暖以及生物质燃烧产生的（见图 75、图 76）。

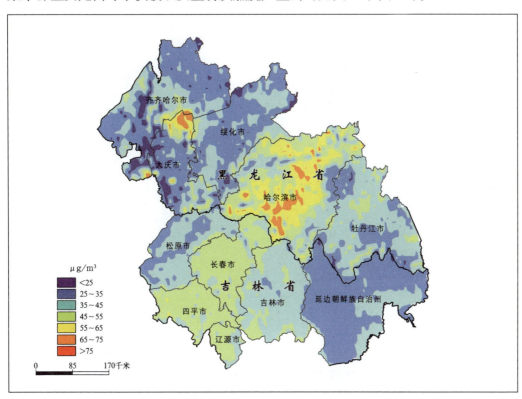

图 75　2016 年哈长城市群 PM2.5 年平均浓度遥感监测分布

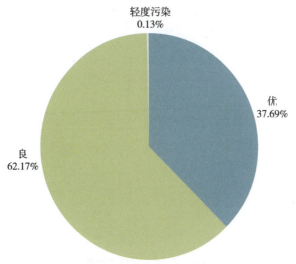

图 76　2016 年哈长城市群空气质量等级分级

3.4.2.4　2016年成渝城市群细颗粒物浓度遥感监测

根据图77、图78，2016年成渝城市群细颗粒物平均浓度为53.4μg/m³，整体空气质量情况为良，区域东南部空气质量情况相对较好，部分地区可以达到优。2016

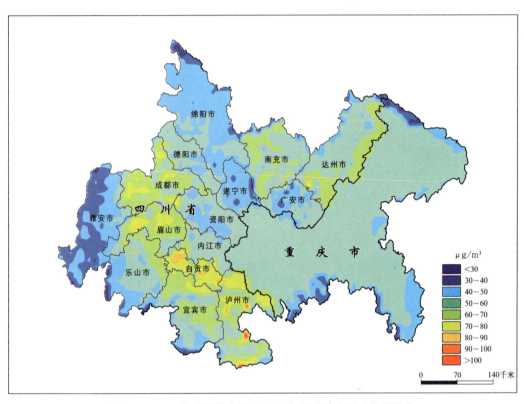

图77　2016年成渝城市群PM2.5年平均浓度遥感监测分布

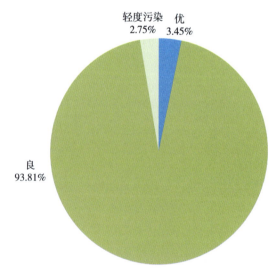

图78　2016年成渝城市群空气质量等级分级

年成渝城市群93.81%的覆盖面积上空的空气质量等级为良，为覆盖面积最多的空气质量等级，仅有2.75%的面积受到轻度污染。一方面，成渝城市群空气污染主要来自移动源等，由于成渝城市群所处区域降水较多，相对湿度较高，细颗粒物会吸湿膨胀，导致粒子富集；另一方面，特殊的四川盆地地形也严重影响了细颗粒物浓度，使得盆地区域浓度相对较高。

3.4.2.5 2016年关中城市群细颗粒物浓度遥感监测

根据图79、图80，2016年关中城市群细颗粒物平均浓度为61.5μg/m³，整体空气质量等级为良，城市群中心以及中东部较其他区域相对较高，其空气质量等级达到良的区域达到70.28%，为覆盖面积最多的空气质量等级。关中城市群的空气污染主要受到化石燃料燃烧、汽车尾气、工地和马路扬尘以及其他工业企业的排放等影响。

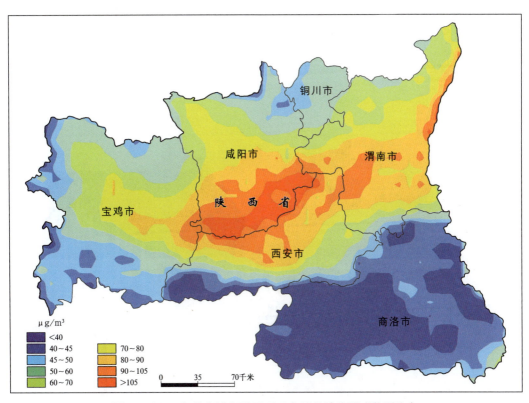

图79 2016年关中城市群PM2.5年平均浓度遥感监测分布

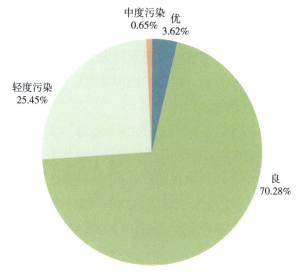

图 80 2016 年关中城市群空气质量等级分级

3.4.2.6　2016年山东半岛城市群细颗粒物浓度遥感监测

根据图 81、图 82，2016 年山东半岛城市群细颗粒物平均浓度为 57.1μg/m³，整体空气质量等级为良。其中威海市、烟台市、青岛市等沿海部分区域空气质量等级

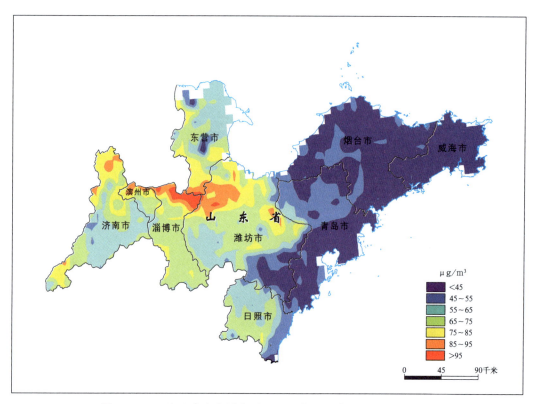

图 81 2016 年山东半岛城市群 PM2.5 年平均浓度遥感监测分布

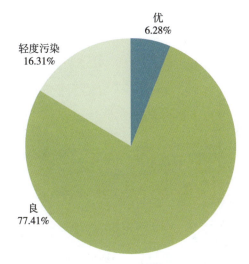

图 82 2016 年山东半岛城市群空气质量等级分级

达到优以上，占区域面积的 6.28%。另外，城市群空气质量为良的面积占区域总面积的 77.41%，为覆盖面积最多的空气质量等级。

3.5 2015~2016年中国细颗粒物浓度变化

在全球能源资源和环境压力日益突出的背景下，环保已成为当今世界产业发展潮流。2012 年底中国爆发高浓度、大范围的雾霾灾害，自此，国家加快了大气污染的治理步伐，紧急出台了一系列大气环境保护政策规划，增加国家干预大气环境手段，包括加大环保投入、建立严格管理大气监管制度、提升监管标准与社会参与程度。中央财政 2015~2016 年拨付专项资金 227 亿元用于治理大气污染。相比 2015 年，2016 年全国细颗粒物浓度下降了 2.61μg/m³，相对变化值为 5.62%，空气质量有所改善，遏制了近些年来随着经济的增长 PM2.5 浓度逐年上涨的势头。此外，相比 2015 年，2016 年全国有 70.02% 的国土面积上空细颗粒物浓度有所下降，其中，哈长城市群以及长江中游城市群下降最为明显，PM2.5 浓度分别下降了 14.22% 以及 13.47%。山东半岛城市群以及中原城市群 2015 年 PM2.5 浓度在所有城市群中居前两位，2016 年相比 2015 年分别下降了 9.37% 以及 7.40%。成渝城市群 2016 年相比 2015 年变化不明显，同期下降了 0.93%。关中城市群是唯一大气环境恶化的城市群，2016 年相比 2015 年 PM2.5 上升了 22.75%（见图 83、图 84）。

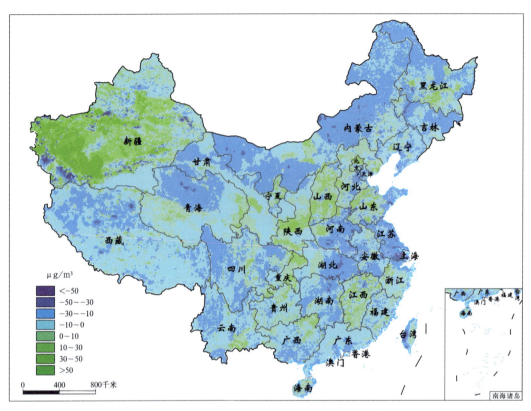

图 83　2015~2016 年中国 PM2.5 浓度遥感监测变化

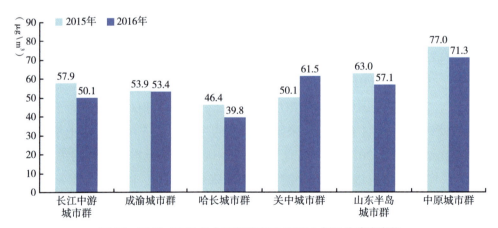

图 84　2015~2016 年中国各城市群 PM2.5 年平均浓度变化

参考文献

Donkelaar, A.V., Martin, R.V., Brauer, M., Boys, B.L. "Use of Satellite Observations for Long-Term Exposureassessment of Global Concentrations of Fine Particulate Matter", *Environmental Health Perspectives*, 2015(2).

Fangwen Bao, Xingfa Gu, Tianhai Cheng, Ying Wang, Hong Guo, Hao Chen, Xi Wei, Kunsheng Xiang, Yinong Li, "High-Spatial-Resolution Aerosol Optical Properties Retrieval Algorithm Using Chinese High-ResolutionEarth Observation Satellite I", *IEEE Transactions on Geoscience and Remote Sensing*, 2016(9).

Gupta, P., Christopher, S.A., Wang, J., Gehrig, R., Lee, Y., Kumar, N. "Satellite Remote Sensing of Particulatematter and Air Quality Assessment over Global Cities", *Atmospheric Environment*, 2006(30).

Hong Guo, Tianhai Cheng, Xingfa Gu, YingWang, Hao Chen, Fangwen Bao, Shuaiyi Shi, Binren Xu, Wannan Wang, Xin Zuo, Xiaochuan Zhang, Can Meng, "Assessment of PM2.5 Concentrations and Exposure throughout China Using Ground Observations", *Science of the Total Environment*, (2017).

Remer, L. A., Kaufman, Y. J., Tanré, D., Mattoo, S., Chu, D. A., Martins, J. V.,Li, R.-R.,Ichoku, C.,Levy, R. C.,Kleidman, R. G.,Eck, T. F.,Vermote, E.,Holben, B. N, "The MODIS Aerosol Algorithm, Products, and Validation", *Journal of Atmospheric Sciences*, 2005(4).

G. 4
经济作物之棉花

我国幅员辽阔，经济作物分布广泛，主要经济作物包括棉花、油料和糖料等。其中，棉花作为我国主要的经济作物、纺织工业的重要原料，被广泛种植于全国各省份。棉花种植的面积和产量能够直接影响原棉加工、纺纱、织布、印染、服装、贸易等各个环节，因此，棉花的市场价格能对我国国民经济产生一定的影响。准确调查并掌握我国近年来的棉花生产情况，对相关宏观调控政策的制定具有重要意义。

遥感技术具有获取数据速度快、周期短的特点，目前已被广泛应用于地质、海洋、农业、林业、测绘、水文、气象、生态环境监测和军事侦察等领域。利用遥感数据的时间、空间和光谱信息，能够快速、准确地提取棉花种植的空间分布，从而及时掌握我国棉花生产形势，为相关政府部门和企事业生产单位提供决策依据。

4.1 2016年中国棉花种植分布

2016年我国棉花分布区（见图1）主要有新疆棉区、黄河流域棉区和长江流域棉区，具体分布在新疆、山东、河北、湖北、安徽、河南、湖南等省区。具体而言，新疆棉区主要指新疆维吾尔自治区，新疆主要有南疆和北疆两个棉区，其中，南疆地区是新疆最重要的棉花生产区，其次是北疆。黄河流域棉区主要包括山东、河北、河南等省，长江流域棉区主要包括湖南、湖北、安徽等省份。

由图1可以看出，棉花种植面积由大到小排列顺序为：新疆棉区、黄河流域棉区和长江流域棉区，这是由于棉花更适宜于生长在光热条件较好、气候干旱少雨的地区，相比长江流域地区雨水较多、光照不足的气候条件，新疆棉区、黄河流域棉区具有更好的棉花种植条件。

表1列出了2016年我国棉花种植主要省份的种植面积，其中，新疆是我国最大的棉花种植区，约占全国种植面积的52.3 %；山东省居第二位，约占全国种植面积的12.9%；河北居第三位，约占全国种植面积的10.6%。新疆、山东、河北总共占全国棉花种植面积的76%，是全国棉花供应的3个最主要省份。

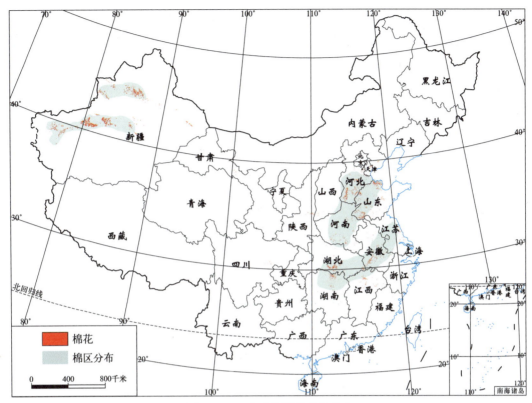

图1　2016年中国棉花种植分布

表1　2016年中国棉花种植主要省份的种植面积

省份	面积（km²）
新疆维吾尔自治区	17481
山东省	4331
河北省	3561
湖北省	2035
安徽省	1863
湖南省	1001
河南省	973
江西省	679
江苏省	622
陕西省	256
甘肃省	159
天津市	180
浙江省	109
四川省	80
山西省	73
其他省份	43
总计	33446

*此表不包含港澳台地区。

以下为 2016 年 3 个全国重要棉花生产省区的种植分布情况。

图 2 为 2016 年新疆棉花种植分布情况。新疆棉花分布在北疆和南疆地区，其中南疆地区为主要种植区，种植面积约占新疆总数的 63%。北疆主要集中在昌吉州地区、塔城地区、博州地区，南疆主要集中在巴州、阿克苏地区、喀什地区。

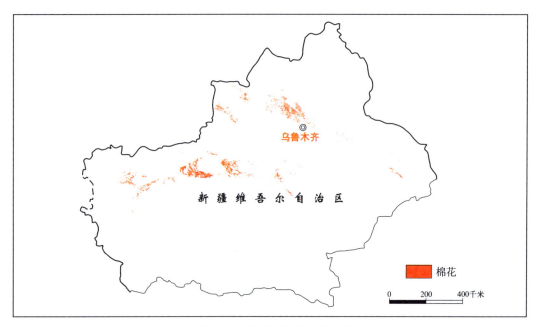

图 2　2016 年新疆棉花种植分布

为验证 2016 年新疆棉花种植分布结果精度，对新疆棉区进行实地调查，分别在北疆区域（新疆生产建设兵团第五师、第六师、第七师和第八师）、南疆区域（第一师）和东疆区域（第十三师），选取 500 亩以上的连片棉田，在棉田中心获取GPS 位置信息，共采集棉田点位 657 个，用于新疆棉花种植分布提取的精度验证，正确率可达 83%。

图 3 为 2016 年山东棉花种植分布，棉花种植主要分布在鲁西北地区，具体分布在菏泽、滨州、东营、济宁、德州、聊城等地区，靠近海岸的烟台、威海、青岛等地区较少种植棉花。由图 3 可以看出，2016 年山东棉花生产区主要集中在菏泽、东营和滨州 3 个市。

图 4 为 2016 年河北棉花种植分布，棉花种植主要分布在河北南部地区，具体分布在衡水、邢台、沧州等地区，张家口、承德、秦皇岛等地区较少种植棉花。由图 4 可知，2016 年河北省棉花种植主要集中在衡水、邯郸、邢台和沧州 4 个市。

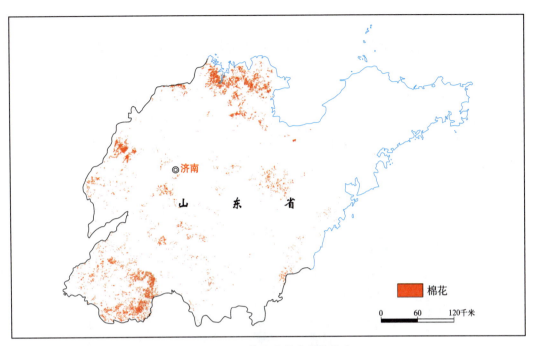

图3　2016年山东棉花种植分布

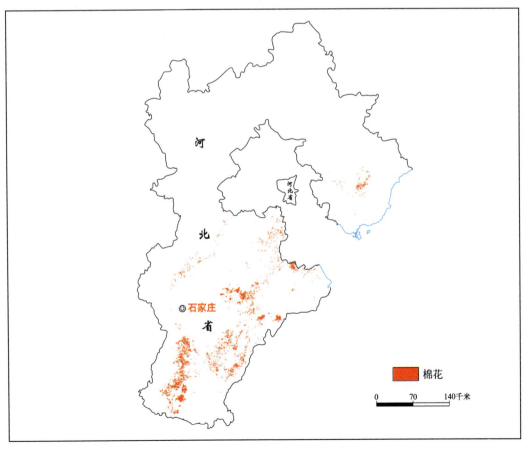

图4　2016年河北棉花种植分布

4.2 2010~2016年中国棉花生产形势变化

将2016年棉花种植情况与历年种植情况进行对比（见图5）可以看出，2010~2011年棉花种植有所增长，但2011年以来，全国棉花种植面积逐年递减，2016年为近7年来棉花种植面积最小的一年。棉花种植逐年递减可能与棉花种植投入较大而收益率逐年降低有关。

图5 2010~2016年中国棉花种植面积变化

图6展示了中国主要棉花种植省份2010年到2016的棉花种植面积，由图6可知，新疆、山东、河北棉花种植面积一直居全国前三位，但近年来，其棉花种植面积基本在逐年递减。相比2010年，新疆地区2016年的棉花种植面积增多，而其他省份，如河北、山东、河南、湖北、湖南、安徽等省，2016年的棉花种植面积是近7年来最小的一年。

图7和图8展示了主要棉花种植省份2010~2016年的棉花种植面积的变化量和变化率。由图7可知，新疆从2014年以来棉花种植面积急剧减少，其他各省份从2011年以来棉花种植面积呈减小趋势，尤其是河北和山东种植面积逐年大幅度减小。

结合图6和图8可知，棉花种植面积一向较小的省份，如江西、甘肃、浙江等省，相比前一年，其棉花种植面积的变化率较大，且均为负值，这表明棉花在这些省份的种植优势地位逐年降低，而种植优势的降低又将继续带来减种减产。

以下展示了我国棉花主产省份新疆、山东和河北2010~2015年的种植空间分布情况。

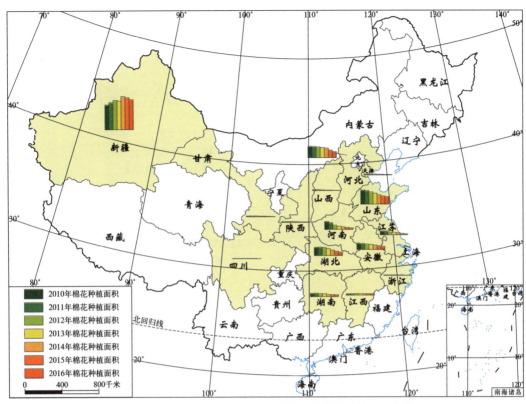

图6 2010~2016年中国主要棉花种植省份种植面积变化

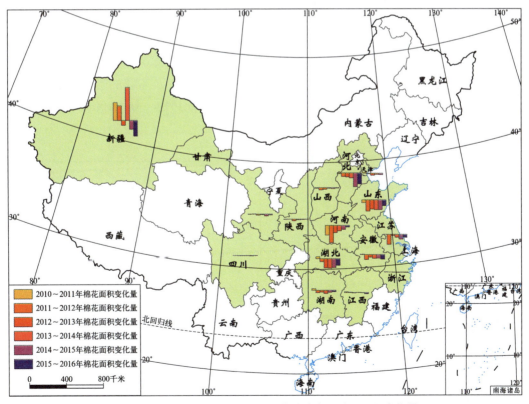

图7 2010~2016年中国主要棉花种植省份种植面积变化量

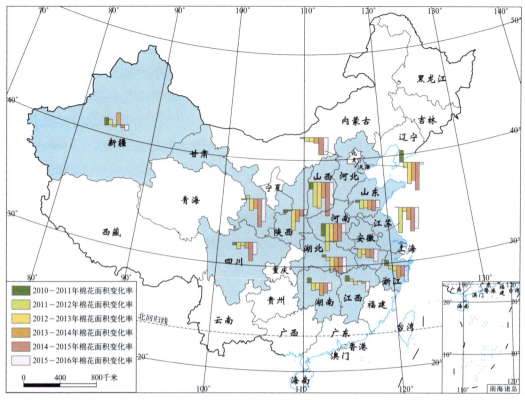

图8 2010~2016年中国主要棉花种植省份种植面积变化率

由图9可知，2010~2015年，新疆地区的棉花种植一直分布在南疆的阿克苏、喀什和巴州地区，北疆的伊犁、昌吉、博州和塔城地区以及东疆的哈密地区等。种植面积上，2010~2014年新疆棉花种植整体呈逐年增加趋势，从2015年开始下降。

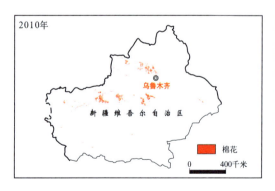

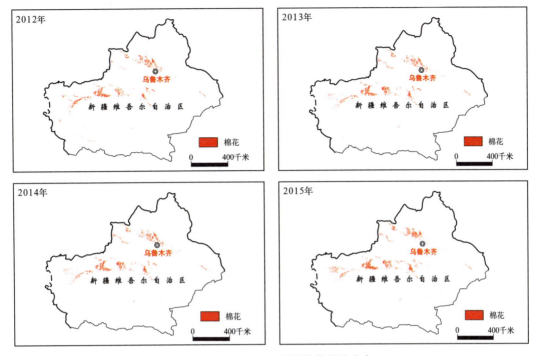

图9 2010~2015年新疆棉花种植分布

由图10可见，2010~2015年，山东棉花种植分布大体为鲁西北地区，主要为菏泽、东营、德州、滨州等。从图中可以看出菏泽、东营、德州、滨州地区的棉花逐年减少，尤其是从2012年开始，棉花种植大幅度减少。鲁东地区，如青岛、威海、烟台等市，2010~2015年种植棉花较少。

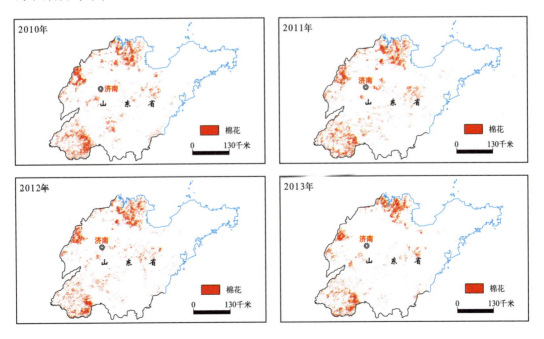

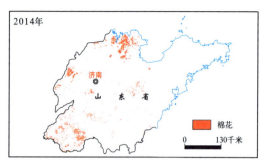

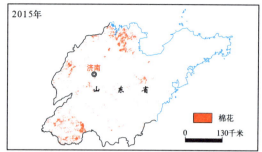

图10 2010~2015年山东棉花种植分布

由图11可知,2010~2015年,河北棉花种植主要分布在河北南部地区,如衡水、邢台、沧州、廊坊等地。2010~2011年河北各地区棉花种植变化不大。从2012年起,各地区棉花种植面积逐年降低,从2015年起,棉花种植大面积下降。此外,由图11可知,张家口、秦皇岛、承德等市种植棉花较少。

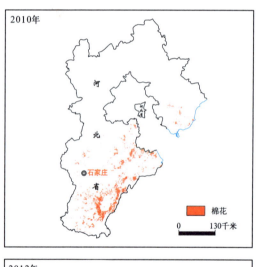

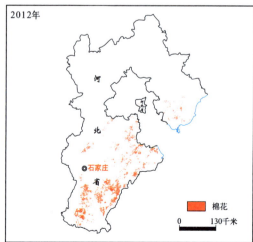

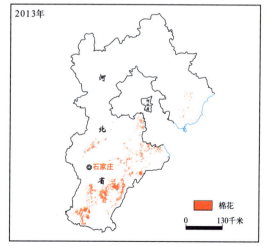

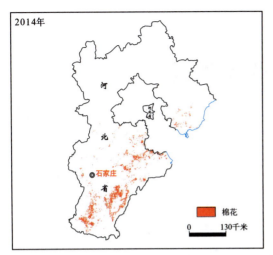
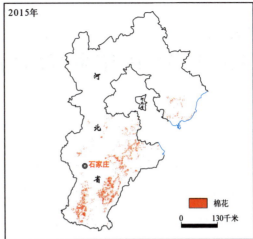

图 11　2010~2015 年河北棉花种植分布

G. 5
2001~2016年中国水分收支状况

　　水是维系人类乃至整个生态系统生存发展的重要自然资源，也是经济社会可持续发展的重要基础资源。人多水少、水资源时空分布不均是我国的基本国情和水情。根据2010年10月国务院批复的《全国水资源综合规划》中的全国水资源调查评价成果，全国多年平均（1956~2000年平均）水资源总量为28412亿立方米，水资源总量居世界第6位，其中地表水资源量为27388亿立方米，地下水资源量为8218亿立方米，地下水资源与地表水资源重复计算量为7194亿立方米。我国人口约占全球的20%，人均水资源量为2100立方米，不足世界人均值的30%，是全球人均水资源最贫乏的国家之一。目前我国正处于城市化和工业化的快速发展期，随着人口持续增长、经济规模的不断扩张以及全球气候变化影响加剧，人均水资源量不断减少，水资源短缺已成为制约经济社会可持续发展的瓶颈。创建节水型社会，提高水资源利用效率和效益，不仅是解决我国日益复杂的水资源问题的迫切要求，也是事关经济社会可持续发展的重大任务。

　　降水、蒸散和径流是陆表水循环过程的三个主要环节，决定区域水量动态平衡和水资源总量。降水（包括降雨和降雪）和蒸散（包括土壤和水体的水分蒸发以及植物的水分蒸腾）是垂直方向上的水分收支交换过程，是水分在地表和大气之间循环、更新的基本形式。降水是水资源的根本性源泉（广义水资源），降水量扣除蒸散量以后所形成的地表水及与地表水不重复的地下水，就是通常所定义的水资源总量（狭义水资源）。因此，针对全国水资源时空分布不均的基本特征，基于遥感估算降水、蒸散及其二者之间的差值（称为水分盈亏，正值表示水分盈余，负值表示水分亏缺，反映了不同气候背景下大气降水的水分盈余、亏缺特征），对于分析中国水分收支在2016年的特征及其在2001~2016年的变化趋势具有重要意义。

　　2014年10月~2016年4月发生了21世纪以来强度最大的厄尔尼诺事件，持续时间达到19个月，并于2015年11~12月达到峰值。厄尔尼诺事件是指赤道中、东太平洋海面温度大范围持续偏暖的现象，是气候系统年际气候变化中的最强信号。厄尔尼诺事件的发生和不断增强，通过海洋与大气之间的能量交换、相互作用改变全球大气环流和水循环过程，对全球多地的天气、气候产生影响，进而改变区域水分收支状况。在 2015/2016 年超强厄尔尼诺事件影响下，2015 年全国暴雨洪涝、干旱等灾害总体偏轻，气候属正常年景（见遥感监测绿皮书《中国可持续发展遥感监测报告（2016）》）。厄尔尼诺事件对中国的显著影响主要发生在厄尔尼诺事件次年，即本次超强事件中厄尔尼诺现象消退的 2016 年，因而利用水循环关键要素遥感数据产品监测并发布 2016 年中国水分收支状况具有重要意义。

本部分根据多源卫星遥感数据、欧洲中期天气预报中心（ECMWF）大气再分析数据以及地表蒸散遥感估算模型 ETMonitor 生产了 2001~2016 年全国蒸散产品，空间分辨率为 1 千米，时间分辨率为 1 天。本部分使用的全国降水数据来自多源卫星遥感数据与气象站点观测数据融合的 CHIRPS 降水产品（低于 50°N）和 CMORPH 降水产品（高于 50°N），空间分辨率分别为 5 千米和 25 千米，时间分辨率为 1 天。在上述水循环遥感数据产品基础上构建水分盈亏指标，定量监测 2016 年中国水分收支特征及其 2001~2016 年的变化趋势。

本部分按水资源一级区和省级行政区分别统计分析 2016 年的水分收支状况及其 2001~2016 年的变化趋势。水资源一级区按北方 6 区，包括松花江区、辽河区、海河区、黄河区、淮河区、西北诸河区，以及南方 4 区，包括长江区（含太湖流域）、东南诸河区、珠江区、西南诸河区等分别进行统计。行政分区按东部 11 个省级行政区北京、天津、河北、辽宁、上海、江苏、浙江、福建、山东、广东（含香港和澳门）、海南，中部 8 个省级行政区山西、吉林、黑龙江、安徽、江西、河南、湖北、湖南，西部 12 个省级行政区四川、重庆、贵州、云南、西藏、陕西、甘肃、青海、宁夏、新疆、广西、内蒙古以及台湾等分别进行统计。

5.1　2016年中国水分收支

在 2015/2016 超强厄尔尼诺事件消退的 2016 年，全国平均降水量为 747.0 毫米（降水资源总量为 70998 亿立方米），比 2001~2016 年平均值（636.3 毫米）偏多 17.4%，降水量为近 16 年来最多。其中，在各水资源一级区中，海河区增幅最大；在省级行政区中，北京增幅最大。

2016 年，全国平均蒸散量为 455.4 毫米（蒸散总量为 43283 亿立方米），比 2001~2016 年平均值（417.5 毫米）偏多 9.1%，蒸散量为近 16 年来最多。其中，在各水资源一级区中，西北诸河区增幅最大；在各省级行政区中，新疆增幅最大。

2016 年，全国平均水分盈余量为 291.6 毫米（水分盈余总量为 27715 亿立方米），比 2001~2016 年平均值（218.8 毫米）偏多 72.8 毫米，水分盈余量为近 16 年

来最多。其中，在各水资源一级区中，东南诸河区增加最多；在各省级行政区中，福建增加最多。

5.1.1 降水

2016 年降水空间分布的总趋势是从东南沿海向西北内陆递减，总体上南方多、北方少，东部多、西部少，山区多、平原少（见图 1）。东南沿海大部分地区降水量在 2000 毫米以上，其中东南诸河区大部、长江区东南部、珠江区东北部达到 3000 毫米；长江区中部及其东北部与淮河区交界地带、珠江区中部和西南诸河区东南部降水量达到 1600 毫米；淮河、秦岭一带以及辽东半岛降水量为 800~1600 毫米；黄河下游、海河流域以及东北大兴安岭以东大部分地区降水量为 400~800 毫米；大兴安岭以西至阴山、贺兰山的半干旱区降水量为 200~400 毫米；西北内陆干旱区降水量通常小于 200 毫米，最小不足 50 毫米，而在西北内陆地区的高大山区（如天山、祁连山）随着海拔升高降水量达到 400 毫米以上。

在 2015/2016 超强厄尔尼诺事件消退的 2016 年，全国大部分降水量比 2001~2016 年平均值偏多，其中长江中下游、东南诸河区以及北方大部分偏多 20%~50%，黄河区北部的黄土高原部分地区偏多 50% 以上。

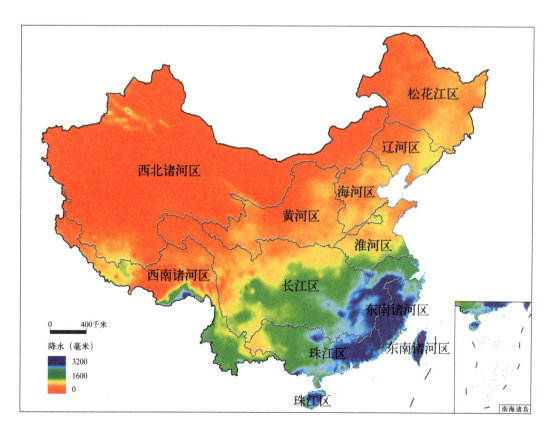

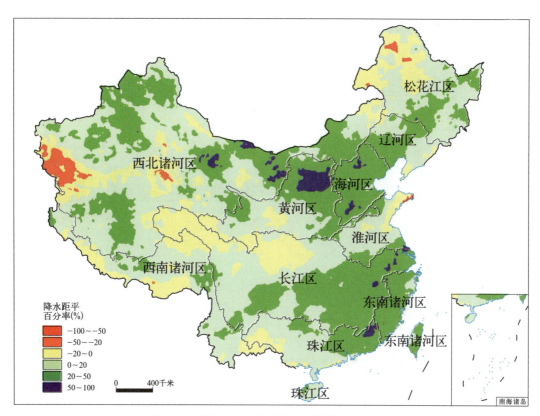

图 1　2016 年全国降水及其距平百分率空间分布

　　通过区域平均统计分析发现，2016 年，全国平均降水量为 747.0 毫米（降水资源总量为 70998 亿立方米），比 2001~2016 年平均值（636.3 毫米）偏多 17.4%，降水量为遥感监测时段近 16 年来最多（气象站点观测数据表明，2016 年降水量为 1951 年以来最多，其次为 1954 年和 1998 年）。

　　从水资源分区看（见图 2），2016 年，北方 6 区平均降水量为 415.2 毫米，比 2001~2016 年平均值（358.5 毫米）偏多 15.8%，降水量为近 16 年来最多；南方 4 区平均降水量为 1415.5 毫米，比 2001~2016 年平均值（1195.9 毫米）偏多 18.4%，降水量为近 16 年来最多，2016 年汛期暴雨过程频繁，暴雨洪涝灾害严重。各水资源一级区平均降水量比 2001~2016 年半均值偏多 5.2%~35.4%，其中西南诸河区增幅最小，海河区增幅最大。2016 年，"7·20"超强暴雨重创华北多地，海河部分支流发生洪水；"暴力梅"致长江中下游全线超警，长江区发生 1998 年以来最大洪水，主要是由于西北太平洋副热带高压面积显著偏大、强度显著偏强，受其影响，菲律宾附近低层存在异常反气旋环流，引导水汽向长江中下游地区输送，导致降水显著偏多。

　　从行政分区看（见图 3），2016 年，东部地区平均降水量为 1473.6 毫米，比

遥感监测绿皮书

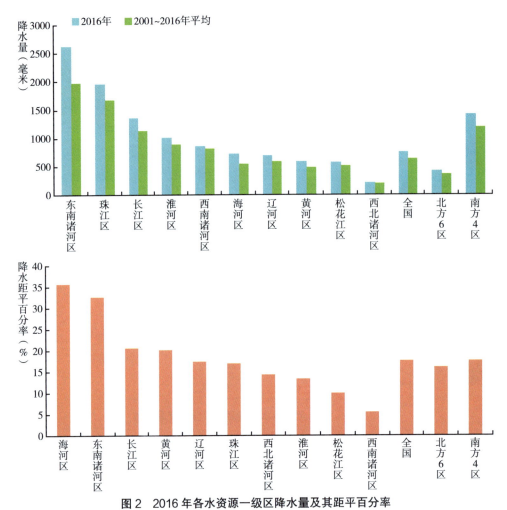

图2 2016年各水资源一级区降水量及其距平百分率

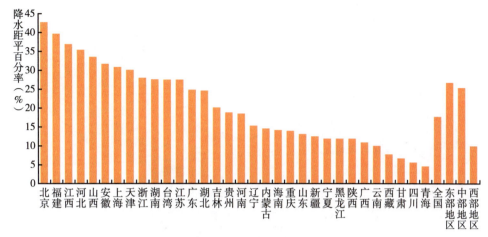

图 3　2016 年各省级行政区及东、中、西部地区降水量及其距平百分率

2001~2016 年平均值（1164.0 毫米）偏多 26.6%，降水量为近 16 年来最多；中部地区平均降水量为 1170.9 毫米，比 2001~2016 年平均值（935.8 毫米）偏多 25.1%，降水量为近 16 年来最多；西部地区平均降水量为 513.9 毫米，比 2001~2016 年平均值（467.7 毫米）偏多 9.9%，降水量为近 16 年来最多。各省级行政区平均降水量比 2001~2016 年平均值偏多 4.3%~42.7%，其中青海增幅最小，北京增幅最大。2016 年，北京"7·20"特大暴雨降雨时长、累计降雨量均超过 2012 年"7·21"特大暴雨，部分地区单日降水量突破历史极值，为多年罕见。

5.1.2　蒸散

全国地表蒸散的空间分布格局主要由不同气候条件下的区域热量条件（太阳辐射、气温）和水分条件（降水、土壤水）所决定。受水热条件差异影响，东南沿海气候湿润地区的蒸散量高达 1000 毫米，而西北内陆干旱区的蒸散量则低于 100 毫米，呈现由低纬至高纬、由沿海至内陆逐渐递减的趋势（见图 4）。西北干旱半干旱地区地处中纬度地带的亚欧大陆腹地，以山区、盆地相间地貌格局为特点，河流均发源于山区，水资源时空分布和补给转化等特点十分鲜明。在山麓及山前平原地带，由于人类活动对水资源的开发和利用，依靠河流及地下水的灌溉而发育有较大面积的耕地类型，土壤肥沃，灌溉条件便利，形成温带荒漠背景下的灌溉绿洲景观。这些地区在植被生长季节（5~9 月）水热资源充足，有利于植物光合作用及蒸腾作用的进行，因而年蒸散量达到 500 毫米以上。

通过区域平均统计分析发现，2016 年，全国平均蒸散量为 455.4 毫米（蒸散总量为 43283 亿立方米），比 2001~2016 年平均值（417.5 毫米）偏多 9.1%，蒸散量

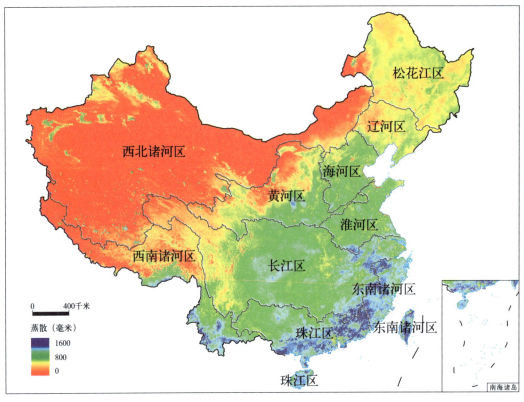

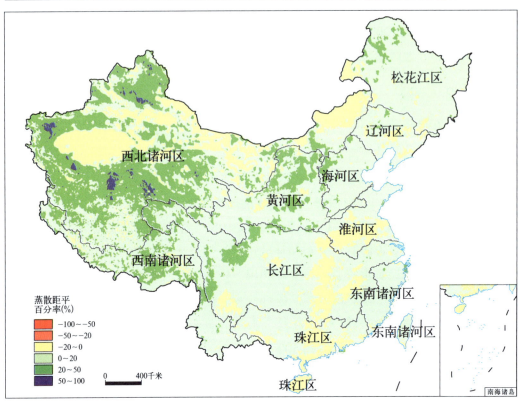

图 4　2016 年全国蒸散及其距平百分率空间分布

为近 16 年来最多。

从水资源分区看（见图 5），2016 年，北方 6 区平均蒸散量为 324.5 毫米，比 2001~2016 年平均值（292.1 毫米）偏多 11.1%；南方 4 区平均蒸散量为 719.2 毫米，比 2001~2016 年平均值（670.2 毫米）偏多 7.3%。各水资源一级区平均蒸散量比 2001~2016 年平均值偏多 2.3%~17.8%，其中珠江区增幅最小，西北诸河区增幅最大。

从行政分区看（见图 6），2016 年，东部地区平均蒸散量为 818.4 毫米，比 2001~2016 年平均值（772.8 毫米）偏多 5.9%；中部地区平均蒸散量为 682.6 毫米，比 2001~2016 年平均值（643.2 毫米）偏多 6.1%；西部地区平均蒸散量为 338.1 毫米，比 2001~2016 年平均值（301.9 毫米）偏多 12.0%。在各省级行政区中，仅海南平均蒸散量比 2001~2016 年平均值偏少 1.8%，其他省级行政区偏多 0.9%~23.1%，其中湖南增幅最小，新疆增幅最大。

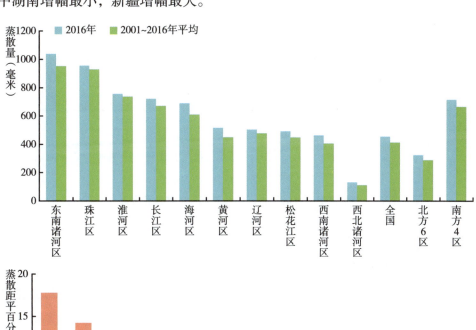

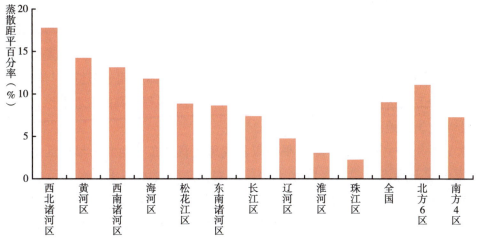

图 5　2016 年各水资源一级区蒸散量及其距平百分率

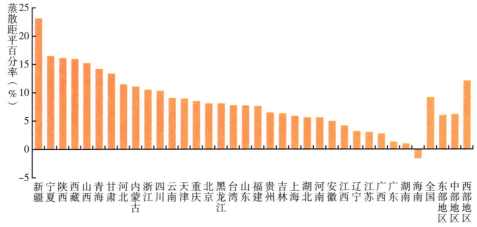

图6　2016年各省级行政区及东、中、西部地区蒸散量及其距平百分率

5.1.3　水分盈亏

降水大于蒸散说明降水有盈余，降水小于蒸散说明降水不能满足蒸散耗水需求，需要水平方向上径流的补给。利用降水与蒸散遥感数据产品之间的差值来分析2016年全国水分盈亏空间分布格局，水分盈余区的整体空间分布特征与降水相一致，而水分亏损区则主要分布在水资源开发利用集约化程度高的农业灌区以及部分发生干旱灾害的地区（见图7）。

水分亏损区主要分布在华北平原以及成斑块状散布于西北干旱地区山麓和山前平原的灌溉绿洲区，大气降水无法满足农田蒸散耗水需求，水分亏缺量达到200~500毫米。丝绸之路沿线的河西走廊（石羊河、黑河、疏勒河）、塔里木河流域等绿洲区农田蒸散耗水主要来自盆地周边高寒山区降水和冰雪融水灌溉补给，生产用水与生态用水之间矛盾突出，绿洲农业用水挤占生态环境用水，导致下游地区

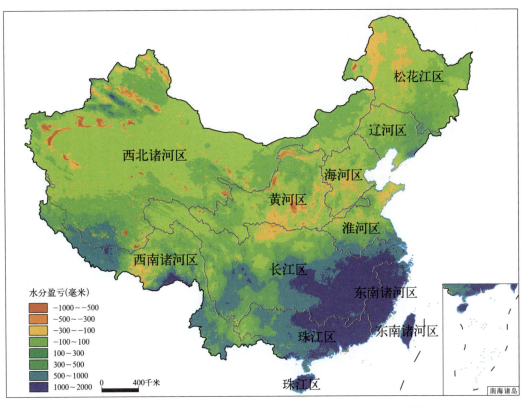

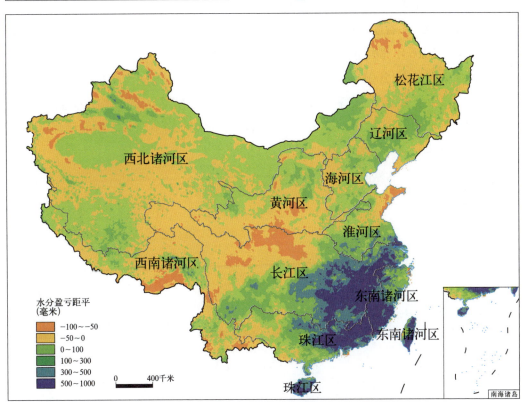

图 7　2016 年全国水分盈亏及其距平空间分布

生态环境退化、土地荒漠化等问题，直接威胁区域可持续发展。因而需要加深对气候变化和人类活动影响下内陆河流域生态—水文过程机理的理解，提升对内陆河流域水资源形成及其转化机制的认知水平和可持续性的调控能力。沿黄河分布的河套平原等农业生产所需要的灌溉用水主要依靠河流和水库的灌渠引水。华北平原的耕地除了依赖引黄灌溉以及太行山、燕山的出山径流之外，地下水也是重要的水分来源之一，但是由于 2016 年降水丰富，该年度水分亏缺量并不明显，水资源得到有效的补给和涵养。

对于水分盈余丰富的地区，其水资源总量较丰沛，河网水系发达，水利资源和水能资源丰富，通过建立水电站来开发利用水能资源，促进清洁、可再生能源的有效利用。此外，水资源丰富的地区可以作为跨流域水资源配置的重要水源地。例如，长江区是中国水资源配置的重要水源地，通过南水北调工程的实施来实现水资源南北调配、东西互济的合理配置格局，改善黄淮海地区的生态环境状况，缓解水资源短缺对中国北方地区城市化发展的制约。

通过区域平均统计分析发现，2016 年，全国平均水分盈余量为 291.6 毫米（水分盈余总量为 27715 亿立方米），比 2001~2016 年平均值（218.8 毫米）偏多 72.8 毫米，水分盈余量为近 16 年来最多，属异常丰水年份，主要是由 2015/2016 超强厄尔尼诺事件导致降水明显偏多引起的。

从水资源分区看（见图 8），2016 年，北方 6 区平均水分盈余量为 90.7 毫米，比 2001~2016 年平均值（66.5 毫米）偏多 24.2 毫米；南方 4 区平均水分盈余量为 696.3 毫米，比 2001~2016 年平均值（525.7 毫米）偏多 170.6 毫米，水分盈余量为近 16 年来最多。在各水资源一级区中，仅西南诸河区平均水分盈余量比 2001~2016 年平均值偏少 11.9 毫米，其他水资源一级区偏多，其中西北诸河区增加最少，东南诸河区增加最多，增加量达到 560.2 毫米。

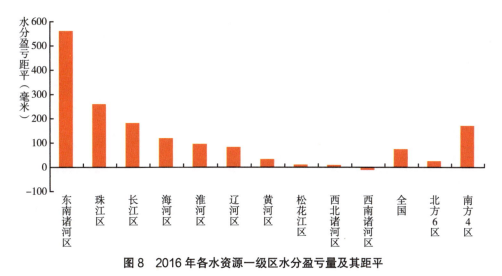

图8　2016 年各水资源一级区水分盈亏量及其距平

从行政分区看（见图 9），2016 年，东部地区平均水分盈余量为 655.2 毫米，比 2001~2016 年平均值（391.2 毫米）偏多 264.0 毫米，水分盈余量为近 16 年来最多；中部地区平均水分盈余量为 488.3 毫米，比 2001~2016 年平均值（292.6 毫米）偏多 195.7 毫米；西部地区平均水分盈余量为 175.8 毫米，与 2001~2016 年平均值（165.9 毫米）基本持平。在各省级行政区中，福建和江西平均水分盈余量比 2001~2016 年平均值增加最多，增加量达到 600 毫米以上。

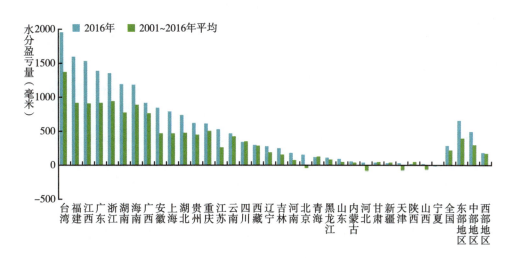

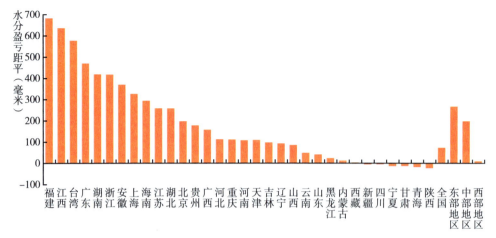

图 9　2016 年各省级行政区及东、中、西部地区水分盈亏量及其距平

5.2　2001~2016年中国水分收支变化

在全球气候变暖背景下，水循环过程和水分收支具有更加复杂的时空变化格局和高度的不确定性。2001~2016 年，全国平均降水量呈增加趋势，年均增加 5.8 毫米。其中，在各水资源一级区中，东南诸河区增幅最大，仅有西南诸河区平均降水量呈降低趋势；在各省级行政区中，浙江增幅最大，仅有西藏和云南呈降低趋势。

2001~2016 年，全国平均蒸散量呈增加趋势，年均增加 6.0 毫米。其中，在各水资源一级区中，海河区增幅最大，西北诸河区增幅最小；在各省级行政区中，山西增幅最大，新疆增幅最小。

2001~2016 年，全国平均水分盈余量受到降水丰枯变化的影响，年际起伏变化明显，并且年际变化趋势空间分布变异性明显，但长时间序列的全国整体变化趋势并不显著。其中，在各水资源一级区中，东南诸河区增幅最大，西南诸河区降幅最大；在各省级行政区中，浙江增幅最大，云南降幅最大。

2001~2016 年，东南地区降水量和水分盈余量呈现明显增加趋势，暴雨日数和极端降水事件显著偏多，区域性暴雨过程导致汛情严重。需要加强防范暴雨洪涝造成的城市内涝以及山体滑坡、泥石流等山洪地质灾害，并通过加强水库、城市立交桥调蓄池、砂石坑、雨洪利用等水利工程建设，增加蓄水量和水资源可利用量。

2001~2016 年，西南地区降水量和水分盈余量呈现明显降低趋势，导致 21 世纪以来干旱灾害频繁发生，对经济社会发展和人民生活产生严重影响。亟须提高防灾减灾能力，加强水利基础设施建设，缓解工程性缺水问题，通过创建节水型社会来提高水资源利用效率和效益，促进经济社会可持续发展。

5.2.1 降水

2001~2016 年，全国降水年际变化趋势空间分布变异性明显（见图 10）。西南地区降水量呈较为明显的降低趋势，导致 21 世纪以来干旱灾害频繁发生，如 2006 年夏旱、2009~2010 年秋冬春连旱、2011 年夏旱等，对经济社会发展和人民生活产生严重影响；淮河区降水量略有下降；东部地区大部分降水量呈增加趋势，其中长江区和东南诸河区交界地带的降水增加趋势最为明显，主要受到 2015/2016 超强厄尔尼诺事件的影响。

区域平均统计分析显示，2001~2016 年，全国平均降水量呈增加趋势，年均增加 5.8 毫米。

从水资源分区看（见图 11），2001~2016 年，北方 6 区和南方 4 区平均降水量呈增加趋势，年均分别增加 3.6 毫米和 10.3 毫米。在各水资源一级区中，西南诸河区平均降水量呈降低趋势，年均减小 3.3 毫米，导致干旱灾害频发；西北诸河区平均降水量无明显变化趋势；其他水资源一级区平均降水量呈增加趋势，年均增加 1.3~37.2 毫米，其中淮河区增幅最小，东南诸河区增幅最大，暴雨日数和极端降水

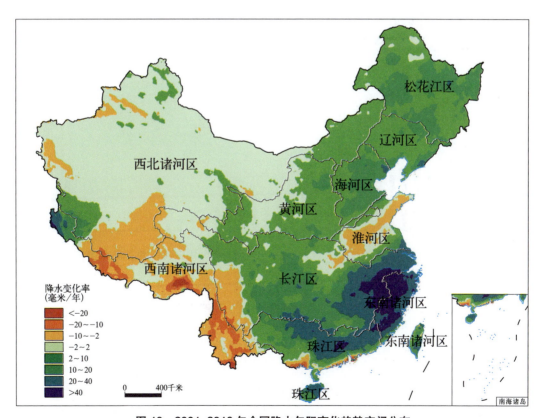

图 10　2001~2016 年全国降水年际变化趋势空间分布

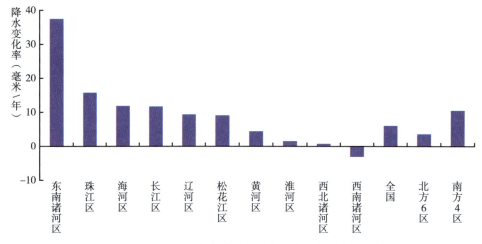

图 11　2001~2016 年各水资源一级区降水年际变化趋势

事件显著偏多，汛情严重。

从行政分区看（见图 12），2001~2016 年，东部地区、中部地区和西部地区平均降水量呈增加趋势，年均分别增加 17.7 毫米、12.5 毫米和 2.3 毫米。在各省级行政区中，西藏和云南平均降水量呈降低趋势，年均分别减小 0.8 毫米和 4.5 毫米；新疆和青海平均降水量无明显变化；其他省级行政区平均降水量呈增加趋势，年均增加 1.3~42.8 毫米，其中甘肃增幅最小，浙江增幅最大。

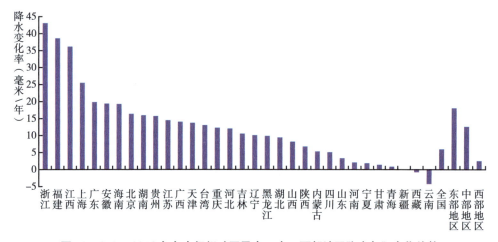

图 12　2001~2016 年各省级行政区及东、中、西部地区降水年际变化趋势

5.2.2　蒸散

2001~2016 年，随着一系列生态保护与恢复工程的实施，干旱半干旱地区的植被覆盖度提升，荒漠面积呈减少趋势，以及受到全球气候变暖、降水增加的影响，

全国大部分地区蒸散年际变化呈增加趋势，仅淮河区和西北诸河区部分地区呈降低趋势（见图 13）。

区域平均统计分析显示，2001~2016 年，全国平均蒸散量呈增加趋势，年均增加 6.0 毫米。

从水资源分区看（见图 14），2001~2016 年，北方 6 区、南方 4 区平均蒸散量

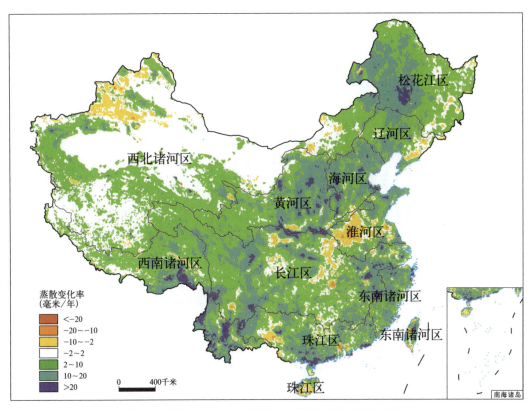

图 13　2001~2016 年全国蒸散年际变化趋势空间分布

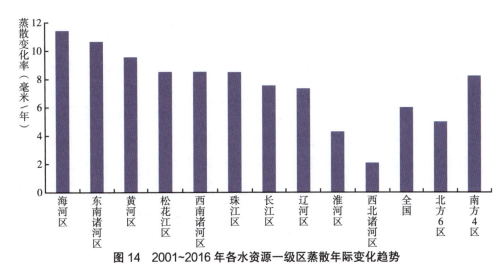

图 14　2001~2016 年各水资源一级区蒸散年际变化趋势

147

呈增加趋势，年均分别增加 5.0 毫米和 8.2 毫米。各水资源一级区平均蒸散量呈增加趋势，年均增加 2.0~11.5 毫米，其中西北诸河区增幅最小，海河区增幅最大。

从行政分区看（见图 15），2001~2016 年，东部地区、中部地区、西部地区平均蒸散量呈增加趋势，年均分别增加 9.2 毫米、6.8 毫米和 5.3 毫米。各省级行政区平均蒸散量呈增加趋势，年均增加 1.5~13.4 毫米，其中新疆增幅最小，山西增幅最大。

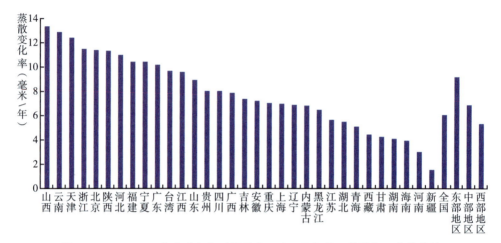

图 15　2001~2016 年各省级行政区及东、中、西部地区蒸散年际变化趋势

5.2.3　水分盈亏

2001~2016 年，全国水分盈亏年际变化趋势空间分布变异性明显（见图 16）。东南沿海地区、华中及东北东部水分盈余年际变化呈明显增加趋势，主要是由降水增加引起；西南地区及黄土高原水分盈余呈明显降低趋势，其中西南地区主要是由降水减少和蒸散增加共同引起，黄土高原主要是由蒸散明显增加引起。

区域平均统计分析显示，2001~2016 年，全国平均水分盈余量受到降水丰枯变化的影响，年际起伏变化明显，但长时间序列的变化趋势并不显著。

从水资源分区看（见图 17），2001~2016 年，北方 6 区、南方 4 区平均水分盈亏量无明显变化趋势，年均变化量分别为 –0.7 毫米和 1.2 毫米，但其内部空间分布变异性明显。在各水资源一级区中，西南诸河区平均水分盈余量降低趋势最为明显，年均降低 10.9 毫米，干旱灾害频发导致澜沧江—湄公河、怒江—萨尔温江等跨境河流流出国境的水量降低；东南诸河区平均水分盈余量增加趋势最为明显，年均增加 27.3 毫米，通过加强水库、城市立交桥调蓄池、砂石坑、雨洪利用等水利

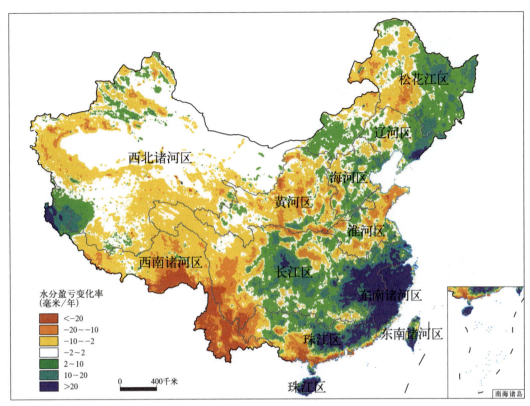

图16　2001~2016年全国水分盈亏年际变化趋势空间分布

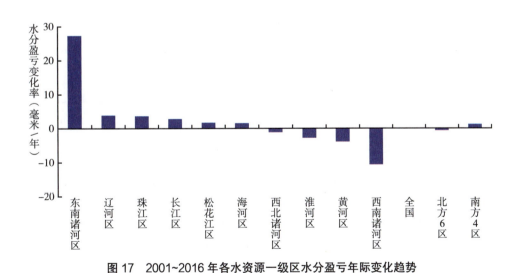

图17　2001~2016年各水资源一级区水分盈亏年际变化趋势

工程建设，增加蓄水量和水资源可利用量。

从行政分区看（见图18），2001~2016年，东部地区、中部地区平均水分盈余量呈增加趋势，年均分别增加9.3毫米和5.2毫米；西部地区平均水分盈余量呈微弱降低趋势，年均降低2.8毫米。在各省级行政区中，云南平均水分盈余量降低趋势最为明显，年均降低19.7毫米；浙江平均水分盈余量增加趋势最为明显，年均增加29.6毫米。

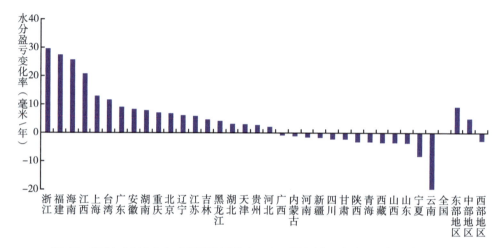

图18　2001~2016年各省级行政区及东、中、西部地区水分盈亏年际变化趋势

参考文献

Cui Y.K., Jia L. "A Modified Gash Model for Estimating Rainfall Interception Loss of Forest Using Remote Sensing Observations at Regional Scale". *Water*, 2014, 6(4).

Hu G.C., Jia L. "Monitoring of Evapotranspiration in a Semi-Arid Inland River Basin by Combining Microwave and Optical Remote Sensing Observations". *Remote Sensing*, 2015, 7(3).

Lu J., Jia L., Zheng C.L., Zhou J., van Hoek M., Wang K. "Characteristics and Trends of Meteorological Drought over China from Remote Sensing Precipitation Datasets". *IEEE International Geoscience and Remote Sensing Symposium* (IGARSS), 2016. doi: 10.1109/IGARSS.2016.7730977.

Zheng C.L., Jia L., Hu G.C., Lu J., Wang K. "Global Evapotranspiration Derived by ETMonitor Model Based on Earth Observations". *IEEE International Geoscience and Remote Sensing Symposium* (IGARSS), 2016. doi: 10.1109/IGARSS.2016.7729049.

中国滨海湿地/人工湿地分布

湿地与森林、海洋被并称为地球三大自然生态系统，在维持人类生活环境、提供各类资源和能源、抵御自然灾害、缓解环境污染以及提供休闲娱乐场所等方面具有重要价值。《关于特别是作为水禽栖息地的国际重要湿地公约》（以下简称《湿地公约》）从管理和保护湿地的角度将湿地定义为："指天然的或人工的、永久或暂时的沼泽地、泥炭地及水域地带，带有静止或流动的淡水、半咸水及咸水水体，包含低潮时水深不超过 6 米的海域"，包括湖泊、沼泽、河流、近海与海岸等自然湿地，以及水库、稻田等人工湿地。我国政府也基本采用了这一概念，将我国湿地分为滨海湿地、内陆湿地和人工湿地三大类型。自 1999 年起，国家林业局先后组织了 2 次全国范围的湿地资源调查。但受到当时一些技术和管理等因素的限制，一些重要的湿地类型（如潮间带、水稻田等）并没有给出确切的全国地理空间分布，这显然不利于我国湿地的管理。综合利用最新的卫星数据以及遥感等地理信息技术，本报告基于我国滨海湿地潮间带、红树林以及人工湿地（水稻田）等进行全新的遥感制图，统计分析了这些重要湿地类型的全国分布与变化状况，对深入了解我国湿地分布及变化、湿地管理的科学决策具有重要参考意义。

6.1　中国滨海潮间带分布与变化

潮间带是海洋高潮位与低潮位之间的区域，高潮时被海水淹没，低潮时露出水面。潮间带作为海陆交互作用的前锋地带，是研究现代海岸动态和环境变迁的重要参考；同时潮间带具有很高的生产力，可为生物多样性维持、水鸟迁徙提供栖息地，有重要的生态系统服务功能；另外，潮间带在抵御风暴潮所造成的危害方面起着不可替代的作用。潮间带在减缓含碳温室气体排放、降低全球温室效应方面有重要环境潜力。

此外，潮间带具有天然的地理资源优势，利用潮间带进行滩涂围垦开发耕地、海水养殖、海盐生产及港口扩建等可以带来大量经济利益，是人类开发利用海洋资源的主要地带。人口增加和沿海经济的快速发展，以及全球气候变暖引发海平面上升，导致风暴浪潮增强和海岸侵蚀加剧等一系列严重灾害。在土地开垦、人为影响和海平面上升的影响下，潮间带在全球范围内都呈现逐渐减少趋势。例如，默里（Murray）对东亚黄海海域潮间带的研究表明，20世纪80年代至21世纪前十年，30年间东亚黄海海域的潮间带约减少28%，年均变化率为−1.2%。虽然我国20世纪80年代开展了海岸带资源调查，但是到目前为止，关于我国潮间带的分布及其面积的变化尚没有公开的研究和报道。

本报告利用遥感等空间信息技术，在对我国滨海不同岸段海岸线进行遥感监测的基础上，结合潮汐数据反演出我国潮间带的分布范围；分别利用1995~2015年的卫星遥感资料数据，统计全国潮间带面积并分析其变化趋势。这对于客观了解我国潮间带的时空分布特征及其变化规律，理解全球环境变化和人类活动对潮间带的影响，以及加强区域生态保护和推进区域可持续发展等都具有重要意义。

6.1.1　中国潮间带分布及面积（2015年）

卫星遥感监测与模型计算结果表明，到2015年中国潮间带面积约为14070平方千米。其中主要分布在江苏省、福建省和辽宁省3省，约占全国潮间带面积的45%。其次为山东、广东（港澳包含在广东省）和浙江省，约占全国潮间带面积的36%。上海、海南和台湾三省市潮间带面积约占全国面积的9%（见图1）。

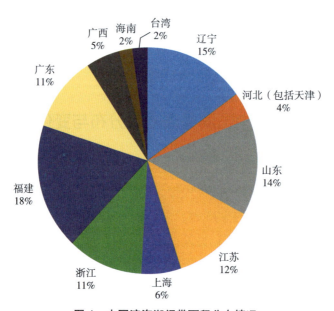

图1　中国滨海潮间带面积分布情况

6.1.2 中国滨海潮间带面积变化

1995~2015 年 20 年间，中国潮间带面积总体上呈现减少趋势。2015 年潮间带面积约为 14070 平方千米，2015 年相比 1995 年总体上减少了约 1375 平方千米，减少比例约为 8.9%，年均变化率约为 -0.45%（见图 2）。

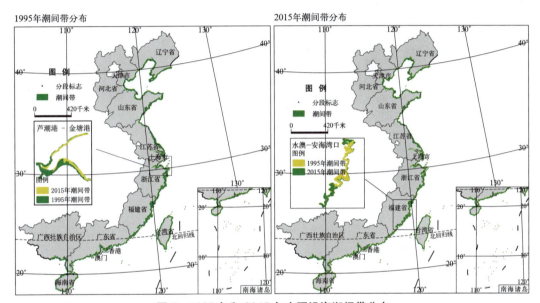

图 2　1995 年和 2015 年中国沿海潮间带分布

由于中国滨海不同区域的自然地理环境条件和社会经济发展状况差异，不同省市潮间带的变化也各不相同。自北而南，河北省、山东省、江苏省、浙江省和台湾省潮间带面积总体上呈现减少趋势，其中以浙江和江苏 2 省最为突出，总体上减少的潮间带面积和比例分别为 1189 平方千米、989 平方千米和 43.7%、36.1%（见图 3）。浙江和江苏 2 省潮间带以淤泥质底质为主，易于开发，且 2 省经济发达，对土地资源压力大。

辽宁省、上海市、福建省、广东省、广西壮族自治区和海南省出现了潮间带面积净增加趋势。其中增加面积最大的是福建省和辽宁省，分别为 454 平方千米和 412 平方千米；而增加比例最大的是海南省和广西壮族自治区，分别为 67.2%（100 平方千米）和 42.4%（230 平方千米）（见图 3）。

6.1.3 中国沿海各岸段潮间带面积及变化

以不同岸段为统计单元，可以更为清晰地了解中国滨海潮间带的变化情况。本报告依据验潮站的位置，将全国分为 53 个岸段（见图 4）进行潮间带的监测和分析。中国沿海各岸段潮间带面积动态情况见表 1。

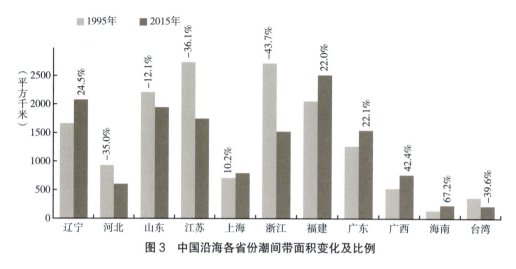

图3 中国沿海各省份潮间带面积变化及比例

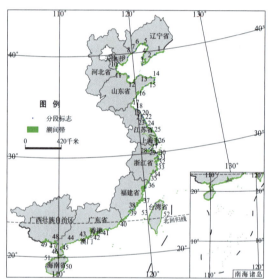

图4 2015年中国潮间带岸段分布

1995年，在中国沿海各岸段中，潮间带主要分布在河北北排河口—山东黄水河口、山东辛家港—山东潮河口、浙江中央港—浙江桐丽河口、浙江大门港—福建安海湾口、广东珠江口—广东那龙河口，其中江苏吃饭港—长江入海口潮间带分布面积最广，达到2038平方千米，占1995年潮间带总面积的13.2%。2015年，在中国沿海各岸段中，潮间带主要分布在辽宁辽河口—辽宁大凌河口、黄河入海口—山东黄水河口、江苏新开港—长江入海口、浙江大门港—福建安海湾口，其中福建大门港—福建安海湾口潮间带分布面积最广，达到2169平方千米。

由于不同岸段的海岸类型不一，受波浪冲刷与潮汐作用的影响程度不同，以及人类开发利用程度不同，滨海潮间带面积变化呈现较大差异。在1995年至2015年间，潮间带面积变化最大的岸段分布在河北北排河口—黄河入海口，减少潮间带面积达 456 平方千米，其次是江苏吃饭港—江苏新开港，潮间带面积减少 327 平方千米，江苏新开港—长江入海口减少 320 平方千米。在此 20 年间，部分岸段的潮间带面积也在增加，其中潮间带面积增加较多的岸段有以下几个：辽宁辽河口—辽宁大凌河口、黄河入海口—山东黄水河口、浙江水澳—福建安海湾口。

表 1　1995 年和 2015 年中国沿海各岸段潮间带面积变化

单位：平方千米，%

代码	1995 年面积	2015 年面积	面积变化	年变化率	代码	1995 年面积	2015 年面积	面积变化	年变化率
1	431.86	454.54	22.68	0.26	28	437.73	225.18	−212.55	−2.43
2	117.41	189.01	71.61	3.05	29	367.44	127.11	−240.32	−3.27
3	252.72	132.38	−120.33	−2.38	30	13.85	42.22	28.37	10.24
4	109.46	194.12	84.66	3.87	31	134.11	117.48	−16.63	−0.62
5	425.88	664.27	238.40	2.80	32	567.80	263.53	−304.26	−2.68
6	315.98	368.65	52.67	0.83	33	542.50	398.71	−143.79	−1.33
7	17.42	77.03	59.61	17.11	34	319.71	71.50	−248.21	−3.88
8	9.96	22.20	12.24	6.14	35	270.22	237.30	−32.92	−0.61
9	483.54	323.34	−160.20	−1.66	36	524.92	529.15	4.23	0.04
10	247.31	213.01	−34.30	−0.69	37	1194.57	1639.78	445.21	1.86
11	791.41	334.99	−456.42	−2.88	38	56.11	133.41	77.30	6.89
12	503.74	765.98	262.24	2.60	39	106.91	127.52	20.61	0.96
13	55.66	177.42	121.76	10.94	40	337.25	249.30	−87.95	−1.30
14	32.20	29.76	−2.44	−0.38	41	63.69	110.03	46.33	3.64
15	418.99	260.05	−158.94	−1.90	42	269.87	387.57	117.70	2.18
16	608.44	358.10	−250.34	−2.06	43	508.48	396.02	−112.46	−1.11
17	71.65	205.93	134.28	9.37	44	63.67	58.81	−4.86	−0.38
18	114.02	95.13	−18.89	−0.83	45	86.55	254.75	168.20	9.72
19	34.41	40.78	6.37	0.93	46	108.46	120.09	11.62	0.54
20	56.72	31.74	−24.97	−2.20	47	24.88	58.62	33.74	6.78
21	48.56	34.12	−14.43	−1.49	48	266.53	376.62	110.09	2.07
22	189.67	123.87	−65.81	−1.73	49	306.13	440.24	134.11	2.19
23	425.99	142.82	−283.17	−3.32	50	48.31	145.80	97.49	10.09
24	665.85	339.08	−326.77	−2.45	51	100.45	102.87	2.42	0.12
25	1372.29	1051.80	−320.49	−1.17	52	74.65	70.96	−3.69	−0.25
26	468.04	566.78	98.75	1.05	53	296.86	153.61	−143.25	−2.41
27	84.62	35.01	−49.61	−2.93	总计	15445.45	14070.12	−1375.33	−0.45

注：代码所代表的岸段见图 4。

从年变化率来看，辽宁烟台河口—狗河口的年变化率最大，达到 17.11%，在 1995 年其潮间带面积仅 17 平方千米，在 2015 年其潮间带面积达到 77 平方千米；

其次是金塘港—大嵩江口，年变化率达到 10.94%，1995 年此岸段潮间带面积为 14 平方千米，在 2015 年其潮间带面积达到 42 平方千米；潮间带面积减少的年变化率最大的是桐丽河口—温州湾口，年变化率为 –3.88%，在 1995 年其潮间带面积为 320 平方千米，在 2015 年其潮间带面积减少至 72 平方千米。

6.1.4　中国滨海潮间带变化分析

1.沿海典型岸段高低潮线的时空变化特征

海平面变化、泥沙淤积以及人类围垦等会引起高低潮线的推移变化，进而影响滨海潮间带的变化；反之，高低潮线的变化也是海平面变化和泥沙输送量以及滨海地形变化的响应。下文从中国沿海各岸段选取潮间带面积变化较大的典型岸段来分析高低潮线的时空变化（见表 2）。

表 2　各岸段平均低潮 / 高潮线变化

单位：米

代码	1995 年至 2015 年	代码	1995 年至 2015 年
5	5396/2679	25	1095/1673
7	1325/137	27–29	–1318/3960
11	–2584/779	30	617/–109
12	679/–1845	34	–1254/990
24	–3270/6806	37	1075/350

注：表中 **/**，"/" 两侧的数值分别代表平均低潮线和高潮线的推移距离。负值为向陆推移，正值为向海推移。代码所代表岸段见图 4。

潮间带面积减少较多的岸段包括以下四个：上海芦潮港—浙江金塘港、河北北排河口—山东黄河入海口、江苏吃饭港—江苏新开港、江苏新开港—长江入海口。上海芦潮港—浙江金塘港平均低潮线向陆推移，平均高潮线向海推移，潮间带面积减少。河北北排河口—山东黄河入海口平均低潮线向陆移动，平均高潮线向海移动，挤压效应使得此岸段的潮间带面积减少较多。江苏吃饭港—江苏新开港平均低潮线向陆移动，平均高潮线向海移动。江苏新开港—长江入海口平均低潮线和平均高潮线均向海移动，但是平均高潮线向海推移距离更远，因此潮间带面积减少。

潮间带面积增加较多的岸段有以下三个：辽宁辽河口—辽宁大凌河口、山东黄河入海口—山东黄水河口、福建水澳—福建安海湾口。辽宁辽河口—辽宁大凌河口平均低潮线和平均高潮线均向海推移，但是平均低潮线向海推移距离更远，这就导致了潮间带面积的增加。山东黄河入海口—山东黄水河口平均低潮线向海推移，平均高潮线向陆推移，潮间带面积增加。福建水澳—福建安海湾口平均低潮线和平均高潮线均向海推移，但是平均低潮线向海推移距离更远，因此潮间带面积增加。

潮间带面积变化幅度较大的岸段有以下三个：辽宁烟台河口—辽宁狗河口、浙江金塘港—浙江大嵩江口、浙江桐丽河口—浙江温州湾口。辽宁烟台河口—辽宁狗河口平均低潮线和高潮线均向海推移，但是平均低潮线向海推移距离更远，潮间带面积增加幅度较大。浙江金塘港—浙江大嵩江口平均低潮线向海推移，平均高潮线向陆推移，潮间带面积增加幅度较大。浙江桐丽河口—浙江温州湾口平均低潮线向陆推移，平均高潮线向海推移，导致潮间带面积大幅度减少。

从以上分析可以看出，潮间带面积的变化主要是平均高低潮线推移决定的，在潮间带减少的岸段平均低潮线一般向陆推移，平均高潮线向海推移，这种挤压效应使得潮间带面积剧烈减少；而在潮间带面积增加的岸段，主要是平均高潮线向陆推移，平均低潮线向海推移，个别岸段潮间带整体向海或者向陆推移，但是由于低潮线向海或者高潮线向陆推移距离更大，潮间带面积增加。

2.潮间带变化原因

潮间带作为陆地系统和海洋系统的交界处，其时空变化受自然因素和人为因素双重影响。潮间带的变化主要是由潮间带上部和潮间带下部两部分的形态变化即平均高低潮线的时空推移决定。潮间带上部变化的主要影响因素是人为因素，如潮滩围垦，潮滩围垦主要表现为大规模的兴建盐田和养殖池，占据大量潮间带，1985~2010年中国沿海盐田面积和养殖池面积明显增加，养殖池和盐田大面积增加，占据潮间带，使得高潮线迅速向海推进，潮间带逐渐变窄，面积急剧减少；填海造陆，港口的大规模扩张必然带来大面积的填海造陆活动；沿海人口大规模增长引起的城市扩张也对潮间带造成重大影响，海岸带植被的减少降低了海岸带的防护能力，加速海岸侵蚀，从而导致潮间带面积减少。潮间带下部变化的主要影响因素是自然因素，如海平面变化、泥沙淤积、滨海潮汐作用，海平面上升的淹没效应导致潮间带面积减少，海平面上升也导致海岸侵蚀，从而使得低潮线向陆推进，潮间带面积减少，而泥沙淤积可以抵消海平面上升的影响而使潮间带面积持续增长，海平面上升和泥沙淤积是影响滨海潮间带变化的重要自然因素，潮间带下部面积的变化取决于这两个因素的抗衡。国家海洋局发布的《2015年中国海平面公报》结果显示，中国沿海海平面呈波动上升变化趋势，近30年以来，中国沿海的十年际海平面呈明显上升趋势，其中2006~2015年中国沿海平均海平面较1996~2005年和1986~1995年分别升高32毫米和66毫米，为近30年来升高最多的十年，而且2015年中国沿海各省份海平面高于常年，其中浙江省的海平面最高，较常年高出

115 毫米，这与浙江潮间带面积减少最多相吻合，可见，海平面上升在很大程度上影响了潮间带的变化。

由于不同岸段受风浪冲刷与潮汐作用的影响程度不同，以及沉降作用等因素的综合影响，滨海潮间带面积变化呈现较大差异。总的来说，中国沿岸潮间带面积在减少，这与牛振国等人的研究结果一致，其研究结果显示，自 1990 年以来，中国沿岸潮间带面积一直在减少，而且减少幅度在加剧。但由于不同岸段的情况不一，其主导因素存在较大差异。

在中国沿海各岸段中，潮间带面积减少最多的岸段是上海芦潮港 – 浙江金塘港，这主要是因为上海芦潮港—浙江金塘港岸段得天独厚的优势。嘉兴港处于上海港和宁波港两个大港之间，这种优势使得"十二五"期间嘉兴港抓住了环杭州湾产业带蓬勃发展的机遇，充分依托洋山港、宁波港，进一步加快发展港口物流、临港工业等一系列产业，着力将嘉兴港建设成为上海国际航运中心的重要喂给港、长三角地区重要的多功能综合性港口。因此，上海芦潮港—浙江海盐塘口岸段潮间带上部被大量围垦、城市扩张、填海造陆，导致其平均高潮线向海推进。上海芦潮港—浙江海盐塘口和浙江北排江口—浙江金塘港的平均低潮线均向陆推进，因此上海芦潮港—浙江海盐塘口和浙江北排江口—浙江金塘港岸段的潮间带面积大幅减少。只有浙江海盐塘口—浙江北排江口的平均低潮线表现为向海推进，这主要是由于钱塘江口黄湾镇填海造陆，而钱塘江口下游泥沙淤积导致平均低潮线向海推进。1996~1998 年钱塘江口出现泥沙净淤积，围涂缩窄后出现的累积性淤积主要是受河口改变后自动调整作用的影响，即枯水期的高滩围涂制约了丰水期主槽的摆动，使枯水期淤积的泥沙不能得到冲刷，而丰水期的高滩围涂又减少了枯水期形成弯曲河势发育边滩的泥沙供给，虽然泥沙淤积使得钱塘江口两侧平均低潮线向海推进，但是平均高潮线也表现为向海推进，而且推进程度更大。2008 年在温州举办的浙江省围垦工作会议曾指出，2003~2007 年是滩涂围垦工作取得长足进步的五年，过去五年每年开发滩涂达 10 万亩，计划未来五年每年开发 50 万亩，重点开发钱塘江两侧和沿海地区省重点围垦工程，完成治江围涂工程。政策影响导致浙江省潮间带面积剧烈减少，而且《2015 年中国海平面公报》显示，浙江海平面上升幅度最大。2012 年国务院公布沿海地区 11 个省市《海洋功能区划（2011~2020）》的批复，其中浙江省获得的围填海规模指标面积最大，这些因素导致了浙江潮间带面积的剧烈减少。

其次是河北北排河口—山东黄河入海口，河北北排河口至黄河故道岸段大量修建养殖池，以及填海造陆造成平均低潮线向陆推移，平均高潮线向海推移，而黄河三角洲上半岸段潮间带整体向陆推移，河口处由于黄河改道形成新的潮间带形态，黄河三角洲的淤进速度在 1990 年之后显著减缓，主要是受黄河流域气候变化和人类的水资源开发、水利工程建设和土地利用变化等因素的影响，北部的老黄河口岸线更是面临严峻的侵蚀问题，这些因素加速了潮间带的减少。

江苏吃饭港—江苏新开港岸段的平均高潮线向海推移，平均低潮线向陆推移，在吃饭港南部附近修建大量养殖池，而在新开港附近以及北部大量修建海堤进行围海，用于海水养殖、工业发展等等。

江苏和上海的新开港—长江入海口平均高潮线向陆推进，平均低潮线向陆推移，大量修建养殖池以及填海造陆、修建码头，使得潮间带面积大量减少，但是崇明岛地区由于泥沙淤积严重，平均低潮线向海推移 1.3 千米左右，此岸段由于泥沙淤积的速率大于海平面上升速率，潮间带面积有所增加。

潮间带面积处于显著增加趋势的岸段有辽宁葫芦山湾口—辽宁大凌河口、山东黄河入海口—山东黄水河口、福建水澳—福建安海湾口。辽宁葫芦山湾口—辽宁辽河口：填海造陆使得平均低潮线向海推移约 2 千米，潮间带上部由于养殖池的修建，平均高潮线虽然也向海推移，但是低潮线向海推移距离更大，因此，其潮间带面积增加 85 平方千米。辽宁辽河口—辽宁大凌河口：辽河口右侧填海造陆使得平均低潮线向海推移，而大凌河口以及双台子河口自然保护区由于泥沙淤积，双台子河口两侧岸段快速淤积，辽河口两侧岸段缓慢淤积，双台子河口至辽河口泥沙快速淤积主要与人类活动有关，辽东湾北岸地区海岸变化主要是向海淤进，平均低潮线均向海推移，而且平均高潮线也表现为向陆推移的趋势，因此其潮间带面积增加约 238 平方千米。

山东黄河入海口－山东黄水河口：2011 年《东营市湿地保护管理办法》已经市政府批准，提出加强湿地保护，平均高潮线向陆推移，平均低潮线向海推移。由于黄河改道，黄河南侧潮间带面积有所增加，而且在东营市的养殖池均修建在潮间带以外的陆地，平均高潮线向陆推移，平均低潮线少量向海推移，因此潮间带面积大量增加。但在潍坊沿岸有盐田修建，莱州市朱由镇沿岸修建养殖池，龙口市的黄山馆镇和北马镇沿岸修建码头以及填海造陆占用一定数量的潮间带。总体来看，东营市的潮间带保护工作较好，此岸段的潮间带面积处于增加状态。

福建水澳—福建安海湾口：此岸段的平均高低潮线均向海推移，且平均低潮线向海推移距离显著较大，而且占用潮间带面积较少，只有福清市龙田镇、泉州市东桥镇有少量围海情况，其他岸段的潮间带保护较好，因此潮间带面积增加。

潮间带面积减少幅度最大的岸段为浙江桐丽河口—浙江温州湾口，玉环县坎门镇和干江镇中间的海湾被全部围起来进行海水养殖以及城镇建设，乐清市沿岸大量修建海水养殖池、码头以及发展工业，建立了乐清市经济开发区。温州湾口的灵昆

镇靠海一侧被大量填海造陆，进行城镇建设、旅游业发展，等等。以上活动大量占用了潮间带，导致潮间带剧烈减少。

潮间带面积增加幅度最大的岸段是辽宁烟台河口—辽宁狗河口，此岸段平均低潮线向海推进，平均高潮线向陆推进，在烟台河口虽有养殖池修建，但是在长山寺湾养殖池外 1995 年未见潮间带分布，在 2015 年可以明显看到潮间带大量增加，随着时间的推移围垦后在垦区外侧形成的较深水域又会逐渐被泥沙淤积形成新的滩涂。而在六股河口的潮间带被占用修建养殖池，但是平均低潮线并没有向陆推移，而是向海推移，因此总体来说此岸段潮间带面积显著增加，而且年变化率达到最大，达到 17.11%。

6.1.5 结论

第一，中国滨海潮间带面积 2015 年为 14070 平方千米，比 1995 年减少了 1375 平方千米，减少了 8.9%。沿海各省份中，潮间带面积减少最多以及减幅最大的是浙江省，减少了 1189 平方千米，减幅达到 43.7%；而潮间带面积增幅最大的是海南省，达到 67.2%。中国沿海各岸段中，上海芦潮港—浙江金塘港潮间带面积减幅最大，达到 56.5%；水澳—安海湾口潮间带面积增加最多，达 446 平方千米，增幅达到 37.3%。

第二，潮间带变化受自然与人为两方面因素共同影响。海平面上升和泥沙淤积是影响滨海潮间带变化的重要自然因素，海平面上升使得平均低潮线向陆推移，导致潮间带面积减少，而泥沙淤积使得潮间带面积增加。潮滩围垦和填海造陆是导致潮间带面积减少的重要人为因素，这几个因素的交互作用最终导致了潮间带面积的变化。

第三，对于滨海湿地生态系统而言，过度强调生态保护和无节制的土地开发都是不可取的。为保护和合理利用滨海湿地生态系统，需要在保护和开发中找到合理的平衡点。既需要自上而下的全国性海岸带总体规划，也需要考虑自下而上的区域发展诉求，同时需要加强科学监测的能力和手段，提高科学管理水平。

6.2 中国红树林分布现状

6.2.1 红树林

红树林是在热带与亚热带地区海岸潮间带滩涂上生长的木本植物群落。受海水涨落潮的影响，高潮时红树林能被海水部分淹没，甚至有时完全淹没，并在退潮时显露（见图 5）。红树林的名称来源于红树科植物木榄，其木材、树干、枝条、花朵都是红色的，树皮割开后也是红色的，树皮提取物可以制作红色染料。组成红树林的主要植物种类是红树科植物，如木榄、秋茄、海莲、角果木、红树等，它们的树皮均富含单宁酸，可提取红色染料，故红树林名称与树皮和木材有关，而与花、叶颜色无关。但并不是所有红树植物的树皮切开后都是红色，树皮的红色与否还与树龄有关。

什么是红树植物？林鹏等于1995年提出了鉴别红树林植物的类型与标准（见表1）。

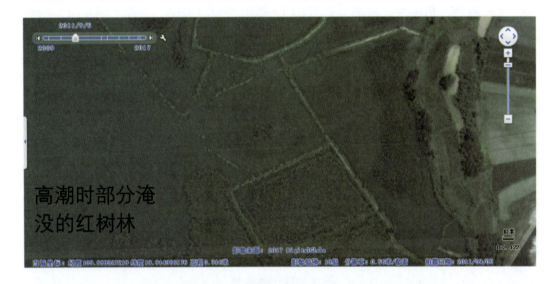

图5　高低潮时红树林遥感图像

表3　红树林区植物类型和鉴别标准（林鹏等，1995）

类型	鉴别标准
真红树植物	专一性地生长于潮间带的木本植物
半红树植物	能够生长于潮间带，有时成为优势种，也能在陆地非盐渍土生长的两栖木本植物
红树林伴生植物	偶尔出现于红树林中或林缘，但不构成优势种的木本植物，以及出现于红树林下的附生植物、藤本植物和草本植物等
其他海洋沼泽植物	有时会存在于红树林沼泽，但通常被认为是海草或盐沼群落中的植物

中国的真红树植物主要有卤蕨、尖叶卤蕨、木果楝、海漆、海桑、木榄、海莲、尖瓣海莲、角果木、秋茄（见图6a）、红海榄、红榄李、榄李、桐花树、白骨壤、小花老鼠簕、老鼠簕、瓶花木和水椰。主要的半红树种类有莲叶桐、水黄皮、黄槿、杨叶肖槿、银叶树（见图6b）、海滨猫尾木、阔苞菊等。

a　秋茄　　　　　　　　　　　　　　b　银叶树

图6　红树植物举例

红树林生态系统被认为具有物种的多样性、结构的复杂性和生产力的高效性三大特点，具有独特的生态功能和重大社会经济价值，如天然养殖场（见图7）、防浪固堤（见图8）、促淤造陆、维持生物多样性、净化功能和科普教育及旅游功能，可以说红树林是大自然赐予人类的一笔宝贵财富。

图7　天然养殖场　　　　　　　　　图8　防浪固堤

6.2.2　中国的红树林保护

化石记录表明，我国历史上红树林面积曾达到 2500 平方千米以上。在 20 世纪 50 年代初，我国尚有近 500 平方千米的红树林。1956 年热带亚热带资源勘测结果为 400 平方千米，同年森林资源调查结果为 420 平方千米；1981~1986 年全国海岸带和滩涂资源综合调查结果为 170 平方千米。2001 年由国家林业局组织的全国湿地调查，采用了遥感、GIS、GPS 等多种手段，调查得出中国红树林面积约为 220 平方公里（国家林业局森林资源管理司，2002），加上港澳台地区的 6.56 平方千米，中国红树林总面积为 226.8 平方千米，仅为 20 世纪 50 年代初的 47%。60 年代前后，我国便有了红树林造林记载，在经历了大规模围海造田后，自 80 年代以来，国家开始重视红树林的保护工作，设立了多个自然保护区（见图 9），保护区内的红树林面积采用历史统计数据（王文卿等，2007）。截至目前，我国共设立面向红树林生态系统保护的国家级自然保护区 6 个，省级保护区 7 个，县市级保护区 9 个（见表 4）。红树林保护区除了负责当地红树林的保护，还进行了一系列的宣传教育工作。除此之外，一些地方还进行了红树林试种和造林工作。2000 年后，我国开始全面实施红树林造林工程。

表 4　中国的红树林保护区

单位：平方千米

序号	保护区名称	所在地	保护区面积	红树林面积	级别	成立时间	主管部门
1	海南东寨港国家级自然保护区	海南海口	33.37	17.33	国家级	1986 年（国家级）	林业
2	福田红树林鸟类国家级自然保护区	广东深圳	3.04	.82	国家级	1988 年	林业
3	广西山口红树国家级自然保护区	广西合浦	80.0	8.06	国家级	1990 年	海洋
4	广东湛江红树林国家级自然保护区	广东湛江	202.78	72.57	国家级	1997 年	林业
5	广西北仑河口国家级自然保护区	广西防城港	26.8	11.31	国家级	2000 年	海洋
6	福建漳江口红树林湿地国家级自然保护区	福建云霄	23.60	.83	国家级	2003 年（国家级）	林业
7	海南清澜红树林省级自然保护区	海南文昌	29.48	12.23	省级	1988/1981 年	林业
8	福建九龙江口红树林省级自然保护区	福建龙海	6.0	2.97	省级	1988 年	林业
9	福建泉州湾河口湿地省级自然保护区	福建泉州	70.39	.17	省级	2003 年	林业
10	广东珠海淇澳—担杆岛自然保护区	广东珠海	73.63	1.93	省级	2002 年	林业
11	广西钦州市茅尾海红树林自然保护区	广西钦州	27.84	18.93	省级	2005 年	林业

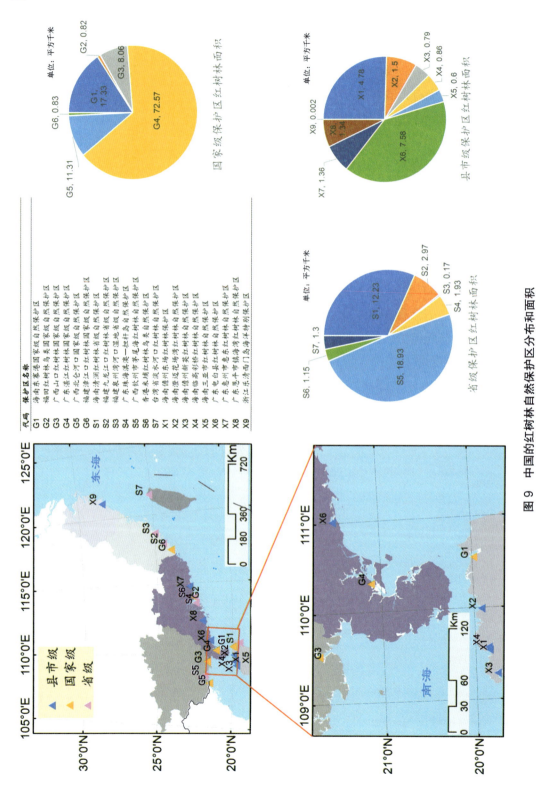

代码	保护区名称
G1	海南东寨港国家级自然保护区
G2	福田红树林鸟类国家级自然保护区
G3	广西山口红树林国家级自然保护区
G4	广东湛江红树林国家级自然保护区
G5	广西北仑河口国家级自然保护区
G6	福建漳江口红树林国家级自然保护区
S1	海南清澜省级自然保护区
S2	福建九龙江口红树林省级自然保护区
S3	福建泉州湾河口湿地省级自然保护区
S4	广东珠海淇澳—担杆岛省级自然保护区
S5	广西钦州茅尾海自然保护区
S6	香港米埔自然保护区
S7	台湾省淡水河口红树林自然保护区
X1	海南儋州新英湾红树林自然保护区
X2	海南澄迈花场湾红树林自然保护区
X3	海南儋州新盈红树林自然保护区
X4	海南临高彩桥红树林自然保护区
X5	海南三亚市红树林自然保护区
X6	广东雷州白蝶贝红树林自然保护区
X7	广东惠州市惠东红树林自然保护区
X8	广东恩平市镇海湾红树林自然保护区
X9	浙江乐清西门岛海洋特别保护区

图 9　中国的红树林自然保护区分布和面积

序号	保护区名称	所在地	保护区面积	红树林面积	级别	成立时间	主管部门
12	香港米埔红树林鸟类自然保护区	香港	3.8	3	省级	1984年	海洋
13	台湾淡水河口红树林自然保护区	台湾	0.76	/	省级	1986年	农业
14	海南儋州东场红树林保护区	海南儋州	6.96	4.78	县市级	1986年	林业
15	海南澄迈花场湾红树林自然保护区	海南澄迈	1.50	1.50	县市级	1995年	海洋
16	海南儋州新英红树林自然保护区	海南儋州	1.15	0.79	县市级	1992年	林业
17	海南临高彩桥红树林自然保护区	海南临高	3.50	0.85	县市级	1986年	林业
18	海南三亚市红树林自然保护区	海南三亚	9.24	0.60	县市级	1989年	林业
19	广东电白县红树林自然保护区	广东电白	19.05	1.51	县市级	1999年	林业
20	广东惠州市惠东红树林自然保护区	广东惠东	5.33	1.36	县市级	2000年	林业
21	广东恩平市镇海湾红树林自然保护区	广东恩平	6.67	1.34	县市级	2005年	林业
22	浙江乐清西门岛海洋特别保护区	浙江乐清	30.8	0.13	县市级	2005年	海洋

6.2.3 中国红树林遥感制图

卫星遥感可以提供红树林的空间分布信息，为红树林造林工程的实施和监测提供技术支撑。但是由于红树林生长于潮间带，潮水的变化与监测红树林用的卫星遥感图像的成像时间不一致，不能满足红树林监测的需要。因此需要采用多个时间的卫星影像综合加以判断。另外，由于现在我国红树林斑块大都非常破碎，要想了解高精度的红树林空间分布信息，需要采用高空间分辨率卫星遥感数据。

本报告使用较高空间分辨率的哨兵数据（Sentinel-2），基于计算机分割和人工目视解译方法，对2017年中国的红树林进行遥感监测和分析。结果显示，2017年中国各省份红树林面积为275.88平方千米。红树林分布于广东、广西、海南、福建、浙江、台湾、香港和澳门8省和特别行政区内（见图10、图11）。

广东红树林面积为115.05平方千米，东起闽粤交界的大埕湾，西至粤桂交接的英罗湾，其间珠江口、雷州半岛均有大片红树林分布（见图12），其中雷州半岛的湛江红树林国家级自然保护区是我国面积最大的国家级红树林自然保护区，2002年被列入国际重要湿地名录。

广西红树林面积为93.04平方千米，由西往东主要分布在北部湾东侧的合浦县

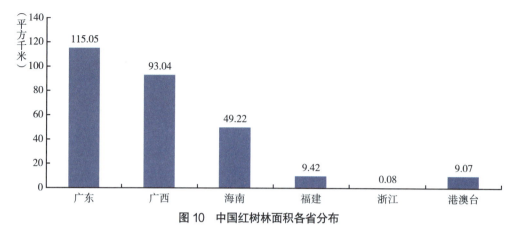

图 10　中国红树林面积各省分布

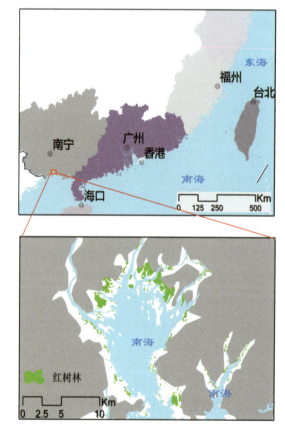

图 11　中国的红树林空间分布

沙田半岛、钦州湾、防城港和东兴市的北仑河口（见图 13）。山口红树林国家级自然保护区于 1993 年加入人与生物圈计划，1994 年成为中国重要保护湿地，2000 年 1 月加入联合国教科文组织世界生物圈，2002 年被列入国际重要湿地名录，珍珠湾的北仑河口国家级自然保护区是我国唯一的边境红树林，对保护我国领土和领海权

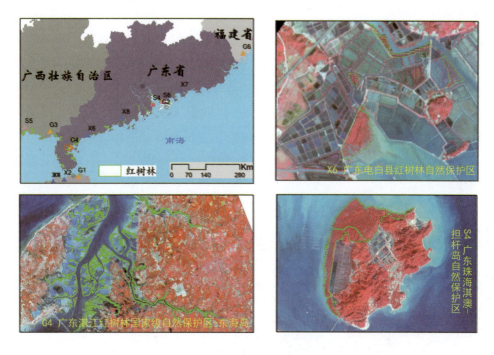

图 12　广东红树林分布

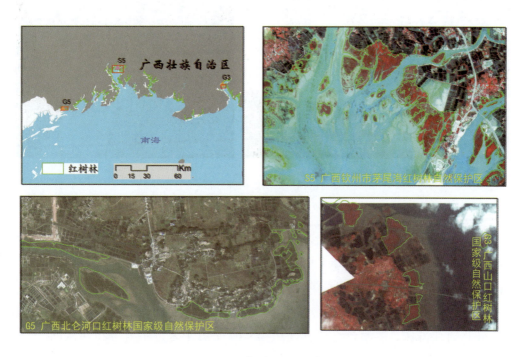

图 13　广西红树林分布

益具有非常重要的意义。

　　海南省红树林面积 49.22 平方千米，主要分布在东北部的东寨港、清澜港和南部的三亚港、西部的新英港（见图 14）。东部沿海海岸曲折，海湾多且滩涂面积大，红树林分布非常广，其中东寨港和清澜港是海南最大的红树林分布区，但是东寨港红树林自 2010 年以来遭受了团水虱病虫害的侵害，红树林保护和恢复遇到了很大挑战。位于三亚市的三亚河岸两边生长着非常茂密的红树林，是典型的河岸红树林，三亚河红树林市级自然保护区始建于 1989 年，是我国唯——个处于繁华都市的河岸红树林保护区。

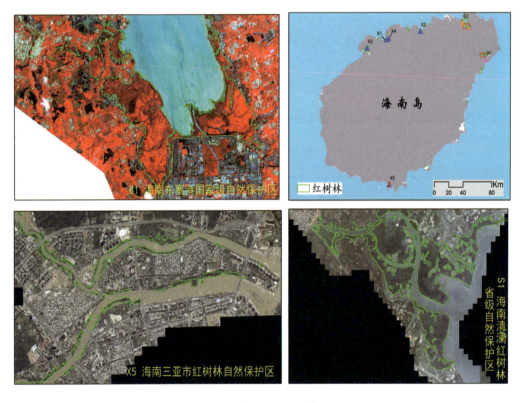

图 14　海南红树林分布

　　福建省红树林面积为 9.42 平方千米，自西往东主要分布在漳江口、九龙江口、泉州湾和福鼎沙埕湾（见图 15）。漳江口红树林自然保护区是中国纬度最高的红树林国家级自然保护区，而泉州湾的红树林受互花米草入侵问题非常突出。

　　浙江省红树林面积为 0.08 平方千米，主要分布于浙江乐清湾西门岛，是我国分布最北的红树林。港澳台红树林面积为 9.07 平方千米，主要分布在深圳湾的米埔，台湾淡水河口，均为典型的河口湿地。

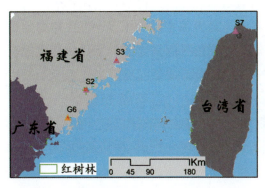

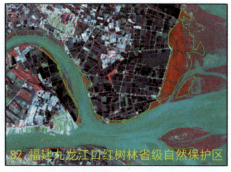

S2 福建九龙江口红树林省级自然保护区

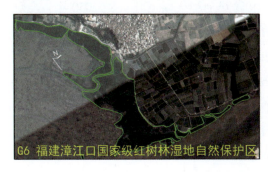

G6 福建漳江口国家级红树林湿地自然保护区

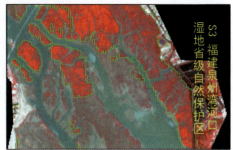

S3 福建泉州湾河口湿地省级自然保护区

图 15　福建红树林分布

6.2.4　中国红树林保护面临的挑战与建议

近年来，随着我国经济的快速发展，特别是沿海城市的围填海工程、坑塘养殖等，红树林湿地生态系统不断受到人类活动的负面影响，经济发展与红树林保护的矛盾日益尖锐。为了今后能更好地做好红树林保护工作，我们提出如下建议。

一是加强保护区立法。虽然我国 70% 以上的红树林已经纳入自然保护区管理和保护，但是我国在 1994 年颁布的《自然保护区条例》规定，破坏自然保护区只能"处以 300 元以上 1 万元以下的罚款"，如此低的违法成本，使红树林保护区内的违法事件频发，有法不依的现状增加了红树林保护工作的难度。因此，《自然保护区条例》的很多内容已经不适用现状，亟待修订升级。特别是针对红树林生态系统的特殊性，应该制定专门的法律法规。

二是提高科学监测和管理水平。随着地理信息系统、遥感和互联网技术的发展，建立健全红树林监测的立体网络系统，动态监测红树林保护区及其生长海域的土地利用状况和污染状况，结合对红树林保护区进行定期常规巡查，建立完善的红树林动态监测和预警系统。

三是实行保护区与群众"联防"举措。自然保护区的发展单靠保护区管理局的

169

管理人员是不够的，需要把周围的群众团结起来，让人民群众认识到保护红树林的重要性，才能促进红树林保护区的长远发展。宣传教育固然重要，但更需要通过开发替代产业来缓解保护区周边居民经济效益和红树林保护之间的矛盾，尽可能减少周边群众对红树林资源的经济依赖。

6.3 中国水稻田的分布与变化

6.3.1 背景和意义

在 21 世纪，人类面临的主要挑战是粮食安全和气候变化。到 2050 年，全球人口将突破 90 亿，为保证 90 亿人口的粮食供给，农业在未来的 30 年将面临前所未有的压力。与此同时，温室气体的主要排放源之一是农业生产，尤其是水稻生产。IPCC 报告显示，农业温室气体占全球温室气体的 10%~12%。农业生产不仅要面临减排温室气体带来的压力，而且还要应对全球气候变暖带来的灾害天气、温度以及降水变化的影响。因此，必须对作物种植的时空分布动态变化有充分的认识。

根据我国湿地分类标准中对人工湿地（human-made）的定义，人工湿地是指"人类为了利用某种湿地功能或用途而建造的湿地，或对自然湿地改造而形成的湿地，也包括某些开发活动导致积水而形成的湿地"，包括稻田和冬水田（paddy fields）等，一般指"能种植水稻或者具备冬季蓄水或浸湿状的农田"。水田在我国粮食生产中占有重要地位，占全国粮食总播种面积的 30%，其产量也达到我国粮食总产量的 35%。因此，及时了解和掌握我国水田的空间分布特征及其动态变化规律具有重要意义，不仅可以为水田生长状况监测、水田产量评估和政府制定水田种植策略等提供科学依据，也可以为气候变化对水田种植意向影响提供数据基础。

遥感技术具有更新周期短、获取速度快、观测范围广等特点，已经广泛用于获取水田时空分布信息以及变化监测研究中。尤其是近年来，新型高时间、高空间、高光谱卫星传感器不断涌现及分类方法不断改善，为提高水田种植面积遥感监测的精度和效率提供了可能，遥感已成为获取水田空间分布和变化监测的重要技术手段。本报告基于 2000 年、2005 年、2010 年和 2015 年时间序列遥感影像［中等分辨率成像光谱仪（MODIS）8 天合成的反射率产品，每年 46 期，空间分辨率 250 米］，实现对全国水稻田的监测和变化分析。

6.3.2 全国水田分布及变化

根据遥感图像水田提取结果，到 2015 年我国水田面积为 3.23 × 105 平方千米，主要分布在南方地区。分布最多的前十一个省（自治区）依次是湖南（13.65%）、安徽（12.92%）、黑龙江（9.16%）、江西（9.06%）、四川（8.44%）、江苏（7.50%）、广东（6.24%）、湖北（6.10%）、浙江（5.38%）、广西（4.79%）和吉林（3.21%），共占水田总面积的 86.45%（见图 16）。除黑龙江省和四川省外，水田主要分布在长江中下游和珠江三角洲区域；青海省、香港和澳门未监测到水田分布。

根据遥感制图结果，从 2000 年到 2015 年我国水田面积持续减少（见图 17）。在过去的 15 年中，中国水田面积总体上净减少了约 3.32 万平方千米，相对于 2000 年下降了 9.32%。其中 2000~2005 年减少 7983 平方千米，2005~2010 年减少 14755 平方千米，2010~2015 年减少 10442 平方千米。最明显的减少发生在 2005~2010 年，占水田减少面积的 44%。

2000 年、2005 年、2010 年和 2015 年 4 期水田监测结果见图 18~ 图 21。

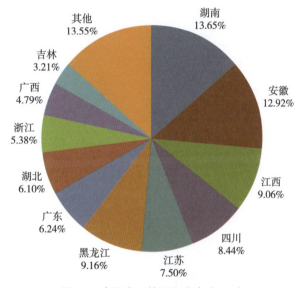

图 16　中国水田的面积分布 (2015)

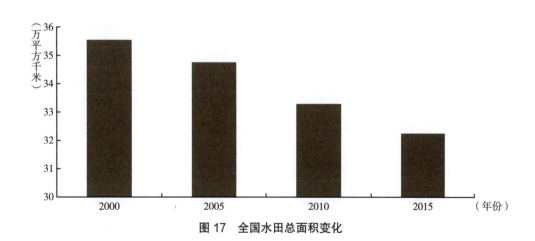

图 17　全国水田总面积变化

171

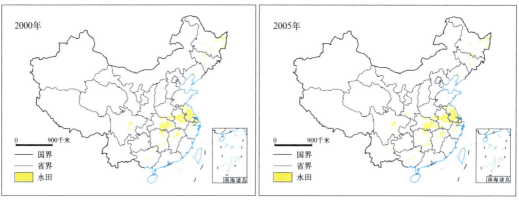

图 18　2000 年中国水田提取结果　　　　图 19　2005 年中国水田提取结果

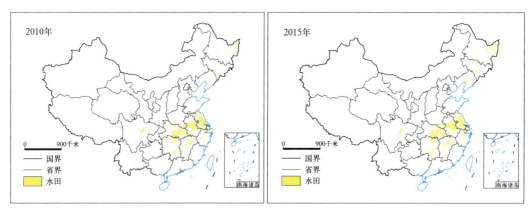

图 20　2010 年中国水田提取结果　　　　图 21　2015 年中国水田提取结果

6.3.3　全国水田分省面积变化

总体来看，全国水田面积呈现北方增加、南方减少的特征。从 2000 年到 2015 年水田面积净减少的省份包括安徽、广东、湖南、江西、江苏、四川、浙江、湖北、广西、云南、上海、重庆、福建和内蒙古；除内蒙古外，其余省份均分布在南方。而其中的安徽、广东、湖南、江西、江苏、四川和浙江等表现为持续减少趋势（见图 22、表 5）。2000~2015 年水田减少面积约 33179 平方千米，其中以江苏省水田面积减少最多，占总减少面积的 14%；其余四川、江西、浙江和湖北减少比例均在 11% 左右。湖南、安徽和广东水田面积减少在 7.2% 左右。

从 2000 年到 2015 年我国水田面积净增加 9480 平方千米，主要分布在黑龙江、吉林、辽宁、河南、河北、山东、陕西和山西等省，这些区域均位于我国淮河以北水资源相对匮乏的北方地区。而东北三省的省黑龙江、吉林、辽宁和陕西出现了持

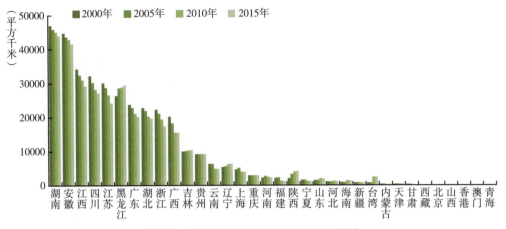

图22　中国分省水田面积（2000~2015年）

续增长趋势。其中黑龙江水田面积增加最多，达3097平方千米，占增加水田面积的32.7%。其次为陕西和辽宁2省，水田面积增加分别为2070平方千米和1020平方千米，分别占增加水田面积的21.8%和10.8%。

表5　中国分省水田面积变化统计（2000~2015年）

单位：平方千米

省份	2000年水田面积	水田变化面积			省份	2000年水田面积	水田变化面积		
安徽	41679.13	−1182.00	−619.00	−1317.88	吉林	10349.75	54.56	348.50	23.81
北京	46.25	−17.00	40.00	4.25	辽宁	6367.69	124.06	679.00	217.06
重庆	2802.00	−6.25	−41.88	−7.38	澳门	0.00	0.00	0.00	0.00
福建	1205.63	39.19	−977.44	−1.81	内蒙古	127.94	−2.06	−254.81	60.56
甘肃	111.69	−0.69	−109.38	52.94	宁夏	1092.25	−0.19	−293.13	−165.44
广东	20141.13	−1004.25	−1717.63	−935.88	青海	0.00	0.00	0.00	0.00
广西	15440.75	−2003.31	−2790.75	−25.94	陕西	4011.44	1290.69	722.06	57.38
贵州	9142.25	−3.00	−3.19	2.88	山东	1885.88	−68.88	587.88	−43.38
海南	1254.31	−1.81	431.81	−60.00	上海	3949.25	417.13	−1071.19	−18.75
河北	1170.56	41.44	172.31	3.31	山西	22.75	18.00	17.00	−15.25
黑龙江	29478.31	2249.75	90.63	756.75	四川	27232.94	−2039.38	−1997.56	−1020.06
河南	2241.81	397.00	−321.31	−50.88	台湾	2340.69	−0.63	1686.56	−5.56
香港	0.00	0.00	0.00	0.00	天津	341.44	29.94	35.19	−14.00
湖北	19684.13	−834.00	−1640.06	−599.88	西藏	99.75	4.13	−14.38	−0.94
湖南	44027.50	−1133.00	−898.69	−1045.88	新疆	726.00	0.75	−2.88	−1.00
江苏	24194.19	−1290.88	−2395.38	−2288.25	云南	4780.06	−1.81	−1368.75	−80.69
江西	29234.19	−1817.00	−1370.31	−1852.81	浙江	17353.63	−1243.13	−1677.94	−2069.38

6.3.4 主要结论和建议

水田作为重要的人工湿地类型，在粮食供给、水资源利用和生态环境的维持和变化研究方面都具有重要意义。利用时间序列的卫星遥感数据资料监测表明，2000~2015 年，整体上我国水田呈现减少趋势，同时这种变化有显著的时空差异，即我国历史上传统的南方水田分布区（长江中下游和珠江三角洲地区），水田面积不断减少；而我国北方地区（尤其是东北地区）的水田面积却不断增加。追求经济效益最大化是这种变化根本的驱动力因素。

北方水田的扩大，尤其是东北地区，多从自然沼泽湿地和草地开垦而来。水田面积的扩大，一方面会直接开垦自然湿地，使得湿地的功能单一化；另一方面，加剧了北方水资源匮乏地区生态用水（湿地需水）和农业用水之间的矛盾，使得湿地保护区的湿地面临水资源短缺的风险。如何平衡生态用水和农业用水是亟须关注的区域可持续发展的关键问题。

参考文献

国家林业局森林资源管理司：《全国红树林资源报告》，2002。

王文卿、王瑁：《中国红树林》，科学出版社，2007。

2016年我国重大自然灾害监测

自然灾害是以自然变异为主因造成的危害人类生命财产安全、社会功能以及资源环境的事件或现象 [1]，是人力不能或难以支配和操纵的各种自然物质和自然能量聚集、暴发所致的灾害 [2]。自然灾害不仅包括骤然发生、历时短、爆发力强、成灾快、危害大的突发性自然灾害，也包括发展缓慢但旷日持久恶化生态环境的灾害。

目前世界范围内每年因重大自然灾害造成的经济损失达数百亿美元，死亡人数达几十万人。最大限度地预防和减少灾害带来的损失已是人类面临的艰巨任务。为此，联合国于 1987 年 12 月通过 169 号决议，确定 20 世纪最后 10 年为"国际减轻自然灾害十年"（IDNDR），旨在通过国际社会的一致努力将各种灾害造成的损失减轻到最低程度 [3]。进入 21 世纪以来，全球重大自然灾害频发，给社会、经济发展进程特别是发展中国家的建设带来巨大影响。重大灾害问题已经成为区域可持续发展的主要障碍因素，受到了联合国特别是中国政府机关、学术界和社会各界的高度关注。

7.1 中国自然灾害的主要特点及2016年发生情况

7.1.1 中国自然灾害的主要特点

中国是世界上自然灾害最为严重的国家之一。全国 70% 以上的城市、50% 以上的人口分布在自然灾害严重的地区 [4]。根据历史灾害的统计分析，制作了图 1~ 图 3 展示对我国经济社会影响较严重的地震、洪涝、干旱灾害风险及强度分布情况。

---

① 高庆华、苏桂武、张业成等：《中国自然灾害与全球变化》，气象出版社，2003。
② 张丽萍、张妙仙：《环境灾害学》，科学出版社，2007。
③ 毛德华等：《灾害学》，科学出版社，2011。
④ 邹铭、范一大、陈世荣等：《自然灾害风险管理与预警体系》，科学出版社，2010。

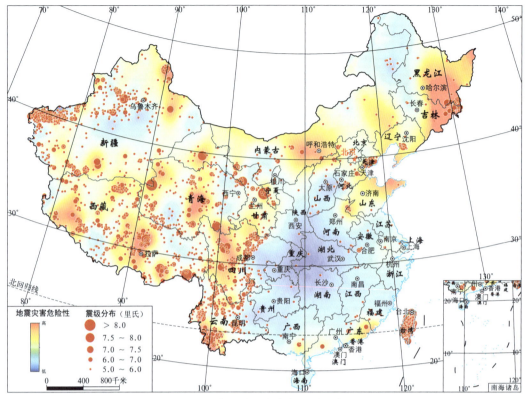

图1 全国地震灾害危险性分布

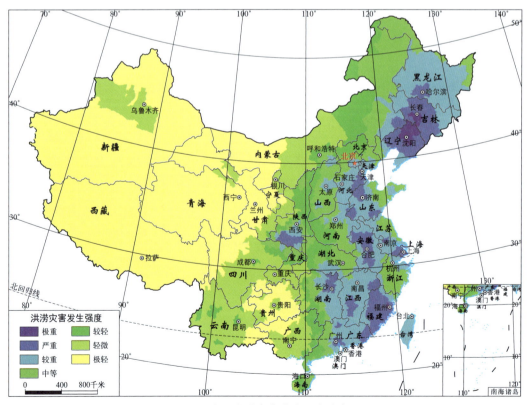

图2 全国洪涝灾害发生强度分布

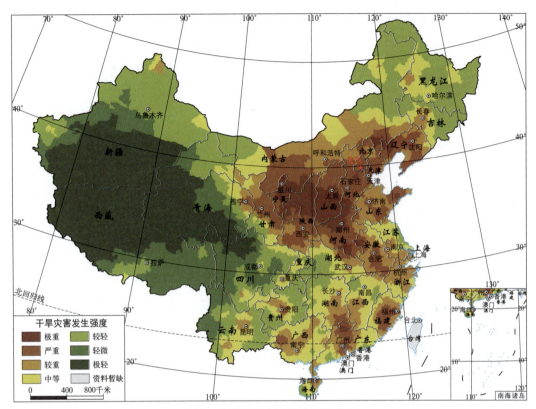

图3 全国干旱灾害发生强度分布

在全球变暖、城镇化进程不断加快的大背景下，中国原本脆弱的资源、生态和环境不断恶化，灾害系统复杂性更加突出，无疑给综合灾害风险防范和防灾减灾带来更大压力。与世界自然灾害相比，中国自然灾害呈现以下特征 [①]。

1.灾害种类多，分布范围广

地震、崩塌滑坡泥石流等组成的地质灾害，水旱、台风等组成的气象灾害，风暴潮、海冰、赤潮等组成的海洋灾害，病、虫、鼠害、火灾等组成的生物灾害，环境污染、沙漠化、水土流失等组成的生态环境灾害构成中国的多灾格局。近25年来，除现代火山活动外，地震、台风、洪涝、干旱风沙、风暴潮、崩塌滑坡泥石流、风雹、寒潮、热浪、病虫鼠害、森林草原火灾、赤潮几乎所有重要灾害都在中国发生过。

2.发生频率高，受灾损失大

由于受季风不稳定影响，中国水旱、台风等气象灾害频发，绝大多数年份都会发生局地或区域性干旱灾害，年均大约7个台风登陆东南广大沿海地区。受板块运

[①] 史培军、王季薇、张钢锋等：《透视中国自然灾害区域分异规律与区划研究》，《地理科学》2017年第8期，第1401~1414页。

动影响，中国大部分地区位于亚欧、印度及太平洋板块交汇地带，活跃的新构造运动造成频繁的地震活动，因而中国是世界上大陆地震最多的国家，占全球陆地破坏性地震的33%左右。中国多山，崩塌滑坡泥石流在山地、丘陵区年均发生数千处。森林和草原火灾也时有发生。

3.设防水平低，城乡差异大

中国城市整体设防水平偏低，除个别大城市外，一般城市抗震设防水平低于7~8级烈度；抗台风与防洪水平大部分低于50~100年一遇。中国广大农村对地震、台风与洪水几乎无设防，从而造成"小灾大害"的局面。设防水平低是中国自然灾害形成的主要原因。中国自然灾害的时空演变比较复杂，主要依赖于各种自然致灾因子与社会经济系统相互之间的作用过程，以及各级政府、企业和公民社会对自然灾害风险的认识水平与防御能力，快速城市化提高了许多城市化地区的灾害风险应对水平。

7.1.2 2016年度我国自然灾害发生情况

"十三五"时期是我国全面建成小康社会的决胜阶段，也是全面提升防灾减灾救灾能力的关键时期，面临诸多新形势、新任务与新挑战[1]。一是灾情形势复杂多变。受全球气候变化等自然和经济社会因素耦合影响，"十三五"时期极端天气气候事件及其次生衍生灾害呈增加趋势，破坏性地震仍处于频发多发时期，自然灾害的突发性、异常性和复杂性有所增加。二是防灾减灾救灾基础依然薄弱。基层抵御灾害的能力仍显薄弱，革命老区、民族地区、边疆地区和贫困地区因灾致贫、返贫等问题尤为突出。三是经济社会发展提出了更高要求。如期实现"十三五"规划的经济社会发展总体目标，健全公共安全体系，都要求加快推进防灾减灾救灾体制机制建设。四是国际防灾减灾救灾合作任务加重。

根据国家减灾委员会办公室会同其他部门对全国自然灾害情况的会商分析核定：2016年，我国自然灾害以洪涝、台风、风雹和地质灾害为主，旱灾、地震、低温冷冻、雪灾和森林火灾等灾害也均有不同程度发生[2]（见图4）。总的来看，2016年灾情与"十二五"时期均值相比基本持平（因灾死亡失踪人口、直接经济损失分别增加11%、31%，受灾人口、倒塌房屋数量分别减少39%、24%），与2015年相比明显偏重，且具有全国灾情时空分布不均、暴雨洪涝灾害南北齐发、极端强对流天气频发、台风登陆强度强和影响大等特点[3]。

---

① 《国务院办公厅关于印发〈国家综合防灾减灾规划（2016~2020年）〉的通知》（国办发〔2016〕104号）。
② 民政部、国家减灾办发布2016年全国自然灾害基本情况。
③ 民政部、国家减灾办发布2016年全国自然灾害基本情况。

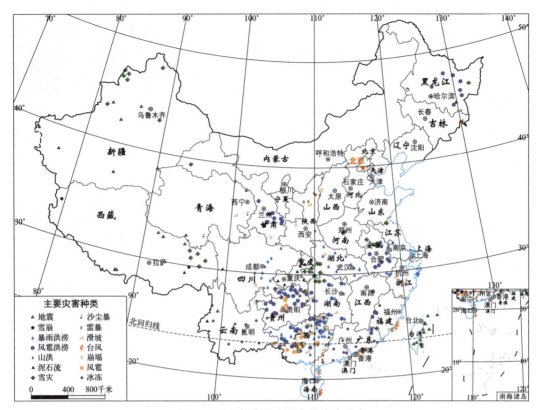

图 4　2016 年我国主要自然灾害分布

资料来源：根据灾害公报等公开数据制作。

7.2　2016年度遥感监测重大自然灾害典型案例

伴随我国卫星、航空遥感观测资源的日益丰富，遥感技术在灾害预警和减灾救灾方面的应用越来越受到重视，并展现出巨大的应用潜力。在自然灾害减灾救灾业务中，遥感以其快速、机动及从宏观到微观全面观测的优势，在灾情应急监测评估、次生灾害跟踪监测、灾后重建决策支持等方面发挥着重要作用，为抢险救灾、救援救助业务决策提供了准确的信息支撑。

针对 2016 年我国发生的典型自然灾害，利用高分系列、RADARSAT-2、无人机航飞等高分辨率遥感数据，开展了监测和评估工作，取得了系列监测成果。

7.2.1　2016年5月8日福建池潭村泥石流灾害应急遥感监测

2016 年 5 月 8 日，福建省泰宁县一处水电在建工地发生山体滑坡。

以灾后 5 月 8 日航空遥感影像为基础，对比灾前（2016 年 3 月 2 号）高分二号遥感数据，对泥石流区域进行重点监测（见图 5）。通过灾前／后高分遥感影像动

灾后航空遥感影像（2016.5.8）

灾前高分二号遥感影像（2016.3.2）

图5 福建池潭村"5·8"泥石流灾害应急遥感监测

态分析计算，发现被压埋宿舍工棚建筑7处（单层），总计面积724.3平方米；冲垮办公楼1处（两层），总计面积954.2平方米。

7.2.2 2016年6月23日江苏盐城市阜宁县龙卷风灾害应急遥感监测

2016年6月23日下午4时，江苏省盐城市阜宁县遭受EF4级龙卷风袭击，风力超过17级，造成846人受伤，99人死亡。中国科学院遥感与数字地球研究所利用国产高分1号卫星6月25日的高分辨率影像开展了龙卷风灾害损失监测工作。

以灾后6月25日的高分1号遥感影像为基础，对比灾前（2016年6月17号）高分1号遥感数据对龙卷风袭击造成的灾害损失进行了遥感监测。龙卷风从西南向东北方向行进，破坏范围宽约1.5千米，长约30千米，对居民地、厂房以及其他建筑物造成了不同程度的破坏。受灾状况分为轻度受损、严重损毁两级。其中，居民地轻度受损115.3万平方米，严重损毁447.9万平方米；厂房等其他设施轻度受损5.6万平方米，严重损毁28.7万平方米（见图6）。以阜宁县计桥村为例，轻度受损表现为房顶、墙体部分受损、门窗破碎；严重损毁表现为大多数房屋屋顶被掀翻、围墙倒塌，甚至有部分房屋坍塌（见图7）。厂房的受损以阿特斯公司为例，公司厂房屋顶被大面积掀翻，并出现部分坍塌（见图8）。

图 6　江苏省盐城市阜宁县龙卷风灾害损失监测情况

图 7　江苏省盐城市阜宁县计桥村受灾情况

7.2.3　2016年6月底至7月初长江中下游洪涝灾害应急遥感监测

2016 年 6 月底至 7 月初，长江中下游遭特大暴雨袭击并暴发洪水。中国科学院遥感与数字地球研究所立刻启动灾害应急响应信息服务工作，迅速获取了安徽、湖北、湖南、江苏和江西等地多景灾后 Radarsat-2 雷达影像（2016 年 7 月 7 日、8

灾前GF1遥感影像（2016年6月17日）　灾后GF1遥感影像（2016年6月25日）

图8　江苏省盐城市阜宁县阿特斯公司厂房受损情况

日），经过几何精校正、图像增强处理后，与灾前高分遥感影像进行对比分析，典型区域见图9和图10。

通过灾区遥感影像数据，对安徽、湖北、湖南、江苏和江西5省31市进行了重点监测，提取了该时段洪涝淹没范围，并结合土地利用数据开展了不同受灾用地类型分析及其面积统计（见图11和表1）。

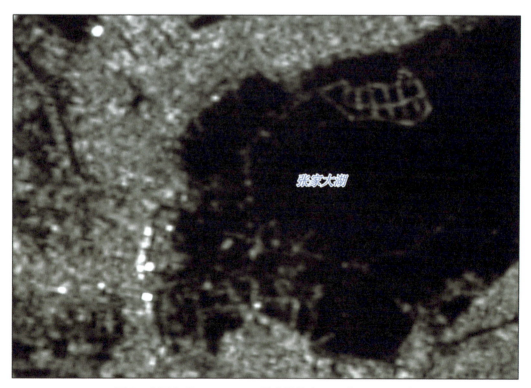

图9　灾区灾后Radarsat-2雷达影像（2016年7月8日）

图 10   灾区灾前高分 1 号遥感影像

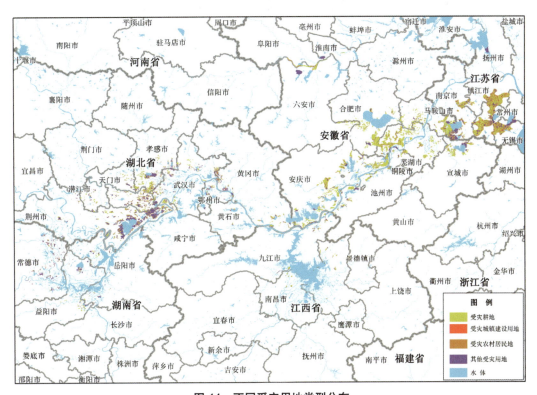

图 11   不同受灾用地类型分布

表 1　不同用地类型受灾面积统计

单位：公顷

省	市	耕地	城镇建设用地	农村居民地	其他建设用地	其他用地类型	合计
安徽	宣城市	16751	0	293	0	5329	22373
	芜湖市	76756	21	2182	54	5240	84253
	马鞍山市	39494	46	1151	0	5702	46393
	合肥市	35481	0	698	19	4514	40712
	六安市	12219	0	247	0	6925	19391
	淮南市	431	0	0	0	2131	2562
	阜阳市	4623	0	84	0	1625	6332
	铜陵市	4960	0	77	0	2437	7474
	安庆市	75043	4	2620	0	10238	87905
	池州市	15119	0	372	0	4759	20250
湖北	咸宁市	4128	20	28	66	1292	5534
	鄂州市	2478	0	35	11	3396	5920
	黄石市	868	0	17	5	592	1482
	黄冈市	12385	71	838	440	8336	22070
	荆州市	32914	13	707	72	58547	92253
	武汉市	14797	25	146	194	11223	26385
	潜江市	3749	5	91	0	1997	5842
	仙桃市	18570	20	326	1	14279	33196
	孝感市	24339	0	223	111	12808	37481
	天门市	3737	0	168	35	2777	6717
湖南	常德市	6035	27	47	34	12694	18837
	益阳市	4163	0	44	0	4333	8540
	岳阳市	4170	26	38	54	4156	8444
江苏	无锡市	25633	728	2673	115	11848	40997
	常州市	70844	1140	6415	356	21008	99763
	镇江市	48828	1915	5953	35	5229	61960
	南京市	26135	351	2331	61	17153	46031
	扬州市	0	0	0	0	3758	3758
江西	南昌市	2477	0	20	0	377	2874
	上饶市	2885	0	74	0	429	3388
	九江市	4342	0	150	25	2494	7011

7.2.4 2016年7月河南省新乡市、安阳市洪涝灾害应急遥感监测

2016 年 7 月中上旬，河南省新乡市、安阳市等区域遭受特大暴雨袭击并暴发洪水灾害。中国科学院遥感与数字地球研究所立刻启动灾害应急响应信息服务工作，迅速获取了新乡市、安阳市等地多景灾后高分 2 号、高分 1 号遥感影像（2016年 7 月 13 日、28 日），经过几何精校正、图像增强处理后，与灾前高分遥感影像进行对比分析，典型区域见图 12 和图 13。

图 12　灾区灾后高分 2 号遥感影像（2016 年 7 月 28 日）

图 13　灾区灾前高分 2 号遥感影像（2015 年 10 月 27 日）

通过灾区遥感影像数据对比分析，在有效监测范围内，新乡市辉县市沙窑乡、上八里镇、薄壁镇、吴村镇、峪河镇受灾比较严重；安阳市林州市河顺镇、横水镇、陵阳镇、东岗镇受灾比较严重，采桑镇有部分农田和林地受损，开元街道基本没有受灾；安阳市安阳县磊口乡、都里乡、铜冶镇受灾比较严重。

对辉县市、林州市和安阳县3县13乡镇进行了重点监测，判读出该时段洪涝淹没情况（见图14~图25），并结合土地利用数据开展了不同受灾用地类型分析及其面积统计（见表2）。

表2 河南省新乡市、安阳市洪涝灾害监测受灾情况统计

市	县	乡镇	受灾居民地（公顷）	损毁房屋（平方米）	受损农田（公顷）	受损林地（公顷）	受损工矿用地（公顷）	次生地质灾害（处）	受损道路（处）	受损桥梁（处）
新乡市	辉县市	沙窑乡	3.90	3527		5.92		6	9	
		上八里镇		131	3.50		1.18	4	9	
		薄壁镇			5.30			4	7	
		吴村镇、峪河镇			262.73	3.48	7.27		3	1
安阳市	林州市	采桑镇			4.09	1.19				
		东岗镇	1.99	290	67.71	3.69			6	
		陵阳镇	23.46	259	10.26	7.52	3.29			1
		河顺镇	7.22	76076	135.93	0.82	3.70	5	16	5
		横水镇	2.89	1690	135.44	28.67		15		
	安阳县	磊口乡	30.94	44799	36.12			13	22	2
		都里乡	17.89		91.52	9.51		7	8	
		铜冶镇	5.66		17.71	1.72			1	

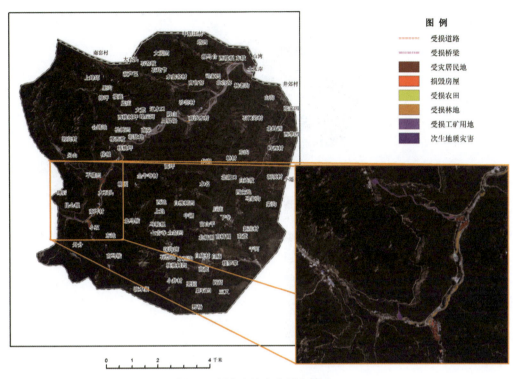

图 14　新乡市沙窑乡受灾情况

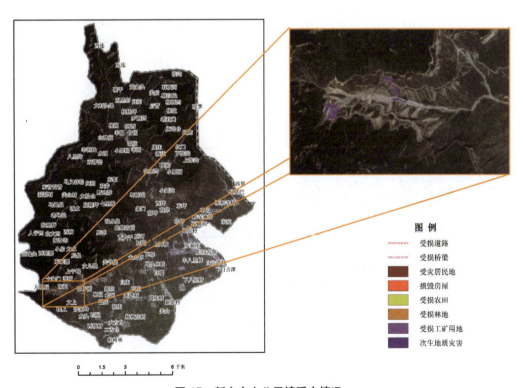

图 15　新乡市上八里镇受灾情况

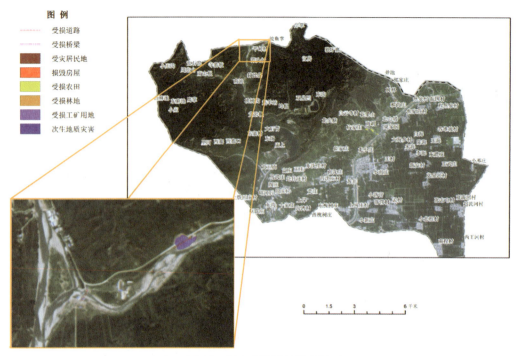

图 16　新乡市薄壁镇受灾情况

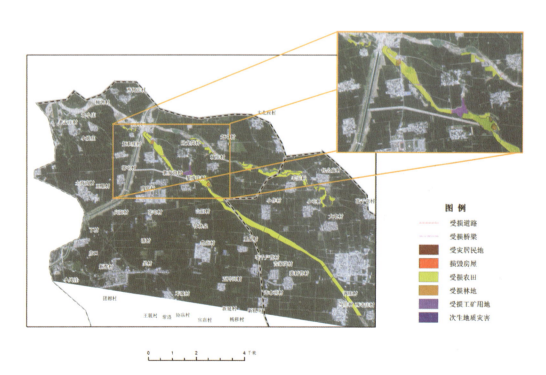

图 17　新乡市吴村镇、峪河镇（部分）受灾情况

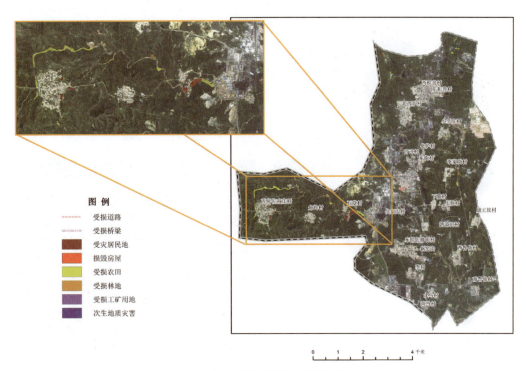

图 18　安阳市铜冶镇受灾情况

安阳市采桑镇受灾情况图

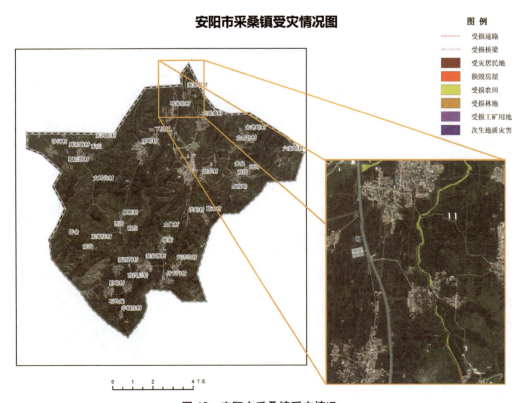

图 19　安阳市采桑镇受灾情况

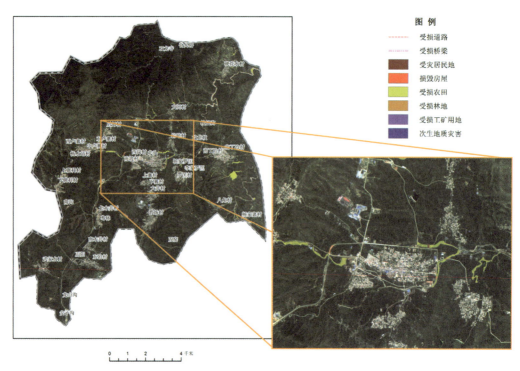

图 20　安阳市东岗镇受灾情况

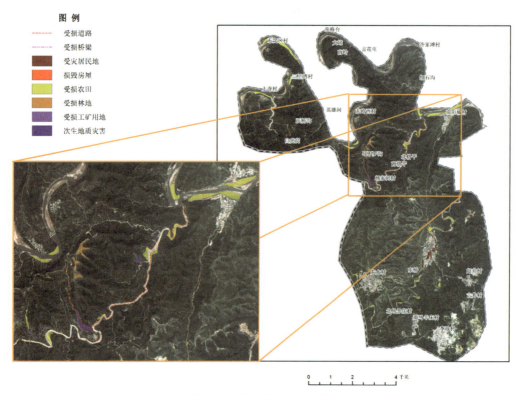

图 21　安阳市都里乡受灾情况

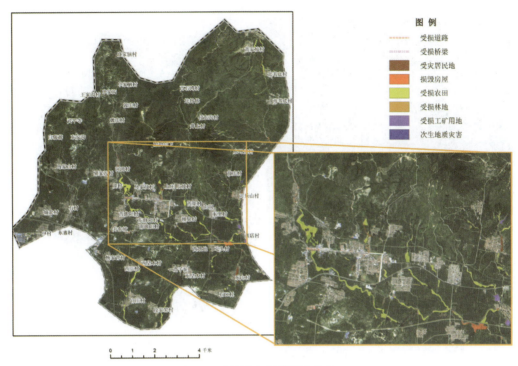

图 22　安阳市河顺镇受灾情况

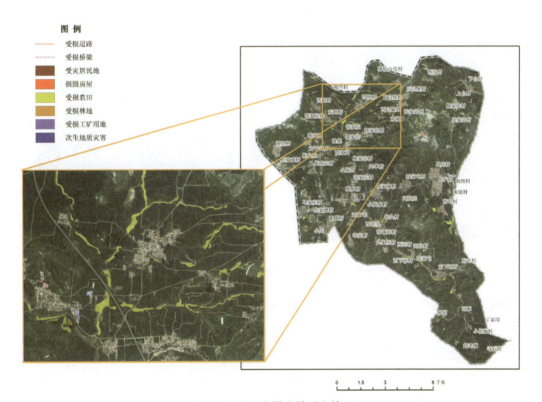

图 23　安阳市横水镇受灾情况

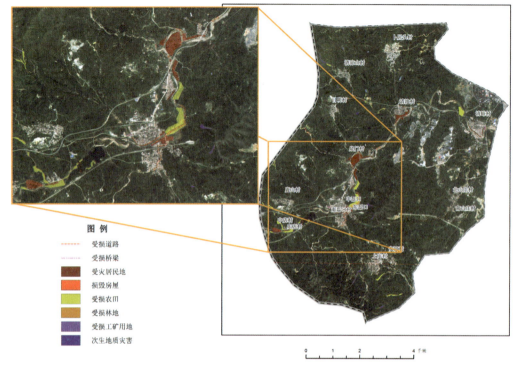

图 24 安阳市磊口乡受灾情况

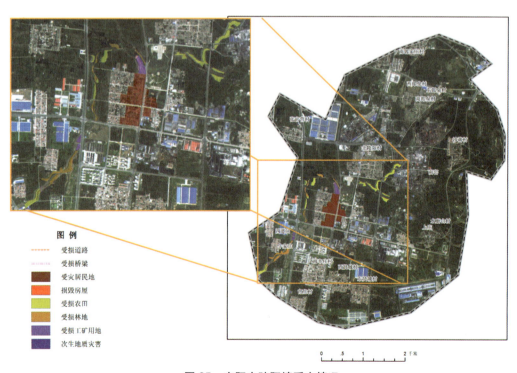

图 25 安阳市陵阳镇受灾情况

7.2.5　2016年7~9月西藏阿里地区日土县东汝乡冰崩灾害应急遥感监测

2016 年 7 月到 9 月，西藏阿里地区日土县东汝乡阿汝村连续发生了两次大型冰崩灾害，利用高分辨率遥感数据，分别对这两次冰崩灾害进行了有效监测。

（1）西藏日土县"7·17"冰崩应急监测

西藏日土县"7·17"冰崩灾害发生后，中国科学院遥感与数字地球研究所迅速获取了西藏日土县多景灾后高分 2 号遥感影像以及灾前高分 1 号遥感影像，经过几何精校正、图像增强和融合处理后，获得开展灾区评估分析的遥感影像预处理数据（见图 26、图 27）。

通过对灾区灾后 2016 年 7 月 25 日和灾前 2016 年 2 月 1 日影像进行对比监测，对冰崩发生区域进行了重点研判。分析提取出冰崩体的范围、掩埋道路、救援线路及重点搜救区分布等情况（见图 28、图 29），经动态分析计算得出：冰崩带长 7.2 千米、宽 2.4 千米，冰崩体覆盖范围 8.3 平方千米。其中 0.67 平方千米冰崩体进入阿鲁错；冰崩体掩埋道路长度为 2435 米。

图 26　灾区灾后高分 2 号遥感影像（2016 年 7 月 25 日）

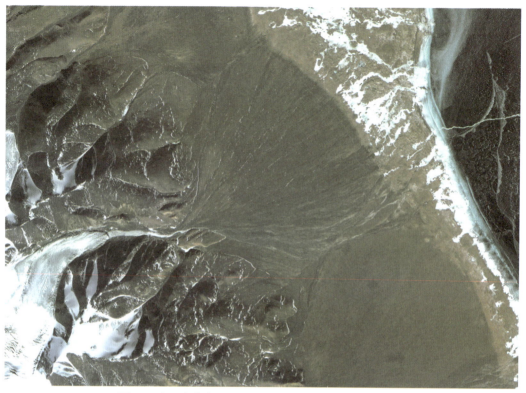

图27　灾区灾前高分1号遥感影像（2016年2月1日）

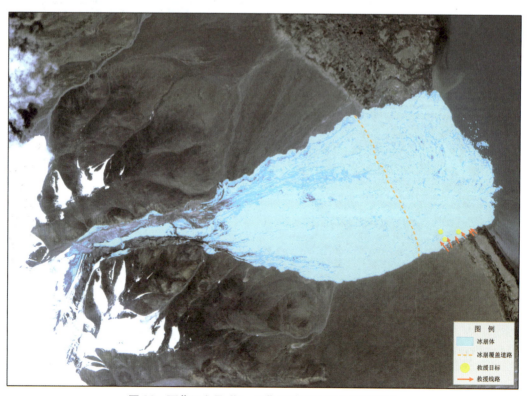

图28　西藏日土县"7·17"冰崩灾害应急遥感监测

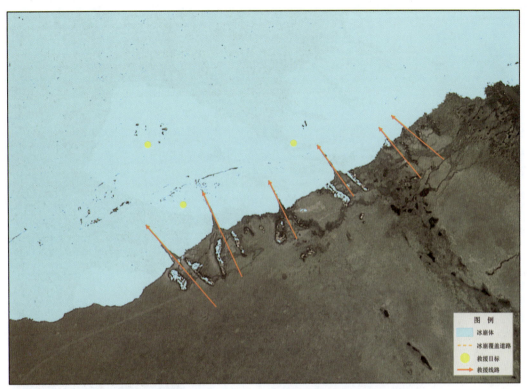

图 29　西藏日土县 "7·17" 冰崩灾害救援状况遥感监测

（2）西藏日土县 "9·21" 冰崩应急监测

2016 年 9 月 21 日，在西藏日土县 "7·17" 冰崩灾害发生后，又发生了一次超大规模冰崩灾害（以下简称 "9·21" 冰崩），时间上、空间上如此接近的特大型冰崩非常罕见。在前期历史数据的基础上，研究人员迅速获取和处理了二次冰崩后高分 1 号遥感影像（见图 30）。

通过对冰崩灾害发生前后获取的高分数据对比分析得出（见图 31）："7·17" 冰崩冰源积累区面积为 7.22 平方千米，冰崩体面积为 8.32 平方千米。"9·21" 冰崩冰源积累区面积为 8.50 平方千米，冰崩体面积为 7.27 平方千米。两处冰崩堆积体最近距离仅为 200 米。

此外，利用 2016 年 9 月 30 日高分 1 号数据对 "7·17" 冰崩消融情况进行了监测，发现冰崩体消融面积为 0.98 平方千米，剩余 7.34 平方千米。

图 30 "9·21" 冰崩后高分 1 号遥感影像（2016 年 9 月 30 日）

7.2.6 2016年9月超强台风"莫兰蒂"灾害应急遥感监测

超强台风"莫兰蒂"为 2016 年太平洋台风季第 14 个被命名的风暴，是该年度全球海域的最强风暴之一。9 月 10 日 14 时，"莫兰蒂"在西北太平洋洋面上生成，随后其强度不断加大，9 月 11 日 14 时加强为强热带风暴，9 月 12 日 2 时加强为台风，8 时加强为强台风，11 时继续加强为超强台风级，9 月 15 日以超强台风级在中国福建省厦门市登陆重创厦门市。

灾害发生后，中国科学院遥感与数字地球研究所立刻启动灾害应急响应信息服务工作，获取多景灾前灾后高分 2 号、高分 1 号遥感影像，经过几何精校正、图像增强及变化对比分析处理后，实现对受损严重的厦门国际会议中心、国际机场、港区、收费站等区域的有效监测（见图 32~ 图 36）。

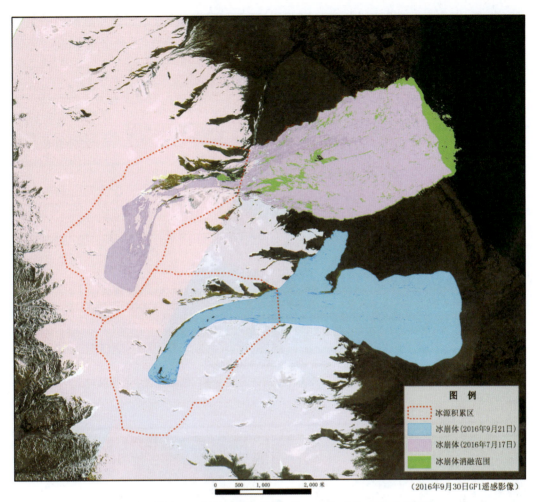

图 例
- - - 冰源积累区
　冰崩体(2016年9月21日)
　冰崩体(2016年7月17日)
　冰崩体消融范围

（2016年9月30日GF1遥感影像）

图31　西藏日土县"7·17"冰崩、"9·21"冰崩灾害遥感监测

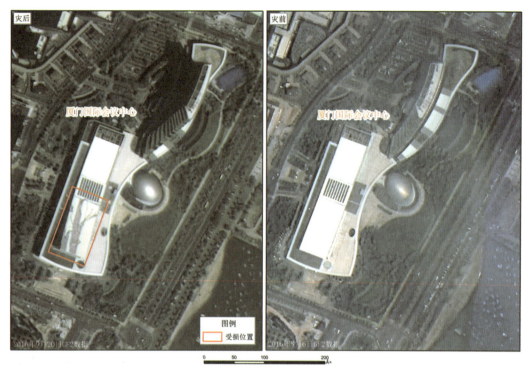

图32 超强台风"莫兰蒂"灾害灾情遥感监测—厦门国际会议中心损毁对比

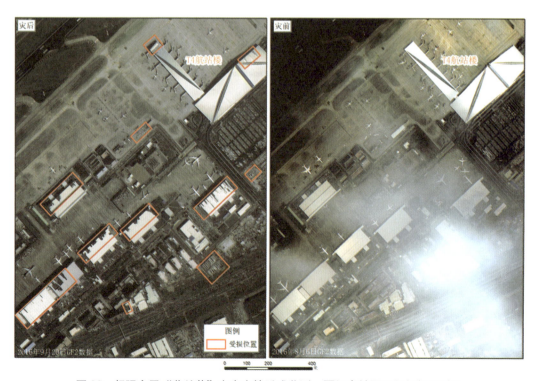

图33 超强台风"莫兰蒂"灾害灾情遥感监测—厦门高崎国际机场损毁对比

图 34　超强台风"莫兰蒂"灾害灾情遥感监测—厦门东渡港区损毁对比（a）

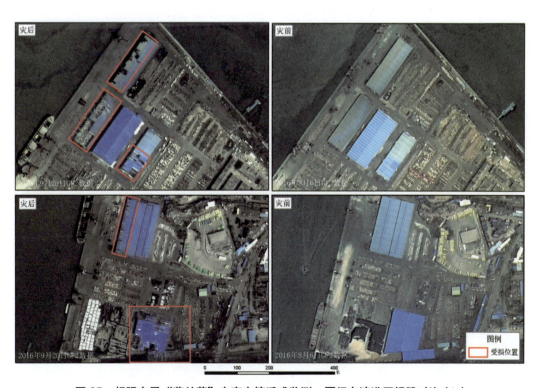

图 35　超强台风"莫兰蒂"灾害灾情遥感监测—厦门东渡港区损毁对比（b）

图36 超强台风"莫兰蒂"灾害灾情遥感监测—厦门同安收费站损毁对比

参考文献

[1] 高庆华、苏桂武、张业成等:《中国自然灾害与全球变化》,气象出版社,2003。

[2] 张丽萍、张妙仙:《环境灾害学》,科学出版社,2007。

[3] 毛德华等:《灾害学》,科学出版社,2011。

[4] 邹铭、范一大、陈世荣等:《自然灾害风险管理与预警体系》,科学出版社,2010。

[5] 史培军、王季薇、张钢锋等:《透视中国自然灾害区域分异规律与区划研究》,《地理科学》2017年第8期。

[6] 《国务院办公厅关于印发〈国家综合防灾减灾规划(2016~2020年)〉的通知》(国办发〔2016〕104号)。

[7] 民政部、国家减灾办发布2016年全国自然灾害基本情况。

专 题 报 告

G. 8

温室气体大气CO$_2$浓度变化遥感监测报告[*]

8.1　卫星遥感观测大气CO$_2$浓度的背景

大量观测研究已经证明，全球温室气体浓度明显不断升高（IPCC, 2013；WMO, 2016）。温室气体是大气中能吸收地面或者近地面发射的长波辐射，并重新发射辐射，进而使地面增温的气体。它主要由水蒸气（H$_2$O）、二氧化碳（CO$_2$）、甲烷（CH$_4$）和一氧化二氮（N$_2$O）等大气成分组成。其中大气CO$_2$是引起温室效应最主要的长寿命温室气体。目前大气CO$_2$浓度每年以近2 ppm[①]的增量升高（Dlugokencky and Tans, 2017）。浓度的不断升高导致全球气候变暖，进而引起冰川消融、海平面上升、世界气候格局的变化以及自然灾害频发等全球变化，给我们的生态环境和生存发展带来巨大的威胁。

---

　* 本文感谢欧空局经 ENVISAT 卫星搭载的扫描成像大气光谱仪（SCIAMACHY）获取的成像光谱及其算法（布莱梅 DOAS 最优估计算法：BESD）团队提供的反演 SCIAMARCHY BESD XCO$_2$；同时感谢日本温室气体观测卫星（GOSAT）提供观测光谱，美国加州理工学院 ACOS/OCO-2 团队提供的反演算法，反演得到 ACOS-GOSAT XCO$_2$ 数据；感谢美国"轨道碳观测者 2 号"（OCO-2）卫星及其负责团队提供的 OCO-2 XCO$_2$ 数据。
　① parts per million，每一百万个分子中含有的分子量。

大气 CO_2 的增加主要来源于人类工业生产过程中的化石燃料排放、水泥生产以及土地利用变化等人类活动（IPCC，2013）。据世界气象组织（WMO）报告，2016年大气中全球 CO_2 平均浓度已达 403 ppm，较工业革命开始前（大约 1750 年：277 ppm）增长约 45%（Le Quéré et al.，2016；WMO，2016）。近年来，人类活动每年引起的碳排放大约在 10 GtC[①]，其中有近 1/2 被海洋和陆地生态系统吸收（CO_2 的海水溶解和植被光合作用等），还有 1/2 的排放量被留在大气中。人为活动引起 CO_2 排放的持续增加已超出陆地及海洋等生态系统的吸收能力，扰乱全球碳循环的平衡进而影响气候系统。通过控制 CO_2 的人为排放，减少温室气体的增加，已经成为全世界各国政府和科学家的共识。

为减缓大气 CO_2 浓度的持续升高，世界各国一直致力于实施人为碳排放的减排控制措施，并在 2016 年气候变化《巴黎协定》中达成了温室气体减排计划协议。其中，我国提交了自主贡献计划，目标是在 2030 年前后单位国内生产总值的 CO_2 排放比 2005 年下降 60%~65%；CO_2 减排已经成为我国积极应对全球气候变化的国策。为评估减排控制效果并有效制定减排措施，监测全球和区域大气 CO_2 浓度的变化成为重要的基础依据之一。通过监测全球和区域大气 CO_2 浓度的变化，分析研究来自人为排放和自然排放的 CO_2（碳源）以及陆地和海洋生态系统的 CO_2 吸收（碳汇），从中探测人为排放所引起的大气 CO_2 增加。由此我们需要全球和区域大气 CO_2 浓度变化数据，为我国和世界各国制订合理有效的温室气体减排方案提供科学依据。

大气 CO_2 浓度数据的获取手段主要包括地面和卫星遥感观测。地面观测精度高，但成本高、站点少，难以覆盖全球范围。卫星遥感观测具有方法统一、覆盖范围广、时间和空间上连续观测的优势（见图 1）。随着大气 CO_2 卫星遥感观测技术的进步，卫星观测已经成为获取全球和区域大气 CO_2 浓度变化数据的主要手段之一。

目前在轨运行的大气 CO_2 观测卫星有日本温室气体观测卫星 GOSAT（The Greenhouse Gases Observing SATellite）、美国轨道碳观测 OCO-2（Orbiting Carbon Observatory 2）、中国碳卫星 TanSat（Tan Satellite）、中国风云 3 号卫星、美国 AIRS（The Atmospheric Infrared Sounder）、美国 IASA（The Infrared Atmospheric Sounding Interferometer）。其中 GOSAT 和 OCO-2 这两颗卫星已经为我们提供了大量覆盖全球范围的大气 CO_2 浓度观测数据（见图 1）。未来还将有多颗大气 CO_2 观测卫星如日本 GOSAT-2、美国 GeoCARB（Geostationary Carbon Cycle Observatory）、美国 OCO-3、美国的 ASCENDS（Active Sensing of CO_2 Emissions over Nights、Days and Seasons）等计划发射。另外，还有历史的欧洲 SCIMARCHY（Scanning Imaging Absorption SpectroMeter

---

① Gigatons Carbon，十亿吨级的碳。

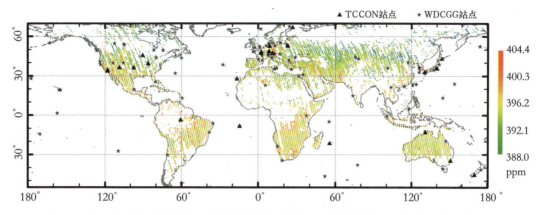

图1 全球大气 CO_2 浓度的地面观测网和卫星 OCO-2 观测获取的 2015 年 8 月大气 CO_2 观测数据的空间分布示例

说明：图中 WDCGG（The World Data Centre for Greenhouse Gases）为全球温室气体地面观测站网，TCCON（Total Column Carbon Observing Network）为大气 CO_2 柱总量观测站网。

for Atmospheric CHartographY）大气 CO_2 观测数据。中国 TanSat 是于 2010 年在"十二五"计划中被提出，2011 年 1 月正式启动，并于 2016 年 12 月发射成功。中国 TanSat 卫星的发射对应对全球气候变化、全面监测全球大气 CO_2 浓度变化、获取全球和区域大气 CO_2 浓度第一手数据具有重要的科学意义，同时体现了我国对全球气候变化的积极应对和负责任大国的担当。各卫星的相关信息见表1。

表1 全球温室气体观测卫星的相关信息

传感器 / 卫星	发射国家	发射时间（年）	空间分辨率（星下点）/千米	重返周期（天）	幅宽（千米）	在轨与否
AIRS/Aqua	美国	2002	13.5	16	1650	是
IASI/MetOp	欧洲	2006 2012	12	29	2200	是
SCIMACHY/EnviSat	欧洲	2002	30 × 60	36	960	否
TANSO-FTS/GOSAT	日本	2009	10.5	3	750	是
OCO-2	美国	2014	1.29 × 2.25	16	5.2	是
TanSat	中国	2016	2 × 2	16	20	是
GOSAT-2	日本	2018	9.7	6	920	否

本报告利用来自 SCIMARCHY、GOSAT、OCO-2 卫星观测的大气 CO_2 浓度数据，分析从 2004 年 1 月到 2016 年 3 月我国陆地区域大气 CO_2 浓度的时间和空间变化特征，并与全球陆地大气 CO_2 浓度进行比较，分析我国大气 CO_2 浓度变化在全球中的态势，对我国区域大气 CO_2 浓度变化受人为排放的影响进行了初步监测。报告在

数据分析中，首先对所使用的卫星观测数据进行了区域和时间变化异常值点的统计剔除处理；区域年均值的统计计算仅对具有 11 个月以上的月均值的年份进行计算，而月均值的计算受限于当月区域超过 3 个点才进行统计，具体统计方法见参考文献（雷莉萍等，2017）。

8.2　2004~2016年中国在全球大气CO₂浓度变化中的态势分析

8.2.1　全球大气CO₂浓度的变化

利用 SCIAMACHY、GOSAT 和 OCO-2 卫星观测获取的 2004 年 1 月至 2016 年 3 月近 13 年的大气 CO₂ 柱浓度数据，得到如图 2 所示的全球大气 CO₂ 柱浓度月均值的时序变化情况。结果显示，全球大气 CO₂ 柱浓度呈现明显的增长趋势和季节变化特征。统计卫星观测的 2004 年 1 月到 2015 年 12 月大气 CO₂ 浓度数据，全球大气 CO₂ 浓度平均年增量为 2.08 ± 0.35 ppm yr^{-1}，与世界气象组织公报（WMO）发布的 2004 年到 2015 年 12 年平均增量 2.1 ± 0.3 ppm yr^{-1} 观测结果相近。

图 3 显示了近 3 年（2014 年 3 月到 2016 年 3 月）卫星观测获取的大气 CO₂ 柱浓度中值的全球分布情况。该图为利用地统计方法对卫星观测数据进行插值处理得到每年全球大气 CO₂ 柱浓度数据后（Zeng et al.,2013; Zeng et al.,2016），进一步统计多年中值得到。结果显示，受 CO₂ 人为排放和自然生态系统的排放与吸收等多方面因素的影响，大气 CO₂ 柱浓度北半球明显高于南半球，并呈纬度带变化特征；在人为活动密集区如美国东部、欧洲、中国东部、日本西部等地区呈现比周围地区较高的浓度值，而非洲热带地区显示较高的浓度值与该区域森林草原火灾频发引起的大气 CO₂ 增加有关。

对应世界气象组织公报统计的各纬度带大气 CO₂ 浓度变化，图 4 为卫星观测获

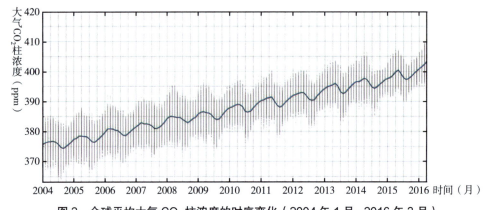

图 2　全球平均大气 CO₂ 柱浓度的时序变化（2004 年 1 月 ~2016 年 3 月）

说明：图中的灰色点为卫星观测数据，蓝色曲线为大气 CO₂ 柱浓度的全球月均值。

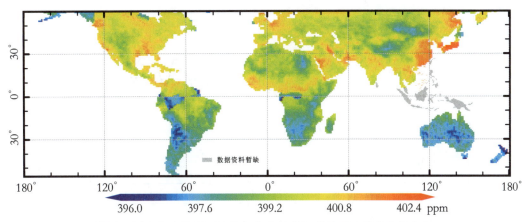

图3 近3年（2014~2016 年）大气 CO_2 柱浓度中值的空间分布

取的大气 CO_2 柱浓度沿各纬度带的月均值时序变化及其趋势的统计结果。纬度带的分析结果显示，大气 CO_2 柱浓度从北向南各纬度带均呈现相近的总体增长趋势，多年的年平均增量为 2.37 ± 0.06 ppm yr^{-1}；纬度带相近的年增量与大气环流对 CO_2 的输送作用有关。从大气 CO_2 柱浓度的季节变化看，从北向南各纬度带季节变化的幅度（去掉线性增长趋势后最大月浓度值减去最小月浓度值）呈减小趋势，分别为 6.8 ppm、5.6 ppm、1.7 ppm 和 1.0 ppm。北半球大气 CO_2 柱浓度呈现明显的季节变化，而南半球的季节变化远小于北半球，这与北半球活跃的陆地生态系统对大气 CO_2 的吸收和密集人类活动引起的大气 CO_2 增加有关。卫星监测的这些结果与世界气象组织公报发布的各纬度带地面观测月均值统计结果一致。

8.2.2 中国陆地区域大气CO_2柱浓度变化总趋势

大气中 CO_2 浓度变化是人为活动、自然排放与生态吸收等综合作用的结果（Kort et al.，2012；Hakkarainen et al.，2016；布然等，2015），但人类活动排放是导致全球大气 CO_2 浓度升高的主要原因。

利用卫星观测数据对我国全区域和人为活动密集区（京津冀和长江三角洲）的大气 CO_2 浓度变化趋势进行监测。由于卫星观测受云以及地形等影响，在人为活动密集区中，卫星观测在多云天气的南方珠江三角洲地区从 2004 年到 2016 年获取的有效数据较少，而在京津冀和长江三角洲地区多年来在各季节获取了能够满足统计分析的观测数据，由此本报告将京津冀和长江三角洲作为人为活动密集区，与中国陆地总区域与全球陆地区域大气 CO_2 柱浓度的年均变化进行对比（见图5）。监测结果显示，我国陆地区域的大气 CO_2 柱浓度值与全球大气 CO_2 柱浓度的增长趋势相似，呈逐年增长趋势；而京津冀和长江三角洲的人为活动密集区大气 CO_2 柱浓度总体高于中国陆地全区域和全球陆地区域。

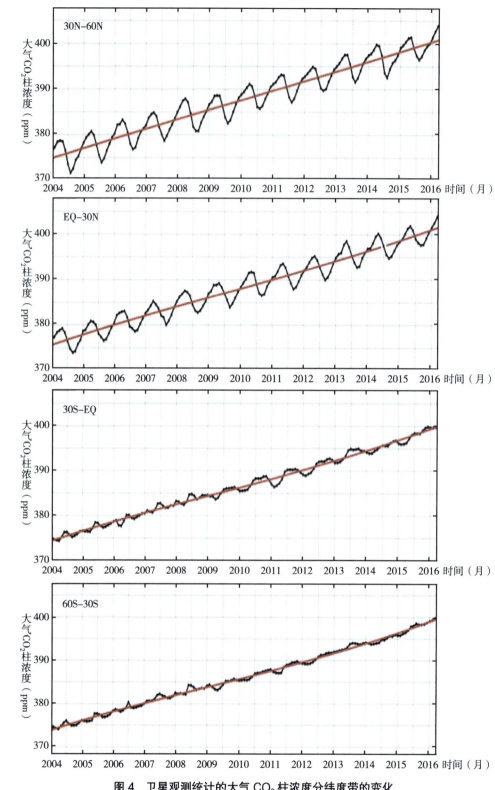

图 4　卫星观测统计的大气 CO_2 柱浓度分纬度带的变化
（月均值及其变化趋势线）

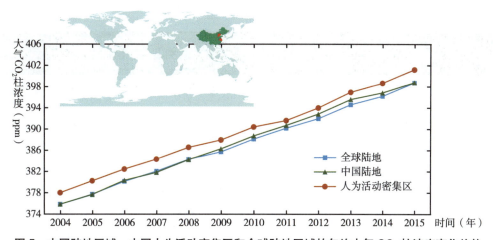

图 5 中国陆地区域、中国人为活动密集区和全球陆地区域的年均大气 CO_2 柱浓度变化趋势

图中青色、绿色和红色分别为全球、中国和人为活动密集区（覆盖京津冀和长江三角洲）的大气 CO_2 柱浓度统计区域。

统计 2004 年 1 月到 2015 年 12 月各年大气 CO_2 柱浓度的变化结果显示（见表 2），我国 2015 年大气 CO_2 柱浓度相对 2004 年增加了 23.0 ppm，11 年间的增幅为 6.1%，年均绝对增量为 2.09 ± 0.46 ppm yr^{-1}。对比全球年增量和各年之间变化量，监测结果显示，2014 年和 2015 年我国区域大气 CO_2 柱浓度的增长趋势有所减缓，2014 年相对 2013 年的绝对大气 CO_2 柱浓度增量为 1.3 ppm，2015 年相对 2014 年的绝对大气 CO_2 柱浓度增量为 1.8ppm，均低于同区域的平均年增量 2.1ppm；同时低于全球区域 2014 年增量（1.7 ppm）和 2015 年增量（2.5ppm）。这可能与近年来我国实施的有效减排措施有关。据国际能源署的估算（IEA，2015），2014 年中国区域由能源利用导致的 CO_2 排放量较 2013 年降低 1.5%。

表 2 中国陆地区域、中国人口密集区和全球大气 CO_2 柱浓度及绝对增量比较

年份	全球 (ppm)		中国 (ppm)		中国人为活动密集区 (ppm)			
	年均值	绝对增量	年均值	绝对增量	年均值	绝对增量	较全国差异	较全球差异
2004	375.8		375.7		378.0		2.3	2.1
2005	377.8	1.9	377.6	1.9	380.2	2.2	2.6	2.4
2006	380.0	2.3	380.2	2.6	382.4	2.2	2.2	2.4
2007	382.1	2.0	381.7	1.5	384.3	1.8	2.5	2.2
2008	384.3	2.2	384.2	2.5	386.6	2.4	2.4	2.3
2009	385.7	1.4	386.2	2.0	387.9	1.3	1.7	2.3
2010	388.1	2.4	388.7	2.5	390.4	2.4	1.7	2.3
2011	390.1	2.0	390.7	2.0	391.6	1.2	0.9	1.5
2012	392.0	1.9	392.8	2.1	394.0	2.4	1.2	2.0

续表

年份	全球 (ppm)		中国 (ppm)		中国人口密集区 (ppm)			
	年均值	绝对增量	年均值	绝对增量	年均值	绝对增量	较全国差异	较全球差异
2013	394.6	2.6	395.6	2.7	396.9	2.9	1.4	2.4
2014	396.2	1.7	396.9	1.3	398.7	1.8	1.8	2.5
2015	398.7	2.5	398.7	1.8	401.2	2.6	2.5	2.5
均值	387.1	2.1	387.4	2.1	389.3	2.1	1.9	2.2

进一步分析中国人为活动密集区（空间地理位置见图5）2004年1月~2015年12月的大气CO_2柱浓度变化特征，结果显示，截至2015年，中国人为活动密集区的大气CO_2柱浓度在11年间增加23.2 ppm，增幅为6.1%，年均绝对增量为2.11±0.52 ppm。由于密集的人为活动，该区域的年均增长速率高于全国和全球平均的CO_2浓度增长速率。监测结果还显示，2014年该区域的绝对大气CO_2柱浓度增量为1.8 ppm，低于年平均增量，这与全国尺度的CO_2浓度增幅减缓现象相似。进一步，月变化的监测结果显示，2014年北京APEC会议期间（11月1日至12日）京津冀区域大气CO_2柱浓度降低，反映了该期间的减排效果（雷莉萍等，2017）。表2统计的人为活动密集区大气CO_2柱浓度与全国及全球平均大气CO_2柱浓度的差异结果显示，我国人为活动密集区的大气CO_2柱浓度较全国平均浓度高出1.9±0.6 ppm，较全球平均浓度高出2.2±0.3 ppm。

8.2.3 中国区域大气CO_2柱浓度季节变化特征

对我国全区域2004~2016年大气CO_2柱浓度分月统计，其变化趋势如图6所示。我国大气CO_2柱浓度在2014年4月份突破400ppm。我国全区域大气CO_2平均柱浓度显示了"春高夏低"的季节变化趋势，大多在春季4月份达到大气CO_2柱浓度峰值，最低值出现在7月或8月，与图2所示的全球平均大气CO_2柱浓度的季节变化规律相似。上述结果反映了夏季植被生态系统的CO_2强吸收作用从而出现"夏低"；冬季生态系统吸收减弱加之人为冬季取暖排放的增加而逐渐累积大气CO_2，导致"春高"的季节变化现象。

8.3 区域大气CO_2浓度与人为排放的空间格局

政府间气候变化专门委员会第五次综合报告指出，1970~2010年，人类的化石燃料燃烧和工业过程的CO_2排放量占温室气体总排放增量的约78%（IPCC，2013）；人为排放是导致全球大气CO_2浓度升高的主要原因。

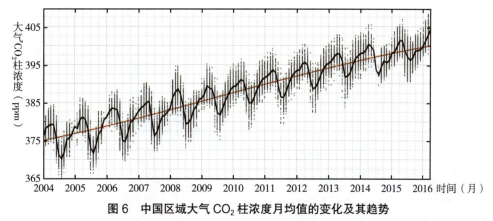

图 6　中国区域大气 CO_2 柱浓度月均值的变化及其趋势

说明：图中灰色点为卫星观测点值、黑色曲线为中国陆地区域的月均值、红色为卫星观测值的线性拟合趋势。

当前人为 CO_2 排放的统计主要以清单数据为主，如二氧化碳人为排放开源数据清单（Open-Souce Data Inventory for Anthropogenic CO_2，ODIAC）等"自下而上"的地面清单统计数据。该类数据的统计获取通常存在时间滞后的问题；而大气 CO_2 卫星遥感可以利用其获取快速的优势，监测到最新年份的大气 CO_2 浓度变化，根据该变化可以评估人为排放的状况（雷莉萍等，2017）。本报告利用 GOSAT、OCO-2卫星，对近 3 年我国区域大气 CO_2 柱浓度变化与人为排放时空格局的关系进行监测分析。

8.3.1　2014~2016年中国大气 CO_2 柱浓度

图 7 为 2014~2016 年近 3 年由 OCO-2 观测的我国大气 CO_2 柱浓度中值的空间分布情况。由图可知，我国大气 CO_2 柱浓度的高值（400.5 ppm~402.0 ppm）主要集中在华北、华东和华南经济发达的人口密集区；大气 CO_2 柱浓度的低值（397.6 ppm~398.5 ppm）主要分布在人口稀疏的内蒙古、西藏等区域。大气 CO_2 柱浓度呈"东高西低"空间分布特征，这与当地煤炭消耗等工业活动强度、大城市人口聚集区域巨大的能源消耗等因素引起的人为排放密切相关。这种空间分布特征基本与"胡焕庸线"的人口密度分布特征一致。值得注意的是，与这一整体特征不同，在基本没有人为和自然排放的西北新疆塔克拉玛干沙漠地区，卫星观测的大气 CO_2 柱浓度显示了比周边较高的结果。该地区沙漠地表亮度大，春夏季受沙尘暴的影响大气中气溶胶密度较大，高亮度地表加之高气溶胶是影响卫星反演大气 CO_2 浓度精度的主要因子。因此，在 CO_2 人为排放量较少的该区域，卫星观测的较高浓度值可能与卫星反演误差有关（Bie et al., 2017），但也可能与该区域的盆地地形集聚大气 CO_2 分子的作用有关，其真实原因有待进一步调查。

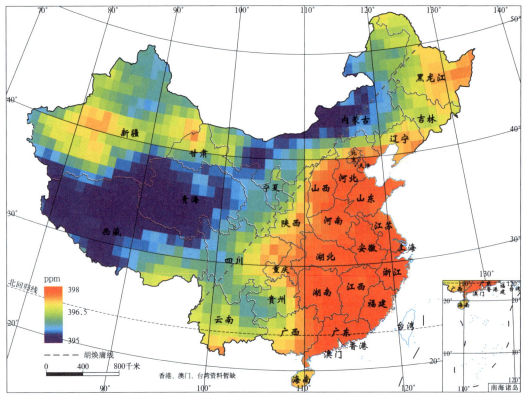

图 7　2014~2016 年 OCO-2 卫星遥感监测的中国大气 CO_2 柱浓度中值空间分布

8.3.2　中国大气CO_2柱浓度与人为排放空间格局的关系

将 2010~2015 年 GOSAT 卫星获取的大气 CO_2 柱浓度去掉季节趋势和背景浓度，得到图 8 所示的大气 CO_2 柱浓度异常值分布情况。在大气 CO_2 柱浓度异常值的计算中需要从时间上和空间上有一定数目的观测数据样本进行统计，由于西藏、新疆、四川、云南和青海部分地区的可用卫星观测数据稀少，未能得到这些地区的计算结果。

在图 8 叠加上由 CARMA（Carbon Monitoring for Action）发布的人为排放点源数据，结果显示，大气 CO_2 异常浓度值的高值区域基本与点源排放的空间分布吻合。在东北地区，主要排放点源位于东北东部区域以及辽宁沿海地区，与该地区的高大气 CO_2 柱浓度异常值吻合；在华北平原、长江中下游平原等地，点源分布密集且排放量高，与大气 CO_2 柱浓度异常值数据高值区域的空间分布基本相同。

上述分析表明，大气 CO_2 柱浓度与人为排放有一定的相关关系，下文进一步利用 ODIAC 人为排放清单数据，按省份分析大气 CO_2 柱浓度与人为排放的关系。

ODIAC 排放清单数据是目前世界各国研究人为排放的最主要数据源。它根据点

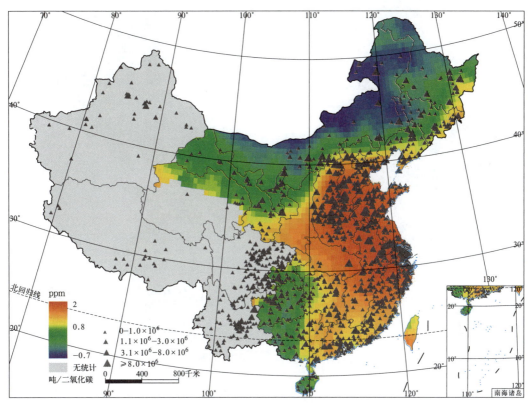

图 8 中国区域大气 CO_2 柱浓度异常值与排放点源的空间分布

源排放、非点源排放、水泥生产、天然气燃烧、国际航空和航海等统计数据，结合夜光数据空间分布特征，将全球人为排放统计数据进行自下而上的清单计算与空间再分配，得到全球 10 公里格网分布的人为排放情况；图 9 为该数据在中国区域所显示的人为排放的空间分布情况。

图 10 给出了我国区域大气 CO_2 柱浓度年均值和 ODIAC 人为排放年均值的变化趋势。图 10 结果显示，全国区域所有省份大气 CO_2 柱浓度年均值平均每年以约 2 ppm 的增量升高，然而年升高的趋势 2013 年后开始减缓；对应 ODIAC 的人为排放数据增长率也从 2013 年开始有明显的平缓变化趋势。这说明大气 CO_2 柱浓度的变化与 ODIAC 人为排放有密切的对应关系，表明我们可以从大气 CO_2 柱浓度的变化趋势来评估 CO_2 人为排放的变化。

进一步考虑各省份区域面积的不同，图 11 为将各省份范围内卫星观测的大气 CO_2 柱浓度进行单位面积换算后，与 ODIAC 对应省份的排放量的比较情况。结果显示，上海、天津和北京的单位面积内大气 CO_2 柱浓度与强人为排放对应，远远高于其他省份，揭示了这些区域人为排放对大气 CO_2 浓度的影响。而人为排放呈现次

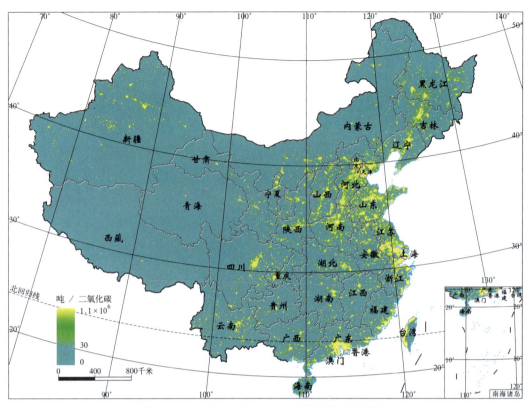

图 9　2010~2015 年 OIDCA 人为排放空间分布

图 10　中国区域大气 CO_2 柱浓度年均值和 ODIAC 人为排放年均值变化趋势

于这 3 城市区的江苏、浙江、山东、河北区域的单位面积大气 CO_2 柱浓度并没有明显地与人为排放对应呈现较高值的关系，这与这些区域的植被 CO_2 吸收有关。期待将来的监测进一步深入考虑植被生态系统的碳吸收，对我国各省份大气 CO_2 柱浓度与 ODIAC 人为排放关系进行详尽的监测分析。

图 11　各省份单位面积大气 CO_2 柱浓度与 ODIAC 人为排放情况

8.4　总结与展望

综合以上大气 CO_2 卫星遥感监测结果，我国区域的大气 CO_2 浓度呈现与全球同样的趋势，每年以约 2ppm 的增量升高；同时在人为活动密集的京津冀和长江三角洲地区显示了高于全国平均水平的变化趋势。伴随我国经济的高速发展，化石燃料燃烧、水泥生产等人为活动排放的增加导致该区域大气 CO_2 浓度的相应升高。

与此同时，大气 CO_2 卫星遥感观测也监测到近 3 年来全国区域大气 CO_2 柱浓度的增加呈减缓趋势，显示了近几年国家减排措施实施的效果，表明大气 CO_2 卫星遥感观测能够从大气 CO_2 浓度的变化来监测减排实施效果。随着将来我国 TanSat 观测数据的进一步利用，以及未来各国计划的多颗大气 CO_2 观测卫星的发射，大气 CO_2 卫星遥感观测将在监测减排实施效果和辅助减排计划制定中发挥更大的作用。

参考文献

Bie N., Lei L. P., Zeng Z. C., Cai B. F. et al. Regional Uncertainty of GOSAT XCO2 Retrievals in China: Quantification and Attribution, Atmospheric Measurement Techniques in Discussion, https://doi.org/10.5194/amt−2017−237, 2017.

Bu R., Lei L. P., Guo L. J., et al. "Temporal and Spatial Potential Application of Satellite Remote Sensing of Atmospheric CO2 Concentration" (in Chinese). *J Remot Sens*, 2015, 19(1).

Dlugokencky, E. and Tans, P. Trends in Atmospheric Carbon Dioxide, National Oceanic &

Atmospheric Administration, Earth System Research Laboratory (NOAA/ESRL), available at: http://www. esrl.noaa.gov/gmd/ccgg/trends/global.html, last access: 23 September 2017.

Hakkarainen J., Ialongo I., Tamminen J. Direct Space–Based Observations of Anthropogenic CO_2 Emission Areas from OCO–2. Geophys Res Lett, 2016,43.

IEA. World Energy Outlook Special Report, Energy and Climate Change. Paris, OECD/IEA, 2015.

Kort E. A., Frankenberg C., Miller C. E., et al. "Space–Based Observations of Megacity Carbon Dioxide". *Geophys Res Lett*, 2012, 39(17).

Le Quéré C., Andrew R. M., Canadell J. G., et al. "Global Carbon Budget 2016". *Earth System Science Data*, 2016, 8.

Lei L. P., Zhong H., He Z. H., et al. Assessment of Atmospheric CO_2 Concentration Enhancement from Anthropogenic Emissions Based on Satellite Observations (in Chinese). Chin Sci Bull, 2017, doi: 10.1360/N972016–01316.

Stocker, T., Qin D., Plattner G., et al. "Climate Change 2013: The Physical Science Basis". *Contribution of Working Group I to the Fifth Assessment Report of the Intergovernmental Panel on Climate Change* (IPCC). Cambridge: Cambridge University Press, 2013.

World Meteorological Organization (WMO). The State of Greenhouse Gases in the Atmosphere Based on Global Observations through 2015. In WMO Greenhouse Gas Bulletin; Atmospheric Environment Research Division: Geneva, Switzerland, 2016; Volume 11.

Zeng Z. C., Lei L. P., Guo L. J., et al. Incorporating Temporal Variability to Improve Geostatistical Analysis of Satellite–Observed CO_2 in China. Chin Sci Bull, 2013, 58(16).

Zeng Z. C., Lei L. P., Strong K., et al. "Global land Mapping of Satellite–Observed CO_2 Total Columns Using Spatio–Temporal Geostatistics". *INT J DIGIT EARTH*, 2016, 10(4).

布然、雷莉萍、郭丽洁等：《大气CO_2浓度时空变化卫星遥感监测的应用潜力分析》，《遥感学报》2015年第19期。

雷莉萍、钟惠、贺忠华等：《人为排放所引起大气CO_2浓度变化的卫星遥感观测评估》，《科学通报》2017年第25期。

中国耕地产粮的资源消耗与环境影响

利用有限的耕地资源，满足人们日益增长的食物需求，并最大限度地降低其对生态环境的不利影响，是当前人类所面临的巨大挑战。2010 年联合国相关数据显示，我国拥有全球 19% 的人口，却只占 8% 的可耕地资源和 5% 的可利用淡水资源[①]，保障我国长远的粮食安全问题显得尤为严峻。

近年来，虽然我国粮食产量实现了"十二连增"，但同时面临消费升级带来的粮食需求急剧增长、水土资源紧缺、粮食生产生态环境代价巨大等一系列问题。1980 年以来，我国耕地有效灌溉面积增加了 47%[②]，其中，近一半位于我国华北平原、西北地区等缺水粮食产区。同期，我国化肥施用量增加了近 5 倍。第一次全国污染普查显示，全国农业源总氮、总磷占全国总排放量的 57% 和 67%。耕地利用所产生的温室气体排放虽然只占我国温室气体总排放量的约 5%，却占全球耕地利用温室气体排放量的近五分之一[③]，受到国际社会关注。

为实现我国长远粮食安全，"中央 1 号"文件自 2014 年提出"建立农业可持续发展长效机制"以来，连续 4 年强调农业可持续发展，并提出"深入推进化肥农药零增长行动"，以及"大规模实施农业节水工程"等具体目标。中共中央关于"十三五"的规划建议将"生态环境总体改善"作为主要目标之一，同时提出"坚持最严格的耕地保护制度，坚守耕地红线，实施藏粮于地、藏粮于技战略，提高粮食产能，确保谷物基本自给、口粮绝对安全"。如何提高耕地产粮的资源利用效率，在增加粮食产量的同时，最大限度地减少资源消耗与环境影响，已成为当前我国农业发展的必然需求，也是保障我国长远粮食安全的关键所在。

针对以上问题，选择占我国播种面积 76%、产量 87% 的 14 种主要作物，对其产量及其资源消耗和环境影响开展研究，希望摸清 1987 年至 2010 年（包括 1987 年、2000 年和 2010 年三个时期）耕地产粮资源消耗和环境影响的时间变化特征和

---

① FAOStat. FAOSTAT Online Statistical Service Food and Agriculture Organization, 2017.
② 国家数据（网上数据库），国家统计局，获取时间：2017–05–10。
③ Carlson K. M., et al. (2016) "Greenhouse Gas Emissions Intensity of Global Croplands". *Nature Climate Change* 7(1):63–68.

区域分异状况，探究农田管理措施和土地利用变化对耕地产粮及其资源消耗和环境影响变化的贡献，发现当前我国耕地产粮中存在的主要资源环境问题，提出相应的解决对策，为制定我国农业可持续发展策略提供科学依据。

9.1 中国耕地产粮的资源消耗

水、土地、化肥是作物生长的主要资源需求要素。结合遥感监测数据、气象物候数据、统计数据、文献信息等，采用空间分配、统计分析、计量经济模型等方法，对 1987 年、2000 年和 2010 年耕地产粮总量、水资源消耗量、土地资源消耗量和化肥消耗量进行计算和提取。其中，土地资源消耗量采用 Landsat TM 遥感影像通过目视解译获取，即全国 1∶10 万土地利用数据库中耕地分布数据。耕地产粮总量及其空间分布采用各年度县级或省级作物面积和产量统计数据基于耕地面积分布进行空间分配获得，并采用基于 MODIS NDVI 250 米长时间序列和随机边界分析模型获取的耕地复种潜力对统计数据和遥感数据的不一致性进行修补。水资源消耗量的获取首先采用全球作物用水模型获得的不同作物单位面积灌溉需水量，再结合各年度我国县级灌溉面积得到各作物灌溉耗水总量，并基于遥感获取的耕地面积进行空间分配获取其空间分布信息。化肥消耗量采用各年度县级氮、磷肥施用总量，结合文献记录的不同区域不同作物单位面积施肥量计算获得不同作物氮、磷消耗总量，并基于遥感监测的耕地面积分布进行空间分配获取各作物氮、磷肥施用的空间分布信息。

2010 年，以提供的热量计，我国耕地粮食（14 种主要作物）总产量为 1.94×10^{18} 卡路里。我国 9 个农业区中，黄淮海区、长江中下游区和东北区产量位列前三位，共占全国总产量的 68.48%。1987 年至 2010 年，耕地产粮总量增加了 65.79%。产量增加主要集中在黄淮海区和东北区，占全国增加总量的 60.79%。增幅最大的为甘新区、东北区和内蒙古区 3 个北方农业区，增幅均超过 100%（见表 1）。粮食产量的增加，对我国水、土地、化肥等资源造成了巨大的压力，并产生了相当程度的环境影响。

9.1.1 灌溉用水总量持续增加，但用水效率不断提升

2010 年，我国年灌溉用水量（14 种主要作物）为 9.51×10^{10} 立方米。降水资源较为贫乏或水田集中分布的黄淮海区、长江中下游区和甘新区是我国主要灌区，集中了 63.22% 的灌溉用水量（见表 1）。1987 年至 2010 年，我国年灌溉用水量增

表1 我国9个农业区耕地产粮、资源消耗及环境影响对比

指标	农业区*	产量	灌溉用水	用地	氮肥施用	磷肥施用	氮肥过施	磷肥过施	温室气体排放
2010年占全国比例(%)	东北	19.45	11.08	19.22	12.27	15.51	9.80	15.32	11.71
	内蒙古	4.19	6.55	9.22	4.46	4.32	5.14	4.58	1.58
	黄淮	27.45	31.68	16.39	31.74	33.97	32.44	33.65	13.13
	黄土	5.70	6.06	9.06	6.68	7.23	6.86	7.12	1.63
	长江	21.57	18.96	17.40	21.31	18.74	20.58	18.65	43.28
	西南	12.37	7.35	16.20	12.96	10.55	14.10	10.93	16.22
	华南	4.72	5.39	5.03	5.16	4.65	6.25	5.20	10.43
	甘新	4.22	12.59	6.29	5.20	4.79	4.61	4.32	1.85
	青藏	0.32	0.34	1.19	0.23	0.23	0.21	0.23	0.16
1987~2010年变化量*	东北	2.27	7.62	2.73	1.17	1.12	5.45	1.02	2.17
	内蒙古	0.46	3.75	0.69	0.58	0.37	4.94	0.37	0.59
	黄淮	2.40	2.77	−0.86	2.35	2.14	15.07	1.94	2.66
	黄土	0.45	−0.11	−0.28	0.54	0.48	4.13	0.45	0.24
	长江	0.76	−2.96	−1.22	0.21	0.77	−0.13	0.70	2.91
	西南	0.66	0.18	−0.42	0.75	0.55	5.84	0.51	3.02
	华南	0.16	−1.70	−0.42	−0.12	0.10	−1.67	0.07	0.25
	甘新	0.50	4.33	1.64	0.63	0.35	4.02	0.29	0.41
	青藏	0.02	−0.01	0.01	0.02	0.01	0.05	0.01	0.02
1987~2010年变化率(%)	东北	151.47	259.96	11.17	116.34	245.23	84.45	281.70	239.76
	内蒙古	133.37	151.19	5.62	270.24	547.74	378.83	743.79	533.64
	黄淮	82.45	10.12	−3.59	71.42	164.61	61.96	175.11	128.85
	黄土	68.81	−1.79	−2.16	84.17	184.35	98.44	230.94	115.16
	长江	22.31	−14.09	−4.72	5.84	67.59	−0.53	69.98	22.82
	西南	37.88	2.65	−1.79	48.15	106.40	51.82	106.20	66.79
	华南	20.85	−24.94	−5.58	−11.17	26.00	−18.02	18.39	7.30
	甘新	157.39	56.60	22.55	212.01	251.82	252.91	290.37	277.88
	青藏	52.63	−3.97	0.35	65.89	157.98	24.01	125.89	60.14

*农业区全称：东北：东北区；内蒙古：内蒙古及长城沿线区；黄淮：黄淮海区；黄土：黄土高原区；长江：长江中下游区；西南：西南区；华南：华南区；甘新：甘新区；青藏：青藏区。

单位说明：产量：10^{17}卡路里；用地：10^4平方千米；灌溉用水：10^9立方米；氮肥施用：10^9千克；磷肥施用：10^9千克；氮肥过施：10^8千克；磷肥过施：10^9千克；温室气体排放：10^7吨 CO_2 当量。

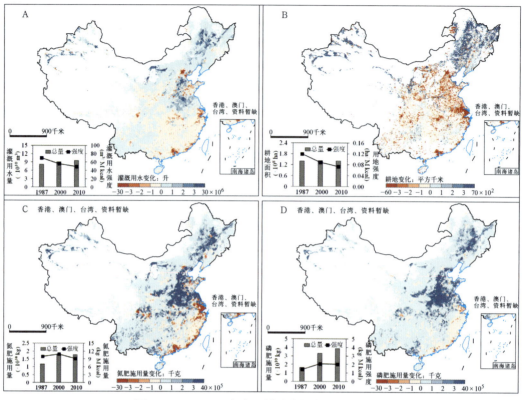

图1　1987~2010年中国耕地产粮资源消耗变化

说明：A：灌溉用水；B：耕地面积；C：氮肥施用；D：磷肥施用。

加了17.06%（见图1A）；但年均增幅有放缓趋势，1987年至2000年较2000年至2010年高，两者分别为0.83%和0.62%。水资源相对紧缺的北方地区灌溉用水量大幅增加。东北区、甘新区、内蒙古及长城沿线区以及黄淮海平原区灌溉用水增量分别占用水增加农业区总的40.58%、23.21%、20.11%和14.86%。这4个区中，东北区和内蒙古及长城沿线区增幅超过100%，分别达到259.96%和151.19%。水资源丰富的长江中下游区和华南区是灌溉用水减少的主要区域，减幅分别为14.09%和24.94%。

1987年至2010年，全国灌溉用水效率有所提高。平均灌溉用水强度（即单位产量消耗的灌溉水量，后称"用水强度"）从1987年的112.36立方米/亿卡路里降至2010年的79.04立方米/亿卡路里，降幅为29.65%。全国92%的耕地面积呈现用水强度减小的态势。2010年，全国有48%的耕地用水强度高于全国平均水平，包括降水稀缺且水资源紧缺的黄淮海平原北部和甘新区大部。这些地区虽然用水强度有所降低，但仍然高于全国均值（见图2）。

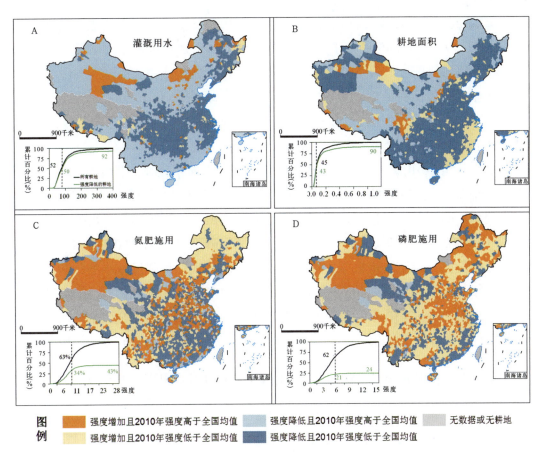

图2 1987~2010年中国耕地产粮资源消耗强度变化

说明：A：灌溉用水；B：耕地面积；C：氮肥施用；D：磷肥施用。

9.1.2 耕地面积先增后减，用地效率持续提升

2010年，我国耕地面积为1.42×10^6平方千米。东北区、长江中下游区、黄淮海区和西南区集中了我国69.21%的耕地，各区用地占全国比例相差不大，在16.20%~19.22%（见表1）。1987年至2010年，我国耕地面积增加了1.29%，约为1.82×10^4平方千米（见图1B）。然而，耕地面积并非一直在增加；2000年之前，耕地面积呈现增加趋势，增幅为2.02%；此后，耕地面积小幅减少，减幅为0.71%。虽然耕地面积净变化不大，但整个监测期间发生耕地新增或流失的区域占整个耕地面积的9.75%。由于不同区域耕地产粮的资源消耗以及环境影响差异显著，这种耕地在区域上的转移，将对我国资源环境产生巨大影响。

新增耕地主要分布在我国复种指数较低的北方地区，而耕地流失主要发生在华北及南方地区，特别是长江三角洲、珠江三角洲和京津冀等经济发展水平相对

较高、城市扩展较为剧烈的区域（见图1B）。9个农业区中，东北区耕地面积增加量最大，为 2.73×10^4 平方千米，增幅为 11.17%；甘新区的增加幅度最大，为 22.55%，增加面积为 1.64×10^4 平方千米（见表1）。耕地流失的农业区中，长江中下游区流失耕地面积最多，为 1.22×10^4 平方千米，减幅为 4.72%；华南区减少幅度最大，为 5.58%，约流失 0.42×10^4 平方千米耕地。区域耕地面积的变化对区域粮食自给以及省际粮食调运将产生重要影响。

1987 年至 2010 年，尽管城市周边的优质耕地大面积流失，新增的耕地多位于水热条件相对较差的北方地区，农田管理措施的改进使得我国粮食生产的整体土地使用效率不断提升。土地资源消耗强度（即单位产量的用地面积，后称"用地强度"）从 1987 年的 1.19×10^{-3} 平方千米 / 亿卡路里降至 2010 年的 0.73×10^{-3} 平方千米 / 亿卡路里，降幅为 38.66%。我国 90% 的耕地呈现用地强度减小的趋势。用地强度增加仅出现在我国复种指数不断降低的东南沿海地区以及耕地较为破碎的西南地区（见图2B）。2010 年，我国 55% 的耕地产粮用地强度高于全国平均水平，主要集中在内蒙古及长城沿线区、甘新区东部、青藏区等水热条件较差的区域。

9.1.3　化肥消耗大幅增加，利用效率2000年后出现提升势头

2010 年，我国耕地产粮氮肥和磷肥消耗量分别为 1.78×10^{10} 千克和 3.88×10^9 千克。黄淮海区虽仅占我国耕地面积的 16.39%，却消耗了我国三分之一左右的氮肥和磷肥，居 9 个农业区首位（见表1）。长江中下游区、东北区和西南区是次于黄淮海区的化肥消耗区，3 区氮肥和磷肥施用总量分别占全国的 46.53% 和 44.81%。

1987 年至 2010 年，我国氮肥和磷肥施用量不断增加（图1C、D）。氮肥施用增加量为 6.13×10^9 千克，增幅为 52.65%；其中，1987 年至 2000 年集中了 96.05% 的增幅。磷肥施用增量为 2.25×10^9 千克，增幅达 138.22%；1987 年至 2000 年同样集中了大部分增幅，为 74.35%。这表明，我国化肥施用激增现象在 2000 年之后有所缓解。

整个监测期内，氮肥施用量的减少仅出现在华南区，减少了 1.2×10^8 千克，只相当于其他农业区增加量的 1.85%。其余 8 个农业产区中，增量最大的是黄淮海区，增加了 2.35×10^9 千克，相当于全国净增量的 38%。内蒙古及长城沿线区、甘新区以及东北区 3 个北方农业区增幅最大，分别为 270.24%、212.01% 和 116.34%。

磷肥施用量的减少主要出现在东南沿海地区，但范围和总量都相对氮肥减少要小（见图1D）。监测期间，9 个农业产区均呈现磷肥施用增加趋势。黄淮海区仍是增量最大的产区，增加了 2.14×10^9 千克，为全国增量的 36.42%。增幅排在前三位

的依然是内蒙古及长城沿线区、甘新区、东北区，其增幅远大于氮肥增幅，分别为547.74%、251.82% 和 245.23%。

1987 年至 2010 年，氮肥和磷肥消耗强度（即单位产量化肥消耗量，后称"氮肥强度"和"磷肥强度"）均呈现先增加后减小态势（见图 1C、D）。氮肥强度在 2000 年之后的减小量超过了此前的增加量，从整个时段来看，从 9.97 千克 / 亿卡路里降至 9.18 千克 / 亿卡路里，降低了 7.93%。磷肥强度在 2000 年之后的降幅非常小，从整个时段来看，从 3.64 千克 / 亿卡路里升至 5.23 千克 / 亿卡路里，增幅达43.68%。全国有 43% 的耕地呈现氮肥强度降低现象，仅有 24% 的耕地呈现磷肥强度降低的态势。2010 年，我国氮肥和磷肥施用高强度区，即化肥利用效率低下区，主要集中在甘新区、黄淮海区西部以及黄土高原区东部（见图 2C、D）。磷肥高强度区相比氮肥范围要广，在内蒙古及长城沿线区和东北区也有分布。

9.2 中国耕地产粮的环境影响

耕地产粮消耗水、土地、化肥等资源的同时，形成了大范围的农业面源污染并排放了可观的温室气体，对水环境和大气环境产生了严重的负面影响。第一次全国污染普查显示，农业面源污染是我国水体污染的主要来源，而氮肥、磷肥过施是农业面源污染的重要组成部分。此外，我国一半以上的农业温室气体排放来源于肥料使用产生的 N_2O 排放和水稻甲烷排放。

基于我国耕地产粮资源消耗结果，采用物质平衡模型，计算作物生长过程中化肥和有机肥的氮、磷投入与作物产出所带走的氮、磷之间的差值。如果差值为正，则化肥过施，如果为负则化肥亏缺。通过获取耕地产粮过程中的氮和磷过施量，实现耕地产粮对水环境潜在影响的评估。温室气体排放量的估算包括作物生产过程中温室气体的主要来源：水稻甲烷排放量和氮肥施用导致的 N_2O 排放量的计算。水稻甲烷排放采用稻田甲烷排放模型（CH4MOD）[1] 进行估算；工业氮肥及有机氮肥施用产生的 N_2O 排放则采用非线性统计模型［NLNRR，nonlinear（NL）nitrogeneffect（N）randomintercept（R）randomeffect（R）model］[2] 进行估算，最终实现耕地产粮对大气环境影响的评估。

[1] Zhang W., et al. "Modeling Methane Emissions from Irrigated Rice Cultivation in China from 1960 to 2050". *Global Change Biology*, 2011, 17(12):3511–3523.

[2] Gerber J. S., et al. "Spatially Explicit Estimates of N₂O Emissions from Croplands Suggest Climate Mitigation Opportunities from Improved Fertilizer Management". *Global Change Biology*, 2016, 22(10):3383–3394.

9.2.1 农业面源污染潜在威胁加大，但2000年后强度呈减小趋势

化肥施用过程中产生的过量氮和过量磷是农田面源污染的主要来源，对我国水环境产生了巨大的影响。2010 年，我国耕地产粮过程中产生的过量氮和过量磷分别为 1.21×10^{10} 千克和 2.83×10^{9} 千克（见图 3A、B）。黄淮海区是我国最大的过量氮和过量磷产生区，分别占全国总量的 32.44% 和 33.65%（见表 1）。长江中下游区、东北区和西南区是次于黄淮海区的过量氮和过量磷产生区，3 区过量氮和过量磷总量约占全国的 44.49% 和 44.90%。东北区过量磷施用问题较过量氮严重，前者占全国的比例为 15.32%，而后者仅为 9.80%。与此相反，长江中下游区和西南区的过量氮施用占全国比例为 20.58% 和 14.10%，较过量磷问题更为严重，后者占全国比例为 18.65% 和 10.93%。

1987 年至 2010 年，氮肥过施量呈现先增后减但总体增加的趋势；磷肥过施量却持续增加（见图 3A、B）。氮肥过施量总体增加了 3.77×10^{9} 千克，增幅为 45.02%。磷肥过施量增加了 1.75×10^{9} 千克，增幅达 161.63%；其中，1987 年至

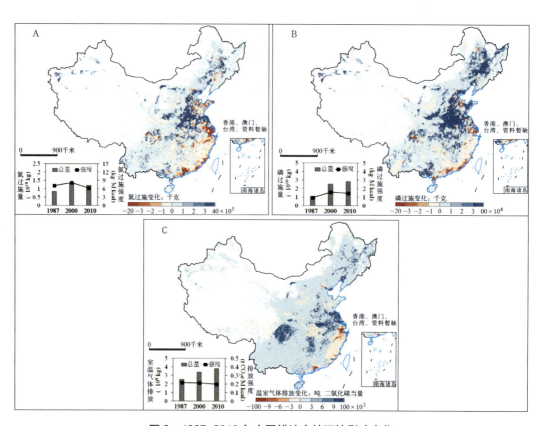

图 3　1987~2010 年中国耕地产粮环境影响变化

说明：A：过量氮；B：过量磷；C：温室气体排放。

2000 年集中了 83.42% 的磷肥过施增量，说明磷肥过施增加的现象在 2000 年之后有所缓解。

监测期间，过量氮和过量磷在我国大部分地区都呈现增加态势，只有东南沿海地区出现减少（见图 3A、B），主要是由于这一区域耕地面积减少或作物播种面积减少。9 个农业区中，华南区和长江中下游区出现过量氮减少现象，减少幅度分别为 18.02% 和 0.53%；总减少量仅相当于其余农业区过量氮增加总量的 4.56%（见表 1）。黄淮海区的过量氮居全国首位，为 1.51×10^9 千克，占全国增量的比例达到 38.15%。从增幅来看，1987 年至 2010 年，过量氮在内蒙古及长城沿线区和甘新区的增幅均超过了 100%，分别达到 378.83% 和 252.91%。过量磷在所有 9 个农业区均增加，且增幅较过量氮大。除长江中下游区和华南区外，其余 7 个农业区的增幅均超过 100%；其中，内蒙古及长城沿线区增幅达到 743.79%。黄淮海区的过量磷居全国首位，为 1.94×10^9 千克，占全国增量的 36.18%。

1987 年至 2010 年，过量氮和过量磷强度（即单位产量的氮和磷过施量）均呈现先增加后减小态势（见图 4A、B）。过量氮强度在 2000 年之后的减小量超过了

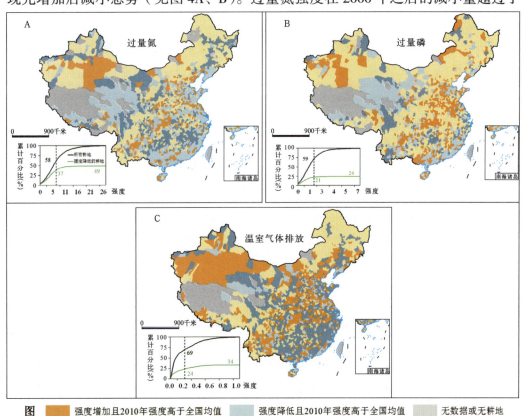

图 4   1987~2010 年中国耕地产粮环境影响强度变化

说明：A：过量氮；B：过量磷；C：温室气体排放。

之前的增加量，从整个时段来看，从 7.17 千克 / 亿卡路里降至 6.27 千克 / 亿卡路里，降幅为 12.55%。过量磷强度在 2000 年之后的降幅非常小，整个时段从 0.93 千克 / 亿卡路里升至 1.46 千克 / 亿卡路里，增加了 56.99%。全国有 49% 的耕地呈现氮肥过施强度降低的现象，仅有 24% 的耕地呈现磷肥过施强度降低态势。2010 年，全国过量氮和过量磷高强度区（强度高于全国平均水平）分别占全国耕地面积的 42% 和 41%（见图 4A、B），主要集中在华北平原、东南沿海地区和华南区等农业主产区或经济较为发达的地区。

9.2.2　温室气体排放总量不断增加，但强度持续降低

2010 年，我国耕地产粮过程中的温室气体排放量为 3.80×10^8 吨二氧化碳当量；其中，77.15% 来自水稻甲烷排放。长江中下游区温室气体排放量居全国首位，占总排放量的 43.28%。西南区、黄淮海区、东北区和华南区 4 区排放水平相当，占全国比例在 10.43%~16.22%，总和占全国的 51.50%。占全国排放量 94.78% 的这 5 个农业区中，除黄淮海区的温室气体有 55.97% 来源于肥料施用外，其余均以水稻甲烷排放为主。

1987 年至 2010 年，耕地产粮过程中的温室气体排放量持续增加，增幅为 50.26%（见图 4C）；其中，水稻甲烷排放增加占总增量的 75.02%。温室气体年均增幅在后十年有所放缓，2000 年前后两时段年均增幅分别为 5.01% 和 3.49%。监测期间，除东南沿海地区，特别是长江三角洲和珠江三角洲 2 个城市聚集区，耕地产粮的温室气体排放量有所减少外，我国大部分耕地区温室气体排放量呈现增加态势（见图 3C）。9 个农业区中，西南区、长江中下游区和黄淮海区增加量最大，分别为全国总增量的 24.60%、23.67% 和 21.69%；前两者增幅主要来源于水稻甲烷排放量的增加（85.90% 和 96.98%），后者则有 55.89% 的增量来源于肥料施用所产生的 N_2O 排放。内蒙古及长城沿线区、甘新区和东北区增幅最大，分别达到 533.64%、277.88% 和 239.76%；其中，甘新区的增量主要来源于氮肥施用，占增量的 77.10%。

1987 年至 2010 年，耕地产粮温室气体排放强度（即单位产量温室气体排放量，后称"排放强度"）持续降低，从 1987 年的 0.22 吨二氧化碳当量 / 亿卡路里降至 0.20 吨二氧化碳当量 / 亿卡路里，降幅为 9.1%。但是，全国 66% 的耕地面积呈现排放强度增加态势，主要出现在甘新区、东北区、华南区、黄淮海区西部和西南区北部（见图 5C）。排放强度增加的区域，除东北区之外，其余地区 2010 年排放强度均高于全国平均水平，是治理中需要特别关注的区域。

9.3 原因分析与对策建议

农田管理措施的强化和土地利用变化，是影响我国粮食产量的两大主要因素，也是我国耕地产粮资源消耗及环境影响变化的直接驱动因素。农田管理中通过水利设施建设、化肥农药的投入等来增加粮食产量，进而直接改变耕地产粮的资源投入以及所产生的环境影响。土地利用变化一方面通过改变耕地面积，使得粮食产量及其对应的资源消耗和环境影响总量发生变化；另一方面通过改变耕地空间格局发生作用。由于新增耕地和流失耕地发生在不同的区域，而这些不同区域自然禀赋的差异往往导致其产粮的资源消耗强度和环境影响强度差别显著。通过这种耕地分布的转移，土地利用变化将对我国耕地产粮的资源消耗和环境产生重要影响。

将农田管理措施和土地利用变化的贡献进行区分，能够帮助理解资源消耗和环境影响变化的原因，进而有的放矢地提出耕地可持续化利用策略。由于化肥施用和其过施情况的总体趋势类似，以下分析将聚焦于灌溉用水、用地、过量氮、过量磷和温室气体排放 5 个指标。

9.3.1 农田管理措施主导变化，但土地利用变化贡献逐渐增强

1987 年至 2010 年，我国耕地产粮总量以及所消耗的资源和产生的环境影响均呈现增加趋势。从全国尺度来看，这些增量大部分都归因于农田管理的强化。土地利用变化对全国的整体贡献虽然不大，但存在较大的区域差异，并呈现随时间增强的趋势（见表 2、图 5），对部分区域耕地产粮及其资源环境造成了巨大影响。

表 2　1987~2010 年农田管理与土地利用变化对耕地产粮资源消耗和环境影响变化的作用

驱动因素	产量 (%)	灌溉用水（%）	过量氮（%）	过量磷（%）	温室气体排放（%）
农田管理	66.02	15.90	46.79	163.47	56.73
耕地新增	6.36	6.52	4.47	9.07	5.40
耕地流失	−6.92	−5.55	−6.78	−11.04	−7.81
耕地净作用	0.56	0.96	−2.32	−1.97	−2.41

（1）农田管理措施强化使粮食产量大幅增加，但土地利用变化削弱其增幅

监测期间，农田管理措施的强化使得粮食产量增加了 66.02%。土地利用变化虽然使得耕地面积增加了 1.29%，但新增耕地用地强度较流失耕地高 46.67%（见表3）；因此，土地利用变化最终使得我国粮食产量减少 0.56%，抵消了小部分农田管理产生的产量增加（见表 2）。

尽管土地利用变化对全国粮食总产量影响较小，但对不同区域的作用差异较大。在东北区、内蒙古及长城沿线区和甘新区 3 个北方农业区，土地利用变化使其产量增加。东北区的土地利用变化贡献量最大，占 3 区增量的近一半；甘新区的贡献率最大，整个监测期间为 14.76%，且贡献率从 2000 年之前的 7.86% 增至之后的 20.93%，增加近 2 倍。长江中下游区受土地利用变化所导致的粮食减产量最大，在整个监测期间土地利用变化抵消了因农田管理措施强化产生 18.37% 的粮食增产，而这一比例从 2000 年之前的 9.50% 升至之后的 32.22%，提高了 2 倍多。华南区是土地利用变化导致粮食减产贡献率最大的区，虽然整个监测期间粮食产量增加，但是土地利用变化抵消了其 25.96% 的增量；而在 2000 年至 2010 年，华南区粮食减产，土地利用变化的贡献率高达 69.27%。总的来说，土地利用变化是造成我国耕地产粮空间格局改变的主要原因，也是目前我国"北粮南运"现象的重要推手。

（2）土地利用变化加剧了西北干旱半干旱区水资源紧缺问题，农田管理措施增加了农业面源污染对水环境的潜在压力

从灌溉用水增量来看，1987 年至 2010 年全国 17.06% 的增幅中，15.90% 来源于现有耕地中灌溉面积增加产生的用水增加，6.52% 来自新增耕地中的灌溉用水，耕地流失导致的用水减少抵消了 5.55% 的增幅。总体来说，土地利用变化使得灌溉用水量增加了 0.96%（见表 2）。

表 3　1987 年至 2010 年不同时期耕地不变区、耕地流失、新增耕地平均资源消耗强度和环境影响强度对比

时期	类型	用地	灌溉用水	过量氮	过量磷	温室气体排放
1987~2000 年	原有	0.09	87.54	8.26	1.59	0.21
	新增	0.16	135.72	5.06	0.97	0.27
	流失	0.08	93.44	9.65	1.77	0.21
2000~2010 年	原有	0.07	78.02	6.26	1.46	0.19
	新增	0.11	153.95	5.67	1.33	0.13
	流失	0.08	77.36	6.93	1.43	0.25
1987~2010 年	原有	0.07	77.50	6.30	1.47	0.19
	新增	0.11	127.45	5.03	1.32	0.17
	流失	0.08	80.77	7.01	1.47	0.23

单位：用地，10^{-2} 平方千米 / 亿卡路里；灌溉用水：立方米 / 亿卡路里；过量氮：千克 / 亿卡路里；过量磷：千克 / 亿卡路里；温室气体排放：吨 CO_2 当量 / 亿卡路里。

虽然土地利用变化对我国灌溉用水总量增加的贡献率微小，但对部分区域水资源造成了巨大的压力。2000 年至 2010 年，新增耕地多位于水资源紧缺的甘新区，

而流失耕地则主要位于水资源丰富的长江中下游区和华南区。新增耕地用水强度远远高于流失的耕地，前者相当于后者的 1.92 倍（见表 3）。1987 年至 2010 年，作为我国灌溉用水第二大增量区，甘新区有 45.92% 的灌溉用水增量源于土地利用变化，即耕地面积的增加。这一贡献率随时间增加，2000 年至 2010 年高达 83.53%，相当于 2000 年之前的 4.45 倍（见图 5）。这表明，土地利用变化不仅加剧了我国西北地区水资源紧缺的压力，而且这种作用在加强。

过量氮和过量磷增加的主要来源依然是农田管理措施的强化，即化肥投入增加，分别产生了 46.79% 和 163.47% 的增幅。土地利用变化则在一定程度上抵消了这一增幅，抵消量分别为 2.32% 和 1.97%（见表 2）。这主要是因为在经济发达地区流失的耕地中，单位面积化肥施用量远高于东北、西北等欠发达地区的新增耕地，从而造成前者的氮、磷过量强度较后者高 39.55% 和 11.83%（见表 3）。

过量氮和过量磷增加最多的黄淮海区，虽然土地利用变化抵消了其 7.26% 和 3.15% 的增量（见图 5），但农田管理措施的强化使其过量氮和过量磷分别增加了 66.81% 和 180.80%。由于这一区域大部分耕地属于水浇地，过量氮和过量磷将对区

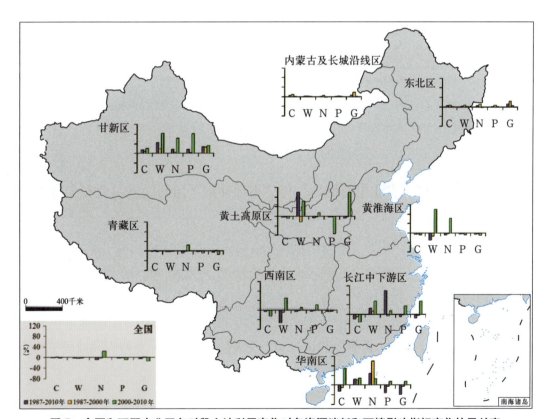

图 5　全国和不同农业区各时段土地利用变化对各资源消耗和环境影响指标变化的贡献率

说明：横轴坐标：C—产量；W—灌溉用水；N—过量氮；P—过量磷；G—温室气体排放。所有 Y 轴刻度与左下插图一致。

域水环境造成巨大的潜在威胁。土地利用变化使得甘新区、东北区和内蒙古及长城沿线区 3 个北方农业区的过量氮和过量磷均增加；其中，对甘新区贡献率最大，分别为 16.99% 和 17.91%。此外，土地利用变化对东北区和内蒙古及长城沿线区的贡献率在缩小，而对甘新区的贡献却在加强；2000 年之后，土地利用变化对甘新区过量氮和过量磷的贡献率分别是之前的 14.31 倍和 25.67 倍。可见，土地利用变化正在逐渐加大对西北地区水环境潜在污染的影响。

（3）农田管理措施的强化使得温室气体排放增加，土地利用变化削减其增量

1987 年至 2010 年，我国土地利用变化对耕地产粮过程中温室气体排放的影响是负向的，它使得因农田管理强化产生的 56.73% 的增幅减少了 2.41%（见表 2）。这主要归因于耕地主要流失区长江中下游区以水稻种植为主，北方耕地新增区则主要为旱作，而水稻淹灌和肥料施用所产生的温室气体排放强度远远高于旱作耕地中仅因肥料施用所产生的排放。从整个时段来看，耕地流失区排放强度较新增区高 32.92%（见表 3）。

对温室气体增量居前两位的长江中下游区和西南区来说，土地利用变化均抵消了其部分增量（16.48% 和 3.99%）（见图 5），但农田管理措施的强化使得其温室气体排放分别增加了 27.32% 和 69.57%。在西南区，农田管理措施强化的贡献不仅总量大，且贡献率随时间增加，这对区域气候环境将造成不利影响。土地利用变化对 3 个北方农业区——甘新区、东北区和内蒙古及长城沿线区的温室气体排放增量产生了正向贡献。后两者受土地利用变化的影响随时间缩小。在甘新区，土地利用变化的贡献率在三者中最大，为 28.65%，且随时间增强，增幅为 24.17%。西北地区的气候敏感性和生态脆弱性都较强，土地利用变化对区域生态环境干扰作用的增强，将极大地威胁当地自然系统的平衡与稳定。

9.3.2 "精准农业生态规划"与"占地补粮"协同促进粮食安全与生态安全

通过对我国耕地产粮及其资源消耗与环境影响的摸底发现，1987 年至 2010 年，我国在提高粮食产量和降低其生态影响方面取得了一定的进展。除磷肥施用外，我国耕地产粮的资源消耗强度均在减小；环境影响方面，同样，除磷肥过施外，其余环境影响强度也在减小。然而，这些已经降低的资源消耗和环境影响强度仍然高于一般发达国家水平[①]。此外，我国作为农业大国，粮食生产总量大，造成了资源

---

① Carlson K. M., et al. "Greenhouse Gas Emissions Intensity of Global Croplands". *Nature Climate Change*, 2016, 7(1):63–68. Mueller N. D., et al. "A Tradeoff Frontier for Global Nitrogen Use and Cereal Production". *Environmental Research Letters*, 2014, 9(5):054002.

消耗和环境影响总量巨大的问题 [1] 。土地利用变化造成的耕地分布转移也对我国农业可持续发展形成了日趋严重的威胁。因此，迫切需要总结农业发展过程中存在的问题，明确主要问题以及问题出现的区域，提出有的放矢的耕地利用可持续发展策略，以保障我国长远粮食安全。

（1）建立精准农业生态规划，发展因地制宜的农田管理措施

对比各地区不同资源消耗强度和环境影响强度之间的关系，能够发现不同地区耕地产粮过程中存在的主要资源环境问题。2010 年，我国化肥过施问题相对较为严重的地区分布范围较广，共占耕地面积的 41.59%；主要分布在东北区、黄淮海区南部、黄土高原区东部、西南区的北部和西南部（见图 6）。其中，磷肥过施问题区占 45.41%，大部分集中在东北区和黄淮海区这两个粮食主产区。在这些区域推广测土配方施肥，将大大提高我国化肥整体利用效率，缓解我国化肥过施问题对区域水环境污染造成的压力。

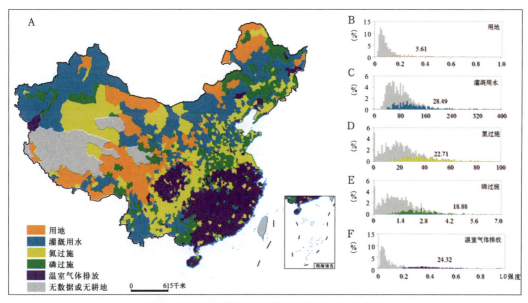

图6　不同区域耕地产粮资源环境相对突出问题

灌溉用水强度较大的区域主要集中在甘新区、东北区和黄淮海区的北部，占我国耕地面积的 28.49%。这三个区域前两个是我国新增耕地以及后备耕地的主要分布区，一个是我国粮食产量最大的主产区；同时，它们也是我国水资源紧缺的区域。调整这两区灌溉用水消耗量大的作物种植面积，同时提高灌溉用水效率，对保障我国粮食产量以及区域生态环境具有重要意义。

① West P. C., et al. "Leverage Points for Improving Global Food Security and the Environment". *Science* , 2014, 345(6194):325–328.

温室气体排放强度相对较大区主要集中在长江中下游区、华南区和西南区这三个水稻主产区，占我国耕地面积的 24.32%。由于有利于降低温室气体排放的水稻排灌已经在我国大部分区域实施，低温室气体排放水稻品种的培育将是未来降低我国耕地产量温室气体排放的重要手段。此外，由于四分之一的温室气体排放来源于氮肥的施用，测土配方施肥的推广也将进一步降低我国耕地产粮的温室气体排放量。

用地强度较高（即单产较低）的区域主要分布在青藏区、黄土高原区西部和内蒙古及长城沿线的北部地区。这类区域占耕地面积最小，仅为 5.61%。值得注意的是，虽然降低这些地区用地强度的潜力较大，但其并不属于我国粮食主要产区，因此，即使加强农业投入，提高耕地利用效率，产生的增产效应对我国耕地产粮总量影响并不大。相反，在黄淮海区、长江中下游区、东北区和西南区等我国粮食产量较大的区域，虽然其用地强度降低潜力较小，但只要小幅度提高单产，增产效益将非常可观。

未来，对于不同的生态环境问题区，应当制定更为细致的精准农业生态规划，做到因地制宜改善农田管理措施。结合我国主体功能区划，开展地块尺度以及不同作物单产水平、可开发潜力、资源消耗水平等要素的详细调查，并对相应的资源环境背景进行摸底，制定科学详尽、具有直接指导价值的农业发展及休养生息规划。确保产粮能力高且符合地区资源承载力的耕地被纳入国家基本农田范畴，并制定提升不同地区作物单产同时降低其资源环境影响的方略；同时，依据详尽调查资料，圈定休耕、退耕地范围，确保休耕、退耕农地确属粮食生产过程对当地生态环境危害较大的地块。

（2）综合土地管理和农田管理，发展"占地补粮"政策

近年来，我国耕地产粮总量及其资源消耗和环境影响总量的变化，从整体来看主要受农田管理措施的影响。但是，土地利用变化在部分区域起了决定性作用，且这一影响有加大的趋势（见图 5）。土地利用变化导致了我国黄淮海区、长江中下游区等主要农业产区粮食产量的大幅下降，对保障我国粮食安全造成压力；同时，还使得我国北方地区，特别是西北生态脆弱区，灌溉用水量、化肥过施量以及温室气体排放剧增，对区域生态环境、气候产生巨大影响。此外，耕地格局的变化使得我国粮食生产重心相对人口重心发生偏移。由此产生的粮食调运将加大粮食损失和能源消耗，进而加深对社会、经济、生态系统的不利影响。此外，这一系列影响在未来将更加显著。

1987 年至 2010 年，我国城乡工矿居民用地面积增加了 5.52×10^4 平方千米；

其中，71.52% 来自对耕地的侵占[1]。据国家统计局数据，2010 年，我国人口城镇化率为 49.95%[2]；联合国人口司人口预测结果表明，这一指标预计将在 2035 年达到 70% 左右[3]。人口城镇化的快速发展必将导致城镇用地面积的大幅扩展。有研究指出，2000 年至 2030 年，全球四分之一的城镇扩展面积将发生在中国[4]。可见，城镇化将持续对我国耕地产粮造成负面影响。

为降低城镇化侵占耕地对我国粮食产量的影响，1997 年 4 月，我国发布了《关于进一步加强土地管理　切实保护耕地的通知》，首次提出确保耕地总量动态平衡的耕地"占补平衡"制度。遥感监测结果显示，2000 年以来，虽然我国东部地区城镇扩展占用了大范围的耕地，在我国北方，特别是西北地区，耕地面积呈增加趋势。然而，2000 年至 2010 年，新增耕地的灌溉用水强度和用地强度分别较流失耕地高 92.43% 和 39.05%（见表 3）。这表明，实行耕地数量"占补平衡"不能有效地降低粮食产量损失，反而对区域乃至全国水资源形成了巨大的压力。

2014 年，国土资源部启动了新一轮耕地后备资源调查。结果显示，我国耕地后备资源主要集中在中西部地区。在近期可供开发利用的集中连片后备耕地中，新疆和黑龙江两个北方省份占 49.50%；其中，新疆占全国比例最高，为 28.54%。这些耕地后备资源以荒草地、盐碱地为主，受生态环境制约大。因此，在未来城镇扩展压力下，单纯依靠耕地"占补平衡"来解决其带来的粮食减损问题，不仅杯水车薪，而且容易对区域生态环境造成严重威胁，并非可持续之举。

城镇化是大势所趋，不可阻挡。若要在经济发展的同时保障我国粮食安全和生态安全，将土地管理政策与农田管理制度有机结合是必然选择。鉴于我国经济发展对土地的需求与耕地增产减负潜力尚大并存的现状，建议将耕地"占补平衡"政策发展成为更灵活而有实效的"占地补粮"政策。对于被侵占的耕地，调查其粮食减损量；基于前述所提"精准农业生态规划"，允许通过提高非退耕、非休耕区的在耕地复种指数，或改进农田管理措施以提升其粮食单产等形式，弥补耕地流失产生的粮食产量减损。由此，一方面，避免耕地在生态脆弱区扩张，杜绝先开垦后退耕等不利于生态与民生的事件，防止保障粮食安全与生态建设进入恶性循环；另一方面，将经济发展的积极性和耕地利用可持续化的迫切性相结合，促进对现有耕地的经济和技术投入，实现耕地的可持续利用。

---

[1]　张增祥、赵晓丽、汪潇：《中国土地利用遥感监测》，星球地图出版社，2012。

[2]　国家数据（网上数据库），国家统计局，获取时间：2017-05-10。

[3]　World Population Prospects: The 2017 Revision, DVD Edition. United Nations Department of Economic and Social Affairs, Population Division, 2017.

[4]　Bren d' Amour C., et al. "Future Urban Land Expansion and Implications for Global Croplands". *Proceedings of the National Academy of Sciences*, 2016, 114(34): 8939-8944.

参考文献

Bren d'Amour C., et al. "Future Urban Land Expansion and Implications for Global Croplands". *Proceedings of the National Academy of Sciences*, 2016, 114(34).

Carlson K. M., et al. (2016) "Greenhouse Gas Emissions Intensity of Global Croplands". *Nature Climate Change* 7(1).

FAOStat. FAOSTAT Online Statistical Service, Food and Agriculture Organization, 2017.

Gerber J. S., et al. "Spatially Explicit Estimates of N_2O Emissions from Croplands Suggest Climate Mitigation Opportunities from Improved Fertilizer Management". *Global Change Biology*, 2016, 22(10).

Mueller N. D., et al. "A Tradeoff Frontier for Global Nitrogen Use and Cereal Production". *Environmental Research Letters*, 2014, 9(5).

West P. C., et al. "Leverage Points for Improving Global Food Security and the Environment". *Science* , 2014, 345(6194).

World Population Prospects: The 2017 Revision, DVD Edition. United Nations Department of Economic and Social Affairs, Population Division, 2017.

Zhang W., et al. "Modeling Methane Emissions from Irrigated Rice Cultivation in China from 1960 to 2050". *Global Change Biology*, 2011, 17(12).

国家数据（网上数据库），国家统计局，获取时间：2017-05-10。

张增祥、赵晓丽、汪潇:《中国土地利用遥感监测》，星球地图出版社，2012。

2000~2015年中国植被生产力变化监测

全球气候变暖使得全球降水量重新分配，冰川和冻土消融，海平面上升，不仅危害自然生态系统的平衡，还威胁人类的生存，已成为人类社会面临的最严峻的挑战之一。政府间气候变化专门委员会（IPCC）第四次评估报告认为：近百年来，由于大量焚烧化石燃料，大气中二氧化碳（CO_2）等温室气体浓度增加，从而导致了全球变暖。因此，减缓 CO_2 排放、控制全球温度上升成为当今国际社会重大的科学和政治问题，也是全球气候变化谈判的最核心议题。2015 年 11 月 30 日，国家主席习近平出席气候变化巴黎大会开幕式并发表题为《携手构建合作共赢、公平合理的气候变化治理机制》的重要讲话。习近平主席在讲话中重申了中国的减排目标，同时强调，巴黎协议要尊重共同但有区别的责任原则，应该尊重各国国情，尊重各国特别是发展中国家在国内政策、能力建设、经济结构方面的差异。应对气候变化，不应该妨碍发展中国家消除贫困、提高人民生活水平。

我国正处于工业化发展阶段，经济高速发展，人民生活大幅提升。短期内大幅度的碳减排势必会影响我国的经济发展和工业化进程。植物通过光合作用可以将大气中的 CO_2 转化为碳水化合物，并以有机碳的形式固定在植物体内。因此，依靠植被生态系统碳汇抵消部分人为源 CO_2 的排放，实现间接减排是我国实现减排目标的一个战略选择。

2017 年 7 月 24 日，国家主席习近平在给第十九届国际植物学大会的贺信中指出，"植物是生态系统的初级生产者，深刻影响着地球的生态环境"。植被净初级生产力（Net Primary Productivity, NPP）是植被由光合作用所生产的有机质总量中扣除植被本身呼吸作用消耗后的剩余部分，是反映植被固碳能力的关键指标之一，是评估植被固碳能力和碳收支的重要参数，是理解陆地生态系统碳循环过程中不可或缺的部分，是估算地球生态承载能力和评价陆地生态系统可持续发展的一个重要生态指标；另外，研究人员在研究全球 NPP 变化的过程中发现，NPP 会随着大气中 CO_2 浓度的增加而减少，年际 NPP 与大气中 CO_2 的浓度有明显的负相关关系，从而证明了 NPP 在降低大气 CO_2 含量的过程中扮演了重要角色。NPP 作为植被自身生理特征与外界环境因子相互作用的结果，是评价生态环境质量的重要指标；由于植被

的 NPP 也是植被借助太阳能将 CO_2 转换成有机物的能力，是人类社会生存和发展所必需的物质资料的来源基础。因此，对 NPP 的研究是有效管理利用自然资源的一种重要手段，而 NPP 是评估生态资产的重要指标。

10.1 中国及全球主要国家植被生产力态势分析

根据卫星遥感监测结果，全球 2000~2015 年净初级生产力年平均总量约为 53.5 Pg C/y，各国净初级生产力总量从大到小排序，前 53 个国家占有全球净初级生产力总量的 90%（见图 1a），其中前 3 个国家（巴西、俄罗斯、美国）占全球净初级生产力总量的 30%，前 12 个国家占全球净初级生产力总量的 60%，除了前 3 个国家外，其他 9 个国家分别是中国、加拿大、刚果民主共和国、澳大利亚、印度尼西亚、秘鲁、印度、哥伦比亚、玻利维亚。中国净初级生产力年平均总量约为 2.7 Pg C/y，占全球净初级生产力总量的 5.1%，在全球各国净初级生产力年平均总量中排名第四。

由于大片国土被荒漠（或沙漠）或稀疏植被或冰雪覆盖，很多净初级生产力占有量较大的国家，其单位面积年平均净初级生产力相对较小，如俄罗斯、美国、中国等。中国的单位面积年平均净初级生产力约为 $0.2kg C/m^2/y$。

2000~2015 年，全球年平均净初级生产力总值总体呈现增加趋势，年际变化率约为 23.1Tg C/y，全球净初级生产力占有量前 53 个国家总体也呈增加趋势，但作为净初级生产力大国的巴西与俄罗斯年际变化率分别约为 –17.4 Tg C/y、–11.9Tg C/y。2000~2015 年，中国年净初级生产力总体增加明显，年际变化率约为 12.2 Tg C/y。

10.2 中国区域植被生产力空间分布差异明显

2000~2015 年中国区域 16 年平均年净初级生产力空间分布如图 2 所示。由图可以看出净初级生产力空间分布明显，新疆两大沙漠区域、新疆与西藏、青海及甘肃交界的高海拔区域、内蒙古西部的沙漠区域，其年净初级生产力几乎为 0，其他西部或西北区域单位面积的年净初级生产力基本小于 $200g C/m^2$。东北及华北区域年净初级生产力在 $200~400g C/m^2$。再由中部逐渐往南，单位面积的年净初级生产力逐渐变大，由 $300 g C/m^2$ 增加到 $1000 g C/m^2$。年净初级生产力最大的区域出现在云南南部、西藏的山南地区与林芝地区、海南省中南部以及福建和台湾等部分地区，年净初级生产力超过 $1000 g C/m^2$。

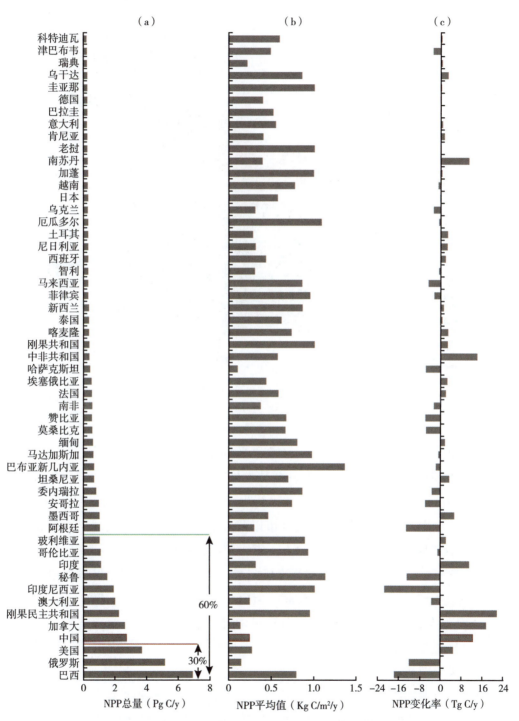

图 1 占全球净初级生产力总量 90% 的前 53 个国家净初级生产力总值（a）、
单位面积平均值（b）、2000~2015 年年际变化率（c）

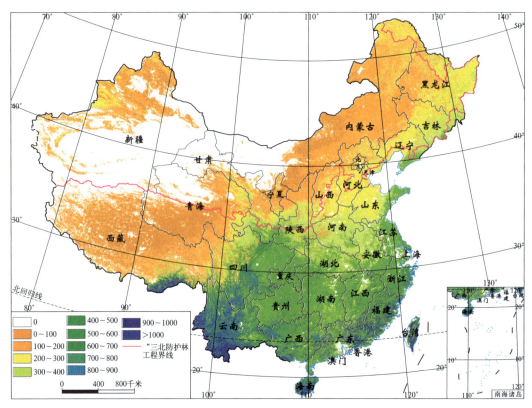

图2 2000~2015年中国区域16年平均年净初级生产力空间分布

将图2中2000~2015年中国区域16年平均年净初级生产力按各省、自治区、直辖市或特别行政区进行统计求和，并从大到小形成直方图（见图3）。全国范围内，云南省年净初级生产力总值最大，约为340Tg C/y；其次是四川省，约为262 Tg C/y。而北京、天津、上海三个直辖市以及香港、澳门特别行政区年净初级生产力总值最小，其中北京约为3.2 Tg C/y。省级年净初级生产力大小不仅与其所处空间地理位置有关，还与其省域面积有直接关系。例如，内蒙古自治区虽然单位面积的年净初级生产力普遍小于200g C/m²，但由于其省域面积较大（仅次于新疆与西藏），其年净初级生产力总值在全国各省份中排位第三。相反，海南省与台湾省虽然大部分区域单位面积的年净初级生产力普遍大于700g C/m²，但由于省域面积较小，其省级年净初级生产力总值并不大。

图4为中国各省、自治区、直辖市及特别行政区单位面积平均净初级生产力统计结果，与图2空间分布图一致。中国南部各省份较高，其中海南省与云南省最高，达到0.8Kg C/m²/y；另外，福建、台湾、广西、广东等省份单位面积净初级生产力也都较高，大于或接近0.6Kg C/m²/y。中国西部各省份，如甘肃、宁夏、内蒙

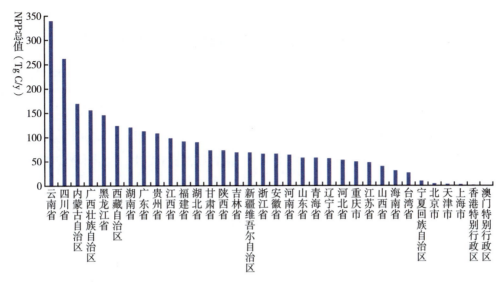

图 3 中国各省、自治区、直辖市及特别行政区年净初级生产力总值

古、西藏、青海都约为 0.1Kg C/m²/y，而新疆则约为 0.03 Kg C/m²/y。四个直辖市中，重庆的平均净初级生产力较高，约为 0.5 Kg C/m²/y，上海、北京、天津相近，约为 0.17 Kg C/m²/y，虽然北京的总净初级生产力较高，但由于北京的面积比上海、天津大，其平均净初级生产力略低。最低的为澳门特别行政区，香港特别行政区约为 0.2 Kg C/m²/y。

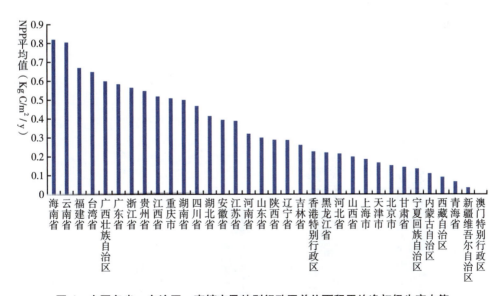

图 4 中国各省、自治区、直辖市及特别行政区单位面积平均净初级生产力值

237

10.3　中国大部分区域植被生产力逐年增加

2000~2015 年，整个中国区域年净初级生产力年际变化如图 5 所示，16 年来净初级生产力总体呈现显著的增加趋势，2000 年全国净初级生产力总值约为 2.5Pg C，到 2015 年增加到 2.8Pg C。增加最为显著是 2001 年到 2002 年，净增加了 0.25Pg C。另外，2011 年到 2013 年增加也很明显，两年净增加了 0.24Pg C。而减少比较明显的年份为 2004~2005 年、2006~2007 年以及 2009~2010 年。

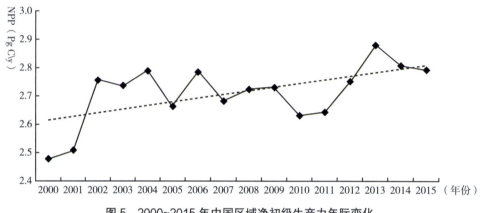

图 5　2000~2015 年中国区域净初级生产力年际变化

图 6 是全国各土地利用类型 2015 年净初级生产力与 2000 年净初级生产力的差值，可以发现：与 2000 年相比，各用地类型净初级生产力都呈现增加趋势，其中农用地和林地增加幅度最大，分别为 0.1065Pg C/y 与 0.1026Pg C/y。另外，草地增加 0.0618Pg C/y，城镇居民用地增加 0.0268Pg C/y，未利用地增加 0.0097Pg C/y。

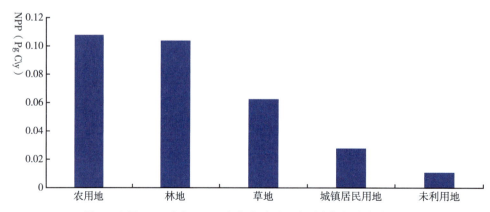

图 6　全国 2015 年与 2000 年各土地利用类型净初级生产力差值

　　2000~2015 年中国区域单位面积年净初级生产力年际变化率如图 7 所示，16 年来大部分区域净初级生产力呈逐年增加趋势。尤其是甘肃东南部、陕西中部、西藏东南部、云南与四川交界处以及内蒙古东北部等年增加的净初级生产力大于 5g C/m²，部分地区甚至大于 10 g C/m²。而在湖南、贵州东部、广西北部、广东北部、福建西部，净初级生产力年际变化呈现减少趋势，年际变化率约为 –5g C/m²，部分地区甚至约为 –10 g C/m²。另外，在内蒙古中部、新疆西北部、西藏西部，也有部分区域净初级生产力 16 年来总体呈递减趋势。

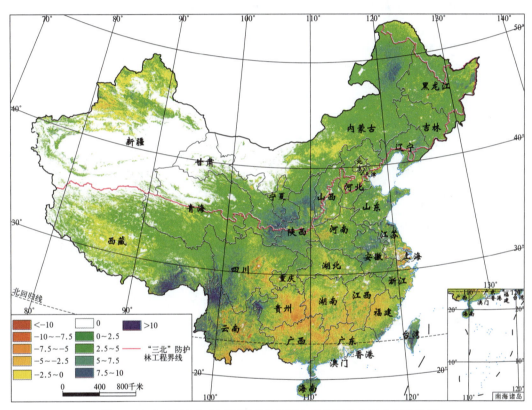

图 7　2000~2015 年中国区域单位面积年净初级生产力年际变化率

　　在省级行政单元上，净初级生产力年际变化量如图 8 所示。内蒙古自治区的净初级生产力年际递增的趋势最为明显，约为 2.7Tg C/y；大于 1.0Tg C/y 的省份有黑龙江省、西藏自治区、陕西省；大于 0.5Tg C/y 的省份包括四川省、甘肃省、云南省、辽宁省、吉林省、安徽省、山东省；北京市、天津市、香港特别行政区呈现微弱的增加趋势，上海市与广东省年净初级生产力呈微弱的减少趋势。年净初级生产力减少最明显的是广西壮族自治区、湖南省、贵州省，分别为 –0.4Tg C/y、–0.3Tg C/y、–0.2Tg C/y，与图 7 中的空间分布一致。

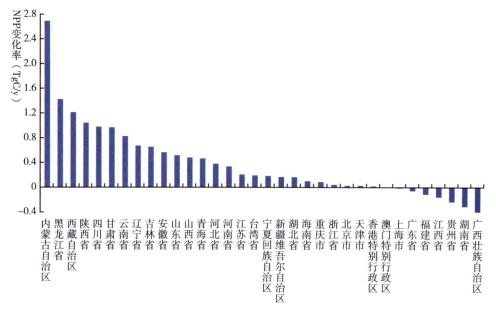

图8 2000~2015年全国各省份净初级生产力年际变化率

10.4 "三北"防护林区域植被生产力显著增加

2000~2015年,"三北"防护林工程区域年净初级生产力年际变化如图9所示,16年来净初级生产力总体呈现显著增加趋势,最小净初级生产力总值出现在2001年,约为0.49Pg C,到2015年增加到0.65Pg C。与整个中国区域的净初级生产力年际变化相一致,增加最为显著是2001年到2002年,净增加了0.1Pg C,约占全国净初级生产力净增加的40%。2010年到2012年增加也非常明显,两年净增加了

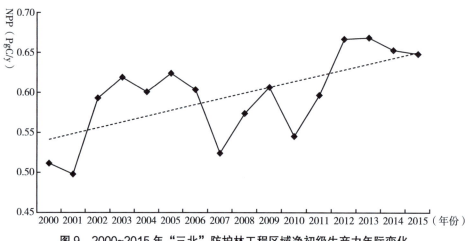

图9 2000~2015年"三北"防护林工程区域净初级生产力年际变化

0.12Pg C。而减少比较明显的年份为 2006~2007 年、2009~2010 年，这两年全国净初级生产力降低也很明显。

图 10 是"三北"防护林工程区域各土地利用类型 2015 年净初级生产力与 2000 年净初级生产力的差值。可以发现：农用地、林地和草地净初级生产力增加较大，其中农用地增加 0.0459Pg C/y，林地增加 0.0378Pg C/y，草地增加 0.0385Pg C/y；另外，城镇居民用地增加 0.0061Pg C/y，未利用地增加 0.0067Pg C/y。

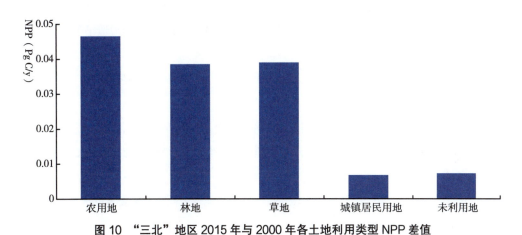

图 10 "三北"地区 2015 年与 2000 年各土地利用类型 NPP 差值

10.5 结论与讨论

通过以上论述，我们得出如下结论：从全球各国来看，中国的净初级生产力总量全球排名第四，从 2000 年到 2015 年 16 年间我国净初级生产力总量呈现增加趋势。从中国各省份及区域分布来看，东部与南部区域的净初级生产力比西部明显大，然而，2000~2015 年这 16 年来，中国的西部与北部区域净初级生产力的增加明显要大于南部，尤其是甘肃东南部、陕西中部区域。"三北"防护林工程区域虽然平均净初级生产力较低，但是 2000~2015 年这 16 年来增加最为显著，这是我国实施"三北"防护林伟大工程的显著成效。

2017 年 10 月 18 日，国家主席习近平同志在十九大报告中指出，加快生态文明体制改革，建设美丽中国。报告提出，推进绿色发展，着力解决突出环境问题，加大生态系统保护力度，改革生态环境监管体制，开展国土绿化行动并完善天然林保护制度。"三北"地区是中国林业发展的重点、难点地区，是全国沙化土地与水土流失发生的主要区域，也是中国林业发展潜力最大的地区，中国实现到 2020 年森林覆盖率达到 23% 和 2050 年达到 26% 的战略目标，增值空间重点在"三北"地区。

参考文献:

方精云、朱江玲、王少鹏等：《全球变暖、碳排放及不确定性》，《中国科学：地球科学》2011 年第 41（10）期。

冯险峰、刘高焕、陈述彭、周文佐：《陆地生态系统净第一性生产力过程模型研究综述》，《自然资源学报》2004 年第 19（3）期。

牛铮、李世华、占玉林、王力：《全球碳循环研究背景下的植被初级生产力遥感》，《遥感学报》2009 年第 13 期。

朴世龙、方精云、郭庆华：《利用 CASA 模型估算我国植被净第一性生产力》，《植物生态学报》2001 年第 25 期。

秦大河、丁一汇、苏纪兰等：《中国气候与环境演变》，科学出版社，2005。

孙睿、朱启疆：《气候变化对中国陆地植被净第一性生产力影响的初步研究》，《遥感学报》2001 年第 5 期。

张仁华、孙晓敏、苏红波、唐新斋、朱志林：《遥感及其地球表面时空多要素的区域尺度转换》，《国土资源遥感》1999 年第 41（3）期。

张宪洲：《我国自然植被净第一性生产力的估算与分布》，《资源科学》1993 年第 1 期。

周广胜、袁文平、周莉、郑元润：《东北地区陆地生态系统生产力及其人口承载力分析》，《植物生态学报》2008 年第 32（1）期。

朱文泉、潘耀忠、张锦水：《中国陆地植被净初级生产力遥感估算》，《植物生态学报》2007 年第 31 期。

Peng D., Bing Zhang, Chaoyang Wu, Alfredo R. Huete, Alemu Gonsamo, Liping Lei,Guillermo E. Ponce-Campos, Xinjie Liu, Yanhong Wu. "Country-Level Net Primary Production Distribution and Response to Drought and Land Cover Change". *Science of the Total Environment*, 2017.

Zhao, M., Running, S.W. "Drought-Induced Reduction in Global Terrestrial Net Primary Production from 2000 through 2009". *Science*, 2010.

青藏高原湖泊变化遥感分析

青藏高原被称为"亚洲水塔"，拥有地球上海拔最高、湖泊数量最多的高原湖群。青藏高原湖泊群受人类活动直接影响相对较小，对气候变化响应极为敏感，是研究区域乃至全球气候变化的重要指纹信息；湖泊群的地理要素、规模体量、时间变迁等也是青藏高原水资源开发利用、冰冻圈变化、能量水分循环、生态系统变化等研究的核心关注信息。由于青藏高原自然环境条件恶劣，很多区域人迹罕至，常规手段很难高效获取湖泊群的地理及变化信息，高分辨率大区域卫星遥感技术成为解决这一问题的有效手段。

本报告展示了以国产数据资源为主的青藏高原湖泊变化遥感监测结果，包括湖泊面积、温度、水量等的变化特征，分析变化规律，得出系列研究结论，能够为青藏高原气象气候、水文生态以及全球变化响应研究等提供基础数据资料和信息支持。

11.1　1960s~2015年青藏高原湖泊数量和面积特征

以海拔高于 2500 米为限圈定青藏高原地理覆盖区域（见图 1），将该区域划分为 12 个流域，包括 10 个外流区（艾米河、塔里木河、印度河、河西走廊、黄河流域、长江流域、湄公河、萨尔温江、雅鲁藏布江、恒河）和 2 个内流区（高原内流区、柴达木）。其中高原内流区被划分为 A~F 六个子流域（*Zhang et al.*, 2014a）。

11.1.1　数据源和方法

基于地面调查与卫星遥感图像数据，分别制作 1960s、2002 年、2005 年、2009年和 2014 年共五期青藏高原 10 平方千米以上湖泊面积数据集（其中，2005 年和2014 年为 1 平方千米以上）。数据使用情况见表 1。

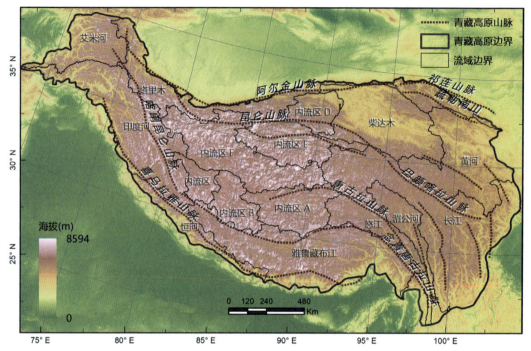

图 1　青藏高原边界范围及流域划分

表 1　青藏高原湖泊面积调查数据源

数据源	采集时间	规格	规模/景	覆盖范围
首次全国湖泊调查	20 世纪 60 年代	人工测绘成果绘制 1:25 万矢量图	–	青藏高原境内区域
Landsat TM/ETM+[†]	2002 年 8~10 月	30 米多光谱遥感图像	329	青藏高原
中巴地球资源 1 号 (CBERS–1 CCD)[†]	2005 年 8~10 月	20 米多光谱遥感图像	408	青藏高原境内区域
Landsat ETM+[†‡]		30 米多光谱遥感图像	49	
Landsat ETM+[†‡]		30 米多光谱遥感图像	27	青藏高原境外区域
Landsat ETM+[†‡]	2009 年 8~10 月	30 米多光谱遥感图像	337	青藏高原
高分 1 号 WFV 相机 (GF–1 WFV)[†]	2014 年 8~10 月	16 米多光谱遥感图像	136	青藏高原
Landsat8 OLI[†]		30 米多光谱遥感图像	11	

[†] 利用数字高程模型对遥感图像完成正射校正处理。
[‡] 利用灰度相关统计方法对 slc–off 条带缺失进行了插补。

　　采用人工目视解译、交叉核验的方法勾绘湖泊水体边界，湖泊边界内的岛屿不计入湖泊面积统计。青藏高原的湖泊根据其水化学特性，可分为淡水湖、咸水湖和盐湖。对于淡水湖和咸水湖，将遥感图像放大到 1:25000 的固定比例勾画边界，以确保提取精度的统一性。对于盐湖，有些水域边界较难确定，研究采用多期遥感图像对比进行勾画。

针对特殊情形，如岛屿、滩地和两湖融为一体的情况作如下处理：①岛屿不计入湖泊面积；②湖泊周围滩地内的琐碎水体，除非水体面积较大，否则不计入湖泊面积；③对于两湖因扩张融为一体的情形，将作为一个整体湖泊计，并以其中较大面积的湖泊命名。

11.1.2 精度验证

全球湖泊与湿地数据集 GLWD（Global Lakes and Wetlands Database，http://www.wwfus.org/science/data.cfm）（Lehner and Döll, 2004）采用 20 世纪 90 年代的多源数据整合制作，记载了青藏高原 1131 个湖泊，总面积 38153 平方千米。本报告成果与其表现出良好的一致性，差别较大的区域体现在 1~10 平方千米。湖泊的地理位置上。经叠加遥感图像证实，GLWD 数据集存在部分统计偏差。

为验证不同空间分辨率下湖泊面积提取的一致性，以 2014 年 GF-1 WFV 提取的湖泊面积为例，分别抽取 1000 平方千米以上、500~1000 平方千米、100~500 平方千米、10~50 平方千米、1~10 平方千米的湖泊总数的 5% 作为样本，将其与由 GF-1 PMS2 米分辨率融合图像提取出的湖泊面积进行对比，结果表明相对偏差为 1.2%（标准差 =0.044），得出良好的一致性（Wan et al., 2016）。

上述数据集可从 http://dx.doi.org/10.6084/m9.figshare.3145369 下载。所有湖泊信息可通过 ID（湖泊编号）、NAME_CH（湖泊中文名）、NAME_EN（湖泊英文名）几个字段进行文件间关联。

11.1.3 湖泊面积变化特征

（1）分流域统计结果

表2 展示了青藏高原湖泊数量和面积分时段、分流域统计信息。其中，1960s、2005 年、2014 年湖泊数量分别为 1109 个（中国境内）、1197 个、1171 个。

表 2　青藏高原湖泊数量和面积分时段、分流域统计信息

流域		数量（个）			面积（平方千米）		
正体：≥ 10km² 斜体 :1~10km²		1960s	2005	2014	1960s	2005	2014
内流区	A	55 72	62 76	63 67	8294.35 203.02	9539.48 247.30	9949 219.90
	B	23 42	24 42	25 41	3962.15 146.12	4016.91 159.86	4110.62 152.52
	C	17 27	17 22	17 20	1219.61 97.45	1238.4 83.14	1249.12 83.44

续表

流域		数量（个）			面积（平方千米）		
内流区	D	4 4	9 4	9 4	1278.18 14.38	1663.69 12.73	2096.83 13.04
	E	66 130	84 162	82 154	4552.14 347.91	5618.87 494.63	6638.09 496.85
	F	93 136	121 143	128 138	5233.13 425.08	6470.96 573.34	7281.65 612.71
内流区总计		258 411	317 449	324 424	24539.56 1233.96	28548.31 1571.00	31325.31 1578.46
艾米河		2 11	6 18	6 18	57.35 33.79	587.27 65.6	601.72 71.19
雅鲁藏布江		19 113	21 111	18 103	1772.53 272.31	1716.98 284.29	1550.77 284.66
恒河		0 2	1 3	1 3	0 2.68	10.8 10.33	10.58 10.03
河西走廊		1 4	1 3	1 3	599.33 7.99	596.39 6.18	609.04 6.09
印度河		7 41	10 36	11 33	1373.22 113.94	1613.68 130.04	1668.54 120.43
湄公河		0 3	0 3	0 3	0 16.28	0 18.12	0 17.53
柴达木		17 20	19 13	18 11	994.42 47.57	1022.51 27.62	1046.15 21.95
怒江		3 20	3 18	3 18	216.33 38.38	226.41 44.99	230.04 45.95
塔里木		0 11	3 9	4 9	0 40.7	45.44 37.41	115.98 31.97
长江		13 92	14 88	15 88	592.63 267.93	659.94 275.13	723.18 295.36
黄河		17 44	18 33	18 39	5902.73 129.87	5863.32 109.44	6013.03 149.14
总计		337 772	413 784	419 752	36048.1 2205.4	40891.05 2580.15	43894.34 2632.76

（2）湖泊面积变化空间分布

20世纪60年代至2005年，面积大于1平方千米的新生湖泊共30个，原面积大于1平方千米的湖泊消失5个。13个面积大于500平方千米的大湖中，羊卓雍错在调查期内萎缩严重且目前仍在继续萎缩；青海湖在此时段总体呈萎缩状态。色林错、纳木错和赤布张错的面积也有较大的扩张。新生湖泊按照成因可归纳为河道扩展、沼泽转化等6种类型，消亡湖泊则多是由于自然条件变化导致的干涸。那曲地区和可可西里地区的湖泊总体呈扩张趋势，而黄河源区的湖泊则总体呈萎缩状态。

图 2 展示了青藏高原 2005~2014 年湖泊面积变化情况。已有类似时间段的研究已多次证实，青藏高原内流区湖泊呈显著扩张趋势（R. Ma et al., 2010; Phan et al., 2012; C. Song et al., 2013; Wan et al., 2014; Wang et al., 2013; Zhang et al., 2014a），同时雅鲁藏布江流域湖泊呈显著萎缩趋势（Jacob et al., 2012; Wan et al., 2014; Zhang et al., 2014a），这与本报告得出的结论一致。以 2005 年为基础年，青藏高原内流区湖泊整体扩张 9.88%，其中西部、中部和东北部扩张最为显著（内流区 C、D、E、F 分别扩张 15.63%、15.13%、12.58%、12.38%），而东南部扩张相对较小（内流区 A、B 分别扩张 3.19%、4.79%）。雅鲁藏布江流域湖泊表现出 –2.53% 的萎缩率。

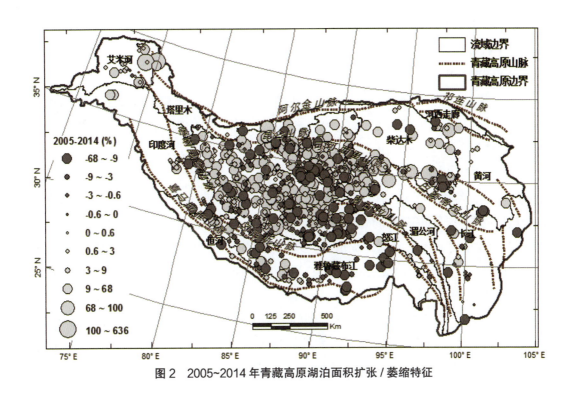

图 2　2005~2014 年青藏高原湖泊面积扩张 / 萎缩特征

11.2　2000~2015年青藏高原湖泊表面温度特征

本文以青藏高原 10 平方千米以上的湖泊为研究对象，进行 2001~2015 年湖泊表面温度（lake surface water temperature，LSWT）提取与分析。

11.2.1　数据源和方法

由搭载在 Terra 卫星上的中分辨率成像光谱仪（Moderate Resolution Imaging

Spectroradiometer, MODIS）获取并生产的 8 天合成、1 千米分辨率地表温度产品 MOD11A2（version 6），时间跨度为 2001~2015 年。每年包含 46 个 8 天采样值，每个采样值涵盖日间温度（早晨 10：30）和夜间温度（晚上 10：30）图层，云像元用 Null 值替代。

（1）湖泊边界数据处理

选用 2002 年、2005 年、2009 年、2014 年共四期湖泊边界分别作为 LSWT 提取的基础边界文件。为减少因时间、几何畸变造成的湖泊边界提取误差，对湖泊边界进行缓冲区处理，即 30 平方千米以上湖泊用 1 千米缓冲区，10~30 平方千米湖泊用 0.5 千米缓冲区，将缓冲区内的湖泊边界作为 LSWT 提取的基准边界。将同时存在于四期湖泊数据的湖泊筛选出并保存，最终选定 10 平方千米以上的 374 个湖泊进行后续 LSWT 数据集制作。

（2）LSWT 提取

分区统计：为确保不同年份湖泊边界的准确性，分别采用 2002 年、2005 年、2009 年、2014 年缓冲区后的边界矢量文件作为 MODIS 数据 2001~2003 年、2004~2007 年、2008~2011 年、2012~2015 年的提取边界，逐一提取统计每个湖泊边界范围内的 LSWT 均值和标准差。

后处理：绝大部分湖泊可以通过上述步骤完成简单提取，但是仍存在少量湖泊其缓冲区边界小于 MODIS 的一个像素。对于这些小湖泊，进行逐个排查并采用多边形转点的方式重新完成统计提取。将所有提取的 MODIS 原始开尔文温度利用公式 $p \times 0.02 - 273.15$ 转换为摄氏温度（°C），p 代表像素值。最后，将云像素 Null 值，通过前后天数的温度值插值填充。

滤波处理：经过上述两个步骤得到的 LWST 仍会存在因 MODIS 产品去云不彻底造成的温度异常值。利用 Lowess 滤波算法处理日间 LWST 时间序列数据，利用 Percentile 滤波算法处理夜间 LWST 时间序列数据。

11.2.2 精度验证

将 LWST 提取成果与 Global Lake Temperature Collaboration（GLTC, www.laketemperature. org）（Sharma et al., 2015）进行比较。GLTC 记载了 1985~2009 年全球 291 个湖泊的水体温度，共有 8 个湖泊在 2001~2009 年与本报告研究范围重合，它们的水体温度由 Advanced Very High Resolution Radiometer（AVHRR）或 Along Track Scanning Radiometer（ATSR−1, ATSR−2, AATSR）遥感数据反演得出。针对夏季平均温度（7 月 1 日至 9 月 30 日数据统计值）进行对比，结果表明，GLTC 取值与本研究结果高度相关（R=0.97）（Wan et al., 2017），但存在平均偏差 −2.5° C（即 GLTC 高于本报

告 LWST）。GLTC 表达的是水体温度，本报告 LWST 表达的是水表辐射温度，考虑到水体发射率影响，以及蒸散作用导致夜间水表温度低于上层水体温度这一规律，本报告 LWST 与 GLTC 相比整体偏低是合理的。

11.2.3 湖泊温度变化时空特征

地球表面的温度主要由吸收太阳辐射所产生，被气候和环境的变化所扰动，同时，也受地表要素所处地理位置（海拔、纬度）的影响。采用夜间 LWST 遥感信息，可避免太阳辐射变化引起的湖泊温度差异，从而更好地反映其对气候、地理环境的响应。以每年 7~8 月夜间 LWST 的均值作为夏季湖泊温度，分析 2001~2015 年湖泊温度特征。

（1）历年湖泊平均温度的空间分布

定义湖泊平均夏季温度（AvgS），反映湖泊 2001~2015 年共 15 年夏季夜间 LWST 的整体水平；温度标准差（StDev）反映 15 年间夏季夜间 LWST 变化的剧烈程度。湖泊温度空间分布如图 3 所示。可以看出，AvgS 高的湖泊海拔普遍较低，且温度变化较为平缓（即 StDev 总体偏低），这类湖泊集中在冈底斯山脉—唐古拉山脉之间以及青藏高原东北部低海拔区域；反之，AvgS 低的湖泊海拔普遍偏高，且温度变化相对剧烈（即 StDev 总体偏高），这类湖泊主要集中在羌北无人区。

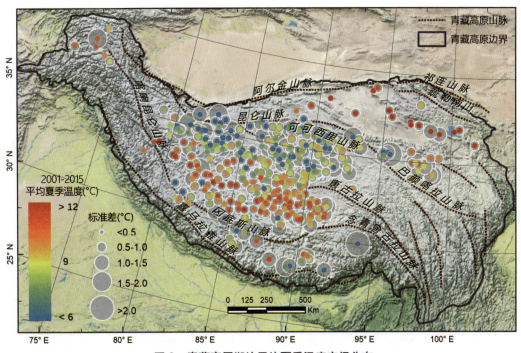

图 3　青藏高原湖泊平均夏季温度空间分布

青藏高原海拔 3200 米以下的湖泊有 15 个，主要聚集于青藏高原东北部。与全体湖泊样本的 AvgS 均值（7.97℃）相比，这 15 个湖泊的 AvgS 均值高达 13.90℃，且涵盖 AvgS 最高的前 12 个湖泊；与全体湖泊样本的 StDev 均值（0.88℃）相比，这 15 个湖泊的 StDev 均值（0.70℃）较低，而全体样本中仅 37% 的湖泊的 StDev 低于该值，说明 AvgS 高的湖泊历年温度变化幅度相对较小。AvgS 最低的 10 个湖泊海拔全部处于 4800 米以上，面积在 20 平方千米以内，其中 7 个湖泊的 StDev 超过 1.1℃，而全体湖泊样本中仅 20% 的湖泊的 StDev 超过该值，说明这类湖泊历年温度变化幅度相对较大。

以上数据和分析表明，在青藏高原，海拔是产生极端湖泊温度及其变化的重要因素，在高原湖泊变化气候响应研究中，湖泊群变化规律的对比分析需在相近海拔和面积的湖泊之间开展。

（2）近 15 年湖泊温度变化特征

计算每个湖泊各年份夏季平均温度与 AvgS 之差，得到温度距平 y（单位：℃）。利用最小二乘法线性回归 y 与时间 x 的相关关系，得到 2001~2015 年各湖泊夏季温度的变化率 b（单位：℃ / 年）和相关系数 R。如果 $R > 0$ 表示湖泊温度在升高，$R < 0$ 表示湖泊温度在降低，R 绝对值越大表示随时间线性变化的特征越明显。绘制相关系数 R 的空间分布，如图 4 所示。

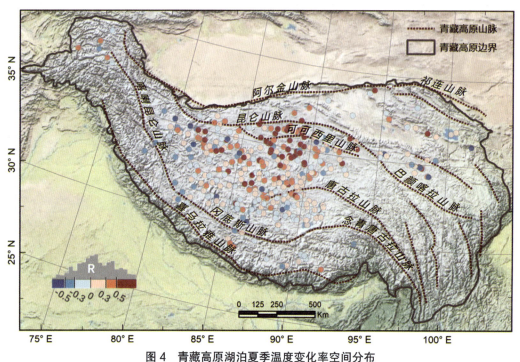

图 4 青藏高原湖泊夏季温度变化率空间分布

总体而言，超过一半的湖泊（>55%）在近 15 年并未表现出显著的温度随时间变化的趋势（即 |R|<0.3）。在可观察到温度线性变化趋势（即 |R|>0.3）的湖泊中，温度升高的湖泊主要分布于中北部的唐古拉山脉和阿尔金山脉之间，温度降低的湖泊整体偏向西南侧的喀喇昆仑山脉—冈底斯山脉。

根据条件 |R|>0.5，共筛选出 71 个湖泊，认为此类湖泊夏季温度在近 15 年随时间产生较为显著的线性变化。其中，温度下降的湖泊有 12 个，尚未发现共性特征。下降速率最快（即 b 值最小：b= — 0.29° C/yr, R = — 0.71）的是黄河上游的日格错（北纬 34.326, 东经 98.749, 海拔 4173.59 米）；下降特征最明显（即 R 最小：b= — 0.12° C/yr, R= — 0.73）的是黄河上游的李家峡水库（北纬 36.1513, 东经 101.7654, 海拔 2166.08 米）。温度上升的湖泊有 59 个，主要集中在西藏尼玛县以北的可可西里山脉和阿尔金山脉之间（北纬 34°~37°，东经 85°~90°），上升速率最快（即 b 值最大）和特征最明显（即 R 最大）的均是西藏尼玛县北部的亚克错（北纬 34.70062, 东经 87.19324, 海拔 4905.9, b= 0.45° C/yr, R= 0.88）。上述湖泊中，面积 100 平方千米以上的有 12 个，占青藏高原 83 个 100 平方千米以上大湖的 14%。这 12 个大湖中，温度呈下降趋势的有 5 个，集中在昆仑山脉西段和冈底斯山脉中段；温度呈上升趋势的有 7 个，集中在可可西里地区。

11.3 2000~2015年青藏高原湖泊水量特征

相较于面积，湖泊水量的变化更为直接地反映其对环境和气候的响应。本文基于如下假设进行湖泊水量变化遥感估算：①对于面积较大且湖盆地势较陡的湖泊，水量的变化较难促使其面积发生显著改变；②对于面积较小且湖盆地势较为平坦的湖泊，水量的变化容易促使其面积产生显著改变。

11.3.1 数据源和方法

本研究所用的数据包括青藏高原湖泊面积数据集（2002 年、2005 年、2009 年、2014 年四个年份）、SRTM 90 米分辨率 DEM（Digital Elevation Model, 数字高程模型）数据 v4.1、全国第二次冰川编目数据（Guo et al., 2014）和湖泊补给系数和冰川补给系数（C. Song et al., 2014）。

利用不同时相湖泊面积结合 DEM 信息进行湖泊水量变化信息的估算。从 DEM 数据中提取湖泊上方高度为 H 的封闭等高线区域 C，如果出现等高线范围超出湖盆的情况，则在最狭窄处进行截断，由截断线和湖泊上方等高线组成封闭区域 C。假设湖盆地形为不规则碗状，则湖泊水量的变化在空间上近似于一个平截头体。从

时相 T_i 到 T_{i+1} 湖水体积变化量 ΔV 估算如下：

$$A_{i+1}F_{i+1} - A_iF_i = \frac{3\Delta_V}{H},\tag{1}$$

式中 A_i 为时相 T_i 的湖泊面积；$F_i = r_i/(r_c - r_o)$，其中 r_i、R_0 分别表示在时相 T_i、T_0 与湖泊面积 A_i、A_0 相等的圆的半径，r_C 表示与等高线区域 C 面积 A_c 相等的圆的半径。称 F_i 为调谐系数，A_iF_i 为调谐面积。F_i 在数学上对湖泊面积变化具有调谐作用，使调谐后的面积变化符合本文提出的假设。在物理上，AF 的变化量 Δ_{AF} 反映湖水体积的相对变化，以 $H=10\mathrm{m}$ 为例，Δ_{AF} 是湖泊水量变化的 1/300（单位：km^3）。

11.3.2 精度验证

由 A_iF_i 的变化可推导出时相 T_i 到时相 T_0 的湖泊水位变化 h，公式为 $h=H(r_i=r_o)/(r_c-r_o)$。收集 ICESat 和 CryoSat 卫星测高数据反演的 24 个青藏高原湖泊在 2002~2014 年的水位变化，与本报告方法估算湖泊水位变化进行对比，结果展现出较好的相关性（相关系数 $R=0.95$）（见图 5），说明本报告水量估算方法具有较高可靠性。

11.3.3 水量变化时空特征

（1）宏观变化特征

计算 2002 年、2005 年、2009 年、2014 年各年份湖泊的 AF。在 2002~2014 年时间段，AF 增加的湖泊有 293 个，总增量为 27134.36 km^3（对应湖泊水量 $\Delta_V =$

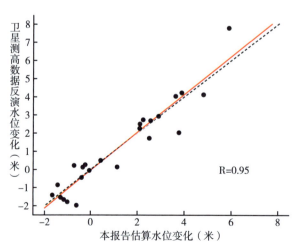

图 5　卫星测高数据反演水位变化与本报告估算结果对比

90.45km³）；AF 减少的湖泊有 81 个，总衰减量为 6794.85km³（对应湖泊水量 $\Delta_V =$ 22.65km³）。青藏高原 374 个 10 平方千米以上湖泊 AF 净增量为 20339.51km³（对应湖泊水量 $\Delta_V = 67.80$km³）。

统计每个湖泊在四个年份内水量变化的标准差 σ。对 374 个湖泊的水量变化标准差 σ 从大到小排序，排序越靠前说明该湖泊水量在这四个年份越不稳定。绘制排序值与四个年份湖泊平均面积以及与湖盆内冰川面积的关系，结果如图 6 所示。

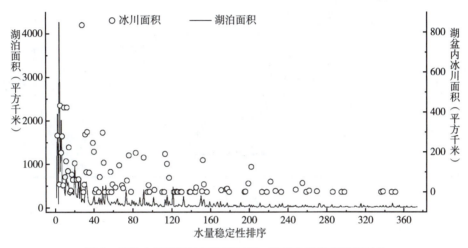

图 6　湖泊水量稳定性与湖泊面积、湖盆冰川发育状况对比

图 6 表明，总体而言，湖泊面积越大水量越不稳定，反之亦然。在水量最不稳定的前 37 个湖泊中（占湖泊总数的 10%）（σ 排序值 <38），面积 500 平方千米以上的有 12 个（需说明的是，青藏高原面积大于 500 平方千米的湖泊仅 13 个）；与此同时，图 6 也显示，越不稳定的湖泊盆地内发育了越大规模的冰川。

水量最稳定的前 10 个湖泊的平均面积为 16.45±6.00 平方千米，全部属于青藏高原的小湖泊；分析调查遥感资料发现，这 10 个湖泊中有 9 个为开放型湖泊（湖泊编号分别为 7、158、359、90、106、68、147、66、84、55），通过地面水道与其他湖泊或河网联通。这些湖泊湖水的补给与外流、蒸发处于一种相对平衡的状态。因此，就湖泊面积或水量变化气候响应研究而言，不宜采用面积小且开放型的湖泊。

绘制四个年份湖泊平均面积和水量稳定性 σ 的空间分布，并以红、绿色区分 2002~2014 年水量增加和减少的湖泊，结果如图 7 所示。在 374 个湖泊中，共有 81 个（占比 21.7%）水量呈减少态势，293 个（占比 78.3%）水量呈增加态势。图 7 中，3 个水量异常减少的湖泊信息及主因估计见表 3（水量变化主因的详细估计见本节后文部分）。排除上述 3 个异常萎缩的湖泊，结合图 7 不难看出，青藏高原湖泊水量总体上呈现增加态势。

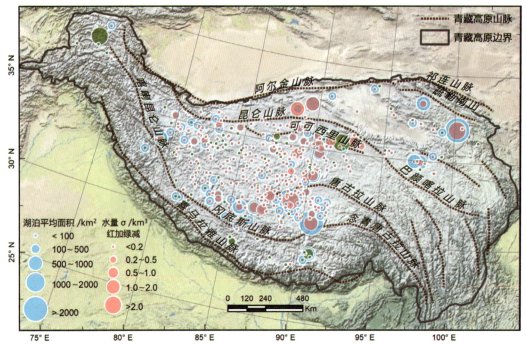

图7　湖泊水量稳定性空间分布特征

表3　水量萎缩最显著的三个湖泊信息及主因估计

排序	湖泊 /ID	位置（北纬，东经）	面积 /km²	Δ_V(02-14)/km³	σ /km³	萎缩主因估计
1	卓乃湖 /135	35.5566, 91.93009	235.62	−12.27	5.50	2011 年 9 月发生决堤
2	萨雷兹湖 /264	38.22677, 72.78418	92.60	−5.21	3.46	乌索伊大坝渗水
3	羊卓雍错 /335	28.95502, 90.71084	585.66	−1.60	0.76	1）羊湖电站用水 2）强蒸发作用

（2）100 平方千米以上大湖水量变化特征

以面积大于 100 平方千米且获得湖盆冰川数据的封闭湖泊为条件，筛选得到 46 个湖泊。其中，40 个湖泊的水量在 2002 年至 2014 年为增加状态，占比 87%。有 6 个湖泊水量在 2002 年至 2014 年呈减少状态，这些湖泊全部位于青藏高原南侧，纬度低于北纬 33°，湖水 LWST 相对偏高。

定义 AF 变化速率 $v_{i,j} = \dfrac{A_jF_j - A_iF_i}{j-i}$（单位：km³/yr），其中 i、j 分别表示时间的起止时刻（精确到年）。$v_{i,j}$ 在物理上反映某段时间内 AF 变化的速度，在数学上反映向量 $\overrightarrow{(i,A_iF_i)(j,A_jF_j)}$ 的倾斜程度和方向。不同时间段内 AF 的增速是不一样的，有些湖泊 AF 在加速增大，有些则增速放缓。AF 增速的变化与向量的夹角有关，

用下式表达 AF 变化率特征：

$$C = \sin\left[\frac{\tan^{-1} v_{02,05}+\tan^{-1} v_{02,09}-2\tan^{-1} v_{02,14}}{2}\right] \qquad (2)$$

式中 $v_{02,05}$、$v_{02,09}$、$v_{02,14}$ 分别为 2002~2005 年、2002~2009 年、2002~2014 年时间段内 AF 的变化速率。

对于水量在增大的湖泊，如果 $C > 0$，说明水量在加速增高，C 越大加速度越大；如果 $C < 0$，说明水量增速在放缓，C 越小水量增速放缓程度越大。对于水量在减少的湖泊，如果 $C > 0$，说明水量在加速衰减，C 越大衰减速度越大；如果 $C < 0$，说明水量的衰减速度在放缓，C 越小衰减放缓程度越大。

分析本小节 46 个大湖 C 值与纬度的关系（见图 8），其中实心圆为研究时间段内（2002~2014）AF 减少的湖泊，空心圆为研究时间段内 AF 增加的湖泊。

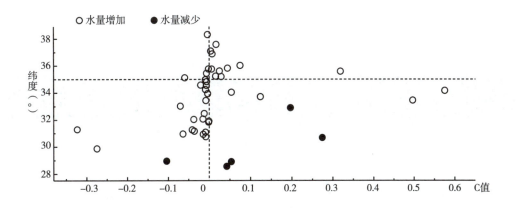

图8 湖泊水量变化速率参数 C 分布

C 的分布具有较为明显的地域特征：对于水量增加的情形，C 小于 0 的大湖有 26 个，其中 22 个分布在北纬 35° 以南（占比 85%），C 大于 0 的大湖有 14 个，其中 10 个分布在北纬 35° 以北（占比 71%）；对于水量减少的情形，C 小于 0 的大湖有 2 个，C 大于 0 的大湖有 4 个，全部分布在北纬 35° 以南。通过上述数据可以估计，对于青藏高原北纬 35° 以南且湖盆内发育冰川的封闭型大湖，大多数湖泊呈现水量增速放缓甚至缩小的状态；北纬 35° 以北的大多数同类大湖则呈现水量加速增加状态。

（3）水量最不稳定湖泊现象分析

从图 6 中取四个时间段内水量变化最剧烈的前 10 个湖泊，统计相关信息（见

表 4)。其中，"面积"表示四个年份湖泊的平均面积（单位：km^2）；$\Delta_{V(i-j)}$ 表示第 i 年到第 j 年水量变化量（单位：km^3）；v_{i-j} 表示第 i 年到第 j 年水量的变化速率（km^3/年，km^3/yr）；"冰川"表示湖盆内冰川面积（km^2），"—"表示未搜集到相关信息。

对于高海拔且位于冰积平原的大湖，如青藏高原中心区域的色林错、纳木错、乌兰乌拉湖和多尔索洞错，其水量变化速率在 2002~2005 年与其他相邻时间段相比显著异常，且均为大幅增加；位于洪积倾斜平原的大湖，如青藏高原西北部的阿牙克库木湖和阿其克库勒湖，以及位于青藏高原东北部湖积平原的青海湖，水量变化速率在 2002~2005 年与其他相邻时间段相比显著变小。研究历史气候资料发现，2005 年北半球平均温度达到当年有历史记录以来的最高值。初步分析原因，在青藏高原中心区域，海拔较高，近地表气温低，蒸散量较小，气温骤升致使湖盆内冰川、冻土消融量增大，冰、雪、冻融径流的大幅注入使湖泊水量变化更为明显；在青藏高原西北及东北区域，海拔较低，湖区温度较高，蒸散量较大，气温骤升致使湖盆内冰川消融增大的同时，蒸散量也巨幅上升，此消彼长，湖泊水量的变化相较往常则更不明显。

表 4　十大水量变化剧烈湖泊信息

ID	名称	位置（北纬，东经）	σ /km³	v_{02-05} /km³/yr	v_{05-09} /km³/yr	v_{09-14} /km³/yr	冰川 /km²
	面积 /km²			$\Delta_{V(02-05)}$ /km³	$\Delta_{V(05-09)}$ /km³	$\Delta_{V(09-14)}$ /km³	
135	卓乃湖	35.5566, 91.93009	5.50	0.06	0.21	−2.66	—
	235.62			0.19	0.84	−13.29	
266	色林错	31.81361, 88.99236	4.09	1.60	0.85	0.56	283.3
	2160.96			4.81	3.38	2.79	
264	萨雷兹湖	38.22677, 72.78418	3.46	−2.72	−0.15	0.71	
	92.60			−8.15	−0.61	3.55	
241	青海湖	36.88513, 100.20196	2.12	0.22	0.46	0.60	38.84
	4268.47			0.65	1.84	2.99	
17	阿牙克库木	37.53194, 89.45253	1.78	0.13	0.47	0.45	433.0
	834.06			0.38	1.86	2.26	
201	纳木错	30.73862, 90.60453	1.49	1.35	−0.30	0.00	196.8
	2018.77			4.05	−1.19	0.02	
13	阿其克库勒湖	37.07727, 88.40482	1.09	0.17	0.25	0.27	280.2
	447.47			0.51	0.98	1.36	
304	乌兰乌拉湖	34.8016, 90.47897	0.97	0.20	0.06	0.35	34.6
	583.82			0.61	0.25	1.75	

| ID | 名称 | 位置（北纬，东经） | σ /km³ | v_{02-05} /km³/yr | v_{05-09} /km³/yr | v_{09-14} /km³/yr | 冰川 /km² |
	面积 /km²			$\Delta_{V(02-05)}$ /km³	$\Delta_{V(05-09)}$ /km³	$\Delta_{V(09-14)}$ /km³	
293	多尔索洞错	33.40183, 89.85998	0.83	0.42	0.09	0.13	422.9
	428.40			1.26	0.36	0.66	
162	库赛湖	35.72632, 92.87364	0.82	0.11	0.10	0.28	74.8
	285.66			0.32	0.41	1.42	

数据显示，水量最不稳定性的是卓乃湖，在 2002~2009 年其水量逐步上升，而在 2009~2014 年水量剧烈降低，降幅达 13.29km³；与此同时，排名第十的库赛湖——位于卓乃湖东南方向约 80 千米——其水量在 2009~2014 年相较往年快速增加，增幅为 1.42km³。另外，位于库赛湖下游东南方向约 10 千米的海丁诺尔和约 30 千米的盐湖在同期 FA 也显著增大，增幅分别为 0.23km³ 和 0.58km³。调查表明，2011 年 9 月卓乃湖发生决堤，泄漏的湖水涌入库赛湖、海丁诺尔和盐湖，造成这三个下游湖泊的水量迅速上升，从而使这几个湖泊水量在 2009~2014 年发生极为异常的变化。

表 4 中排第三位的萨雷兹湖水量变化也存在显著异常。萨雷兹湖位于塔吉克斯坦，是 1911 年穆尔加布河谷 7.4 级地震形成的堰塞湖，堰塞体形成了世界上最高、体积最大、蓄水最大的天然大坝——乌索伊大坝。2009 年以前由于乌索伊大坝的渗水，湖泊水量在持续减少，2009 年之后水量大幅增加，值得下游的新疆毗邻地区警惕。

尽管羊卓雍错（ID335，北纬 28.95502°，东经 90.71084°）在表 4 中未能列入，但其在研究时间段内水量的变化也非常显著（σ =0.76 km³），从 2002 年到 2014 年水量总共减少了约 1.60km³。羊湖水量的减少疑与羊湖抽水蓄能电站近年的持续泄水发电工况有关；同时，由于羊湖水域面积较大，形状极不规律，近似网状，湖区温度相对较高，蒸散对集水的抵消作用较为显著，也是造成水量减少的重要原因。湖区温度偏高使得蒸发量大于汇入量，也导致了羊卓雍错西南约 25 千米的普莫雍错（ID230，北纬 28.56684°，东经 90.39652°）湖水减少。

11.4　结论与讨论

本文利用 GF-1 WFV、CBERS CCD 卫星遥感影像以及地面测绘等国产数据，辅以 Landsat TM/ETM+ 数据，人工勾绘了 20 世纪 60 年代至 2014 年近 50 年青藏高

原湖泊的面积和分布情况。利用MODIS卫星遥感数据，处理得到2001~2015年共15年青藏高原10平方千米以上湖泊（共374个）的夏季夜间温度，并分析了湖泊温度时空分布特征。基于DEM数据，结合2002年、2005年、2009年、2014年四个年份湖泊边界人工调绘结果，构建湖泊水量估算模型，获得近期湖泊水量变化的时空分布特征。报告形成结论如下。

（1）青藏高原在1960s、2005年、2014年湖泊数量分别为1109个（中国境内）、1197个、1171个。湖泊面积随时间此消彼长。总体而言，湖泊面积呈扩长态势，尤其是内流区，近期面积增势显著。黄河源区和雅鲁藏布江流域部分湖泊呈现萎缩态势，面积500平方千米以上大湖中，羊卓雍错萎缩严重且目前仍在继续萎缩。

（2）湖泊温度的多年平均值呈现南北较高、中部偏低的格局。湖泊温度及其稳定性与海拔有一定相关性：温度高的湖泊海拔普遍较低，且历年温度变化较为平缓，这些湖泊主要集中在北纬35°以南的冈底斯山脉—唐古拉山脉之间，以及青藏高原东北部低海拔区域；温度低的湖泊海拔普遍偏高，其温度变化相对剧烈，这些湖泊主要集中在青藏高原腹地的羌北无人区，且近15年温度呈升高态势的湖泊也主要集中在这个区域附近。

（3）青藏高原湖泊水量总体上呈现增加态势。尤其是位于北纬35°以北且湖盆内发育冰川的封闭型大湖，绝大多数呈现水量加速增加趋势。对于北纬35°以南人同类湖泊而言，大多数湖泊则呈现水量增速放缓甚至缩小趋势。对水量异常变化的分析表明，遥感技术能够准确监测难以抵达地区湖泊的决堤、大规模渗漏等现象，可为下游生产生活提供信息支援。

（4）青藏高原腹地内处于冰积平原的大湖，温度和水量同步上升的态势明显。这些湖泊位于藏北无人区，受人类活动影响小，海拔较高，近地表气温低，蒸发量较小，湖区温度升高导致湖盆内冰川、冻土消融量增大，冰、雪、冻融径流注入使湖泊水量增速加快。在海拔较低的区域，由于温度相对较高，冻土较少，蒸散量和地下渗流都相对较高，与湖水补给此消彼长，湖泊水量增幅不明显甚至在减少。

本报告提供了利用遥感技术监测湖泊面积、温度和水量变化的客观结果，并就部分湖泊变化的原因作了初步定性分析。后续研究应关注湖泊水量与温度变化的内在联系，处理出更长时间尺度、更密时间间隔的湖泊样本数据，从数学、地理以及较大尺度气候变化的角度，提取温度—水量相关性显著的样本湖泊，分析它们的空间格局特征，研究温度—水量协同变化规律和因果关系，为气候变化研究提供更直接例证。

参考文献

Guo, W., et al. The Second Glacier Inventory Dataset of China (Version 1.0), edited by C. a. A. R. S. D. Center, Lanzhou, 2014.

Jacob, T., J. Wahr, W. T. Pfeffer, and S. Swenson. "Recent Contributions of Glaciers and Ice Caps to Sea Level Rise", *Nature*, 2012, *482*(7386).

Lehner, B., and P. Döll. "Development and Validation of a Global Database of Lakes, Reservoirs and Wetlands", *Journal of Hydrology*, 2004, *296*(1–4).

Ma, R., et al. "China's Lakes at Present: Number, Area and Spatial Distribution, *Sci*". *China Earth Sci.*, 2010, *41*(3).

Phan, V. H., R. Lindenbergh, and M. Menenti. "ICESat Derived Elevation Changes of Tibetan Lakes Between 2003 and 2009", *International Journal of Applied Earth Observation and Geoinformation*, 2012, *17*(0).

Sharma, S., et al. "A Global Database of Lake Surface Temperatures Collected by in Situ and Satellite Methods from 1985–2009", *Scientific Data*, 2015, *2*, 150008.

Song, C., B. Huang, and L. Ke. "Modeling and Analysis of Lake Water Storage Changes on the Tibetan Plateau Using Multi-mission Satellite Data", *Remote Sensing of Environment*, 2013, *135*(0).

Song, C., B. Huang, K. Richards, L. Ke, and V. Hien Phan. "Accelerated Lake Expansion on the Tibetan Plateau in the 2000s: Induced by Glacial Melting or Other Processes?", *Water Resources Research*, 2014, *50*(4).

Song, K., M. Wang, J. Du, Y. Yuan, J. Ma, M. Wang, and G. Mu. "Spatiotemporal Variations of Lake Surface Temperature across the Tibetan Plateau Using MODIS LST Product", *Remote Sensing*, 2016, *8*(10).

Wan, W., D. Long, Y. Hong, Y. Ma, Y. Yuan, P. Xiao, H. Duan, Z. Han, and X. Gu. "A Lake Data Set for the Tibetan Plateau from the 1960s, 2005, and 2014", *Scientific Data*, 2016, *3*, 160039.

Wan, W., et al. "A Comprehensive Data Set of Lake Surface Water Temperature over the Tibetan Plateau Derived from MODIS LST Products 2001-2015", *Scientific Data*, 2017b, 4, 170095.

Wan, W., P. Xiao, X. Feng, H. Li, R. Ma, H. Duan, and L. Zhao. "Monitoring Lake Changes of Qinghai-Tibetan Plateau over the past 30 years Using Satellite Remote Sensing Data", *Chinese Science Bulletin*, 2014, *59*(10).

Wang, X., P. Gong, Y. Zhao, Y. Xu, X. Cheng, Z. Niu, Z. Luo, H. Huang, F. Sun, and X. Li. "Water-Level Changes in China's Large Lakes Determined from ICESat/GLAS Data", *Remote Sensing of*

Environment, 2013, *132*(0).

Yao, T., et al. "Different Glacier Status with Atmospheric Circulations in Tibetan Plateau and Surroundings", *Nature Climate Change*, 2012, *2*(9).

Yao, X., S. Liu, L. Li, M. Sun, J. Luo, and Y. Feng. "Spatial-Temporal Variations of Lake Area in Hoh Xil Region in the Past 40 Years", *Acta Geographica Sinica*, 2013, *68*(7).

Zhang, G., T. Yao, H. Xie, J. Qin, Q. Ye, Y. Dai, and R. Guo. "Estimating Surface Temperature Changes of Lakes in the Tibetan Plateau Using MODIS LST Data", *Journal of Geophysical Research: Atmospheres*, 2014b, *119*(14).

Zhang, G., T. Yao, H. Xie, K. Zhang, and F. Zhu. "Lakes' State and Abundance across the Tibetan Plateau", *Chinese Science Bulletin*, 2014a, *59*(24).

2016年中国秸秆焚烧遥感监测

12.1 秸秆焚烧遥感监测的意义

秸秆焚烧会产生大量热量，同时发生物质转化，产生各种气态物质和细颗粒物，气体有 CO、CO_2、SO_2、NO_X、NH_3、CH_4，挥发性有机物（Volatile Organic Compound，VOC）等，细颗粒物包括有机碳（Organic Carbon，OC）和元素碳（Elemental Carbon，EC）、离子和金属元素等。这些物质排放到大气中会对大气中电磁波的辐射传输产生影响，导致大气污染、加速温室效应等。秸秆焚烧是大气中细颗粒物的一个主要来源，不仅能够恶化区域空气质量，降低大气能见度，而且改变生态系统循环，产生不利的健康效应。特别是当秸秆大规模焚烧遭遇不利天气条件时，极易形成大范围、长时间的污染天气，甚至导致大气重污染事故。

及时准确地监测秸秆焚烧的时间和地点，及时掌握农民进行秸秆焚烧的地域分布和动态变化，对秸秆禁烧的管控工作和空气质量的保障起到至关重要的作用。随着近年来秸秆焚烧对空气质量影响相关研究的深入和社会各界的关注，各级环保部门和其他政府机构开始逐渐加大对秸秆焚烧的管控力度。然而，通过实地考察监督的方式对秸秆焚烧进行统计和监管，已经不能满足环保部门的监测要求。随着卫星遥感技术的不断发展，卫星遥感已成为火点和其他热异常点监测的主要技术手段之一，且已日趋发展成熟。

12.2 2016年秸秆焚烧季节与空间分布

基于 Terra/MODIS 和 Aqua/MODIS 数据，对2016年中国地区秸秆焚烧点进行监测，一至四季度全国秸秆焚烧点密度分布情况和各省份所监测到的秸秆焚烧点总量见图1~图8。2016年共监测到秸秆焚烧点33351个，其中点数最多的省份依次为黑龙江、内蒙古、吉林和辽宁，四个省份的秸秆焚烧点总数占全国的57%。北方秸秆焚烧点分布集中，主要位于东北平原、华北平原、渭河平原和汾河谷地等农业集中区，南方秸秆焚烧点则密度较小，相对分散。由于秸秆焚烧与农业活动密切相关，具有很

强的季节性和区域性。发生秸秆焚烧的区域，随气温的升高逐步自南向北推移。其中，东北地区主要集中在春季（3、4月份）和秋季（10、11月份），华北地区主要集中在夏秋两季（6、10月份），南方秸秆焚烧则主要集中于秋春季节。

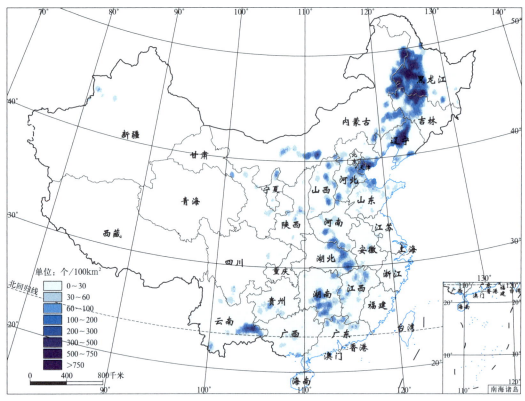

图 1　2016 年第一季度中国秸秆焚烧点密度分布

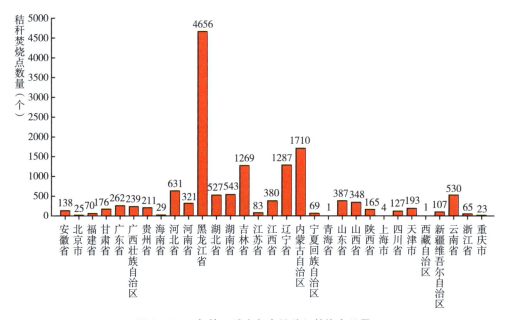

图 2　2016 年第一季度各省份秸秆焚烧点总量

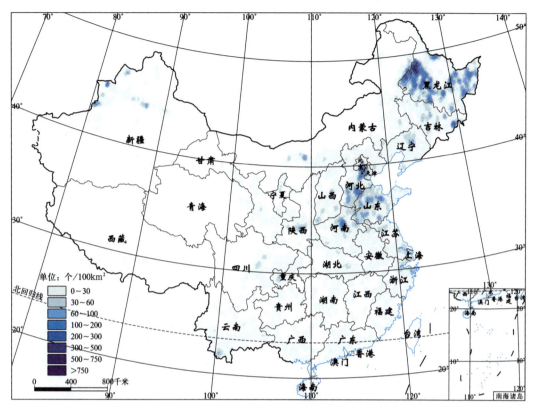

图 3　2016 年第二季度中国秸秆焚烧点密度分布

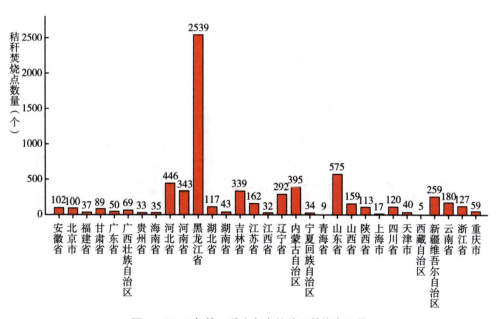

图 4　2016 年第二季度各省份秸秆焚烧点总量

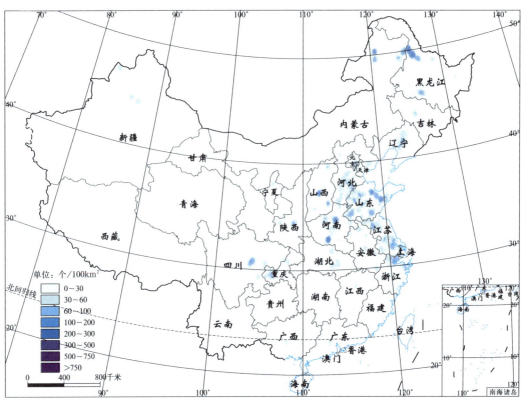

图5　2016年第三季度中国秸秆焚烧点密度分布

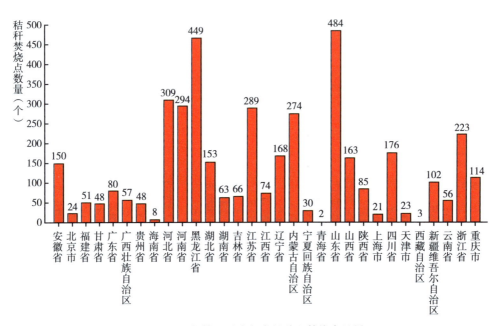

图6　2016年第三季度各省份秸秆焚烧点总量

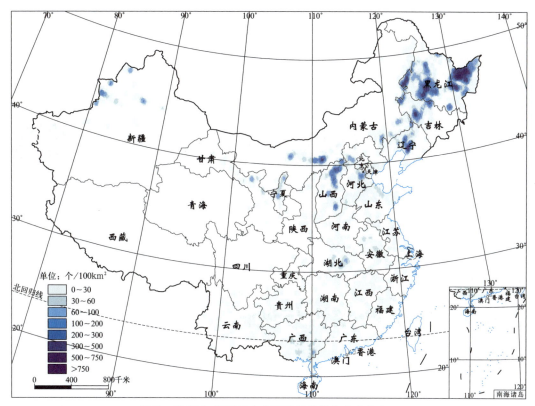

图 7　2016 年第四季度中国秸秆焚烧点密度分布

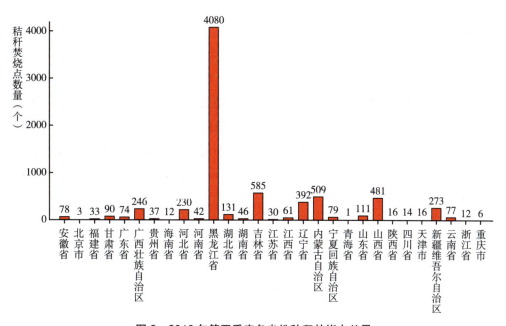

图 8　2016 年第四季度各省份秸秆焚烧点总量

G. 13
九寨沟地震遥感监测与评估

九寨沟地震

九寨沟地震遥感监测与灾情评估[①]

2017年8月8日21时19分，四川省阿坝州九寨沟县（北纬33.2度，东经103.82度）发生7.0级地震，震源深度20千米（见图1）。针对此次九寨沟重大地震灾害，中国科学院遥感与数字地球研究所第一时间启动灾害应急响应预案，开展遥感数据获取与快速处理、滑坡和房屋损毁等地震应急专题信息快速判别与提取以及应急专题图的快速制作等一系列遥感灾害应急监测工作。

本次地震灾情监测区域为距九寨沟地震震中最近、受灾最严重的漳扎镇和九寨沟景区（见图2），灾情监测面积达125平方千米；监测发现滑坡多达20余处；漳扎镇建筑物未见明显坍塌损毁。

---

① 中国科学院遥感与数字地球研究所全球灾害研究室张万昌主任团队提供。

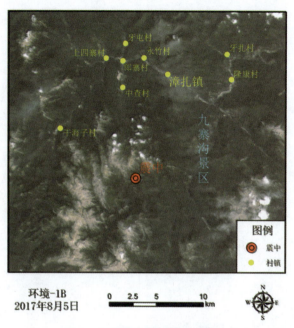

环境-1B
2017年8月5日

图1　九寨沟地震震前遥感影像

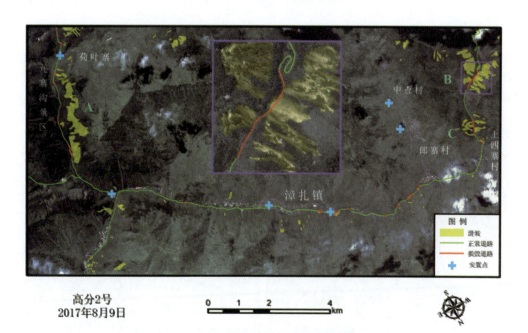

高分2号
2017年8月9日

图2　重点监测区域地震灾情遥感监测

　　由于九寨沟地震滑坡多发，故选取三个滑坡严重区域（见图3）（A、B、C区域
对应位置在图2中标出），作为重点监测区域，对比震前震后遥感影像变化，确定滑
坡范围。并根据分区进行滑坡监测评估，做出滑坡影响评估表（见表1）。

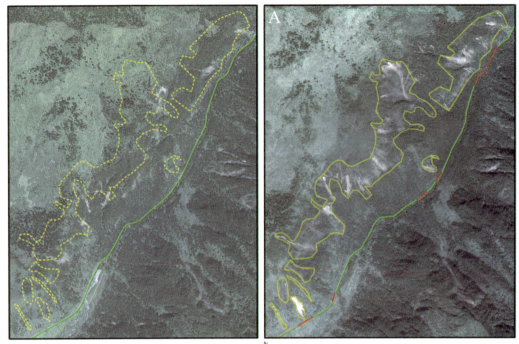

2017年7月1日震前高分二号融合影像 2017年8月9日震后高分二号融合影像

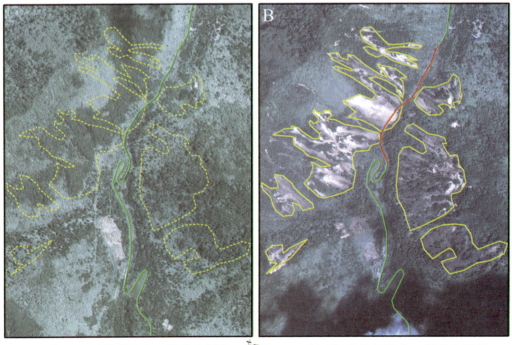

2017年7月1日震前高分二号融合影像 2017年8月9日震后高分二号融合影像

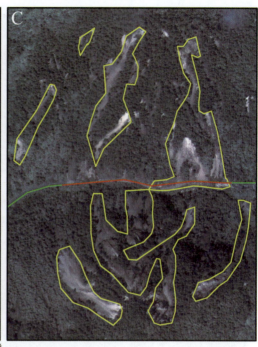

2017年1月15日震前高分一号融合影像　　2017年8月9日震后高分二号融合影像

图3　九寨沟漳扎镇及周边地区严重滑坡震前震后遥感影像对比

表1　九寨沟地震滑坡分区影响评估

滑坡区域	地理位置	影响评估
A 区	九寨沟景区道路两侧 （中心点坐标：103.91° E 33.24° N）	滑坡影响程度一般，有碎石滚落，导致景区部分路段受阻
B 区	S301 公路如意坝附近 （中心点坐标：103.78° E 33.29° N）	滑坡影响十分严重，滑坡阻塞道路，导致 S301 公路中断
C 区	S301 公路上四寨村附近 （中心点坐标：103.79° E 33.30° N）	滑坡影响十分严重，滑坡阻塞道路，导致 S301 公路中断
其他	监测区域其他位置	滑坡影响程度轻微，未对村镇、道路形成较大影响

　　漳扎镇作为九寨沟景区附近人员最密集的区域，也是九寨沟地震受灾最严重的村镇，成为本次建筑物监测的重点对象，选取地处不同位置三个最为典型的建筑物目标（漳扎镇小学、九寨沟金珠林卡度假酒店、九寨沟天源豪生度假酒店），对比其震前震后变化（见图4、图5），发现漳扎镇建筑物未见明显坍塌损毁。

图4 漳扎镇震前震后遥感影像对比

2017年7月1日震前高分二号融合影像 2017年8月9日震后高分二号融合影像

2017年7月1日震前高分二号融合影像 2017年8月9日震后高分二号融合影像

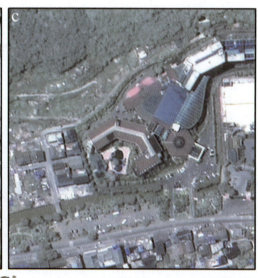

2017年7月1日震前高分二号融合影像 2017年8月9日震后高分二号融合影像

图5 漳扎镇典型建筑物震前震后遥感影像对比

说明：a.九寨沟金珠林卡度假酒店；b.漳扎镇小学；c.九寨沟天源豪生度假酒店。

G. 14
雄安新区遥感监测与分析

　　雄安新区遥感监测与分析中使用的白洋淀流域及白洋淀地表水和湿地变化数据遥感提取说明如下。

　　20 世纪 60 年代白洋淀流域地表水数据的提取，以 CORONA 军事侦察卫星影像为数据源，通过人工目视解译的方式提取区域内不同水体的边界。水体边界提取精度优于 95%；20 世纪 90 年代和 21 世纪前 10 年白洋淀流域地表水数据的提取，以 Landsat TM/ETM+ 影像为数据源，通过增强型水体指数（MNDWI）构建、阈值分割来获取不同水体边界数据，数据提取精度优于 90%。1978 年、1990 年、2000 年和 2008 年白洋淀流域湿地变化监测，以相应年份 Landsat MSS/TM/ETM+ 遥感影像为数据源，结合高程、土壤、土地利用和 Google Earth 数据，采用人工目视解译的方式进行提取，湿地类型分类精度优于 80%。

　　报告中 1964 年白洋淀湿地区洪水边界同样通过人工目视解译提取自 CORONA 军事侦察卫星影像。而 2015 年白洋淀湿地土地覆盖图来自中国科学院遥感与数字地球研究所最新编绘并公开发布的全国 2015 年土地覆盖数据集。

　　20 世纪 90 年代以来，中国科学院遥感与数字地球研究所针对中国土地资源的分类和覆盖、利用、权属及其变化已经完成了多项全国性和区域性的遥感应用研究，自主构建了 20 世纪 80 年代末至 2015 年中国 1∶10 万比例尺土地利用及其动态数据库，包括 7 个时期的土地利用状况数据库和 6 个时段的土地利用动态数据库。2015 年中国 1∶10 万土地利用遥感监测数据库由中国科学院遥感与数字地球研究所首次独立承担构建，于 2017 年 10 月建设完成，是全国土地利用遥感监测工作的最新成果。"20 世纪 80 年代末至 2015 年京津冀地区及雄安新区土地利用状况"即是基于以上数据库信息分析完成的。

　　京津冀地区及雄安新区土地利用遥感监测结果反映了过去 30 年左右该区域的土地利用状况及其变化。遥感监测的信息源以陆地卫星 TM 数据为主，从 2000 年开始逐渐加大我国拥有自主知识产权的中巴地球资源卫星（CBERS）、北京 1 号（BJ-1）和环境 1 号（HJ-1）小卫星等 CCD 数据的使用力度，2015 年监测使用陆地卫星 OLI 数据。

　　京津冀地区及雄安新区土地利用遥感监测方法与中国土地利用遥感监测数据库

建设相同，采用全数字作业方式，在几何精纠正处理的遥感影像上，通过人机交互目视解译方式获取土地利用类型信息及动态信息，以矢量数据表示类型界线，以编码表示类型及动态，有助于准确获取面积和分布信息。力争确保土地利用数据在定性、定位、定时和定量等诸多方面的质量，最终确保数据的适用性和实用性。

分类系统使用中国科学院土地利用遥感监测分类系统，是在全国农业区划委员会制定的土地利用分类系统基础上，针对遥感技术特点和研究目的修改完成的，共包括6个一级类型和25个二级类型，增加了8个三级类型，该分类系统还增加了对动态信息的表示，兼顾了土地利用状况调查和动态监测的双重需要。

土地利用动态是随着土地利用方式转变导致的土地利用类型改变，并进而影响分布和数量。因而，动态信息表示主要包括属性、位置、形状和面积四个方面的内容。连续的、周期性的动态监测中，还包括变化的时间信息。属性、位置、形状和时间共同构成动态信息的核心属性。土地利用动态信息提取与制图中，采用6位数字编码标注动态的类型属性，前3位码代表原类型，后3位码代表现类型，这种属性编码可以清楚地表明变化区域原来以及现在的属性或土地利用方式（见图1）。以具有属性编码的图斑表示位置和分布。

图1　土地利用动态信息的编码表示

14.1　白洋淀流域地表水和湿地遥感监测与分析

雄安新区地处海河流域大清河水系，河流水系发育，历史上是洪涝灾害频发之地（见图2）。中国科学院遥感与数字地球研究所科研人员利用卫星遥感资料，在分析近50年白洋淀流域地表水和湿地退化状况的基础上，提出了新区规划建设应增加白洋淀湿地行洪、滞洪空间的建议。

14.1.1　白洋淀流域地表水及湿地状况遥感监测分析

科研人员分析了近50年白洋淀流域地表水变化情况和1978~2008年白洋淀流域湿地变化情况，发现：①地表水减少严重，从20世纪60年代的1128平方千米减少到2010年的192平方千米（见图3）；②湿地面积大幅减少，河流湿地和湖泊湿地分别从1978年的144.56平方千米、430.73平方千米降到2008年的82.07平方千米、63.05平方千米（见表1），进入2000年以来湿地面积基本保持了稳定，主要归功于

人为调控和保护；③湿地景观破碎、湿地网络不再完整。流域内水资源呈现缺乏现象，由河流—湖泊—沼泽等构成的湿地网络不再完整，从而影响了湿地功能的发挥。

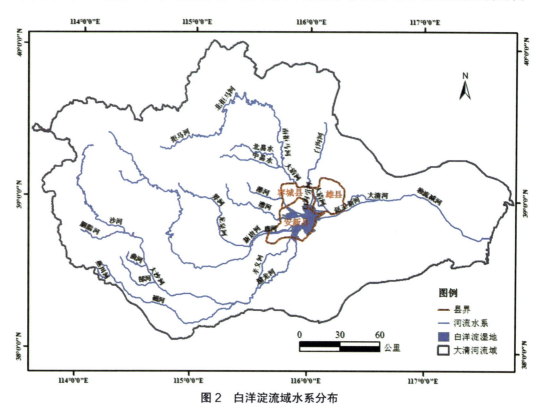

图2　白洋淀流域水系分布

说明：图中红色区域为新区所辖雄县、容城县和安新县。

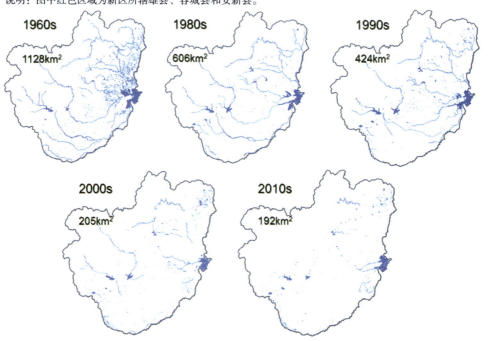

图3　近50年白洋淀流域地表水变化情况

表 1　白洋淀流域湿地变化

面积：平方千米

湿地类型	1978 年	1990 年	2000 年	2008 年
河流湿地	144.56	52.96	24.19	82.07
洪泛湿地	93.93	96.00	139.84	60.43
湖泊湿地	430.73	175.74	70.57	63.05
沼泽湿地	7.73	200.34	134.25	187.19
水库 / 池塘	35.52	39.52	44.44	21.74
人工河渠	22.04	22.04	4.51	1.18

14.1.2　白洋淀湿地状况遥感监测分析

白洋淀湿地总面积 366 平方千米（按十方院大沽高程 10.5 米水位计），是华北平原最大的淡水湿地，也是大清河水系中游地区缓洪、滞洪的大型洼淀，是防洪的重要部位。新中国成立以来，白洋淀流域曾多次发生洪水事件，白洋淀湿地在行洪、滞洪方面发挥了至关重要的作用。以 1996 年 8 月的洪水为例，虽引发洪水的降雨总量相当于 10 年一遇，但暴雨期间白洋淀充分蓄滞洪水，最大滞洪量达 6.5 亿立方米，防止了洪水对下游地区的灾害性影响。此外，1988 年 6~8 月，白洋淀流域发生特大洪水，但此次洪水之前，白洋淀一直处于干涸状态，湿地空间起到了很好的行洪和滞洪作用，未造成损失。2012 年 7 月 21 日，给北京地区带来巨大人员和财产损失的暴雨洪水过程，给白洋淀湿地注入了 0.9 亿立方米洪涝水资源。总体而言，除 1963 年 8 月海河流域特大洪水灾害在白洋淀范围内造成巨大损失外，其他的暴雨洪水事件未在该范围内造成损失，有的甚至还对白洋淀湿地生态的恢复起到了积极作用。

然而近几十年来，受耕地扩张、居民地和旅游开发建设影响，白洋淀核心湿地面积显著萎缩。卫星遥感监测结果表明，1988 年至 2014 年，白洋淀湿地水体、挺水和沉水植物分布区域总面积由 270.2 平方千米缩减为 215.7 平方千米。根据 1964 年 11 月 21 日 CORONA 军事侦察卫星影像监测结果，1963 年大洪水在白洋淀湿地范围的实际滞洪区域面积约为 457.8 平方千米（见图 4）。2015 年卫星遥感监测显示，在 1963 年洪水淹没缓冲区内耕地、建设用地和林地等的总面积为 249.2 平方千米（见图 5），核心湿地面积仅为 208.6 平方千米，远远小于 1963 年洪水淹没缓冲区 457.8 平方千米，也远小于公认的湿地总面积 366 平方千米。

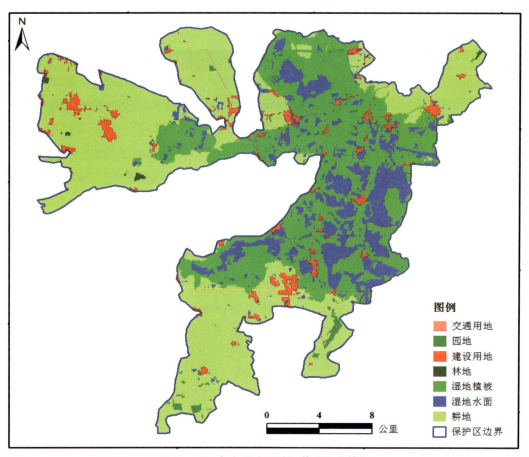

图 4 1964 年白洋淀湿地区蓄滞洪水情况

说明：图中的卫星底图为 CORONA 军事侦察卫星影像（空间分辨率 2.7 米）。

综合上述监测结果，科研人员建议，为防范和避免未来上游地区潜在暴雨洪水过程给新区经济建设和人民财产、健康带来灾害性威胁，在制订和实施新区开发建设方案过程中，需给白洋淀湿地预留出充裕的行洪和滞洪空间。此外，还需要对整个湿地保护区的水上、水下地形展开详细调查，修正并建立新的水位—库容曲线，为未来洪水演进模拟、淹没风险预测和防汛科学调度提供精确的关键基础数据。

14.2 20世纪80年代末至2015年京津冀地区及雄安新区土地利用状况

2017 年 4 月 1 日，在实施"一带一路"倡议及京津冀协同发展大背景下，中央决定在雄县、容城和安新等 3 个县及周边部分区域设立雄安新区，是千年大计、国家大事。

利用中国科学院遥感与数字地球研究所在土地资源遥感研究领域长期积累的科

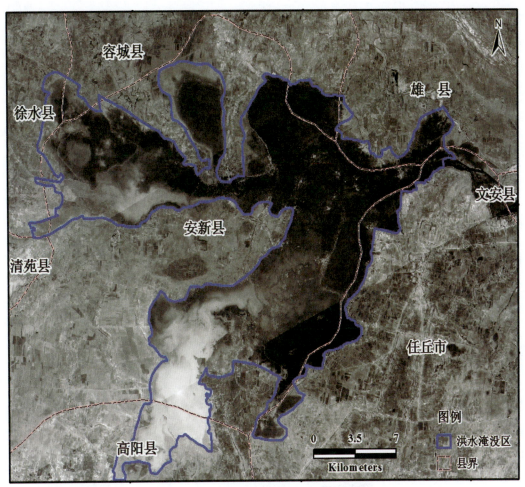

图5 2015年白洋淀湿地保护区土地覆盖

研成果，以自主构建的中国1:10万比例尺土地利用及其动态数据库为支撑，本报告揭示了京津冀及雄安新区三县（雄县、容城县和安新县）土地资源过去30年左右的利用状况及其变化。

1.京津冀地区耕地资源丰富，城乡工矿居民用地密集，土地利用变化以耕地的显著减少和城乡工矿居民用地的明显增加为主

京津冀地区遥感监测面积21.65万平方千米。2015年土地利用构成中，耕地面积最大，总面积为7.53万平方千米，占区域面积的34.78%；其次为林地、草地、城乡工矿居民用地和水域，耕地和城乡工矿居民用地占比明显高于全国平均水平。京津冀地区土地利用类型的区域差异主要受制于地形地貌，其中河北省的构成特点与整个京津冀地区最为相似，耕地面积最大，占全省土地面积的36.42%。北京市内林地面积最大，占全市遥感监测土地总面积的46.78%；其次是城乡工矿居民用

地，面积占比为 22.05%。天津市内耕地和城乡工矿居民用地的面积相当，面积占比分别为 35.63% 和 31.59%。

20 世纪 80 年代末至 2015 年，京津冀地区土地利用变化程度持续增强，综合土地利用动态度由 20 世纪 80 年代末至 2000 年的 0.20% 增至 2010~2015 年的 0.39%，土地利用累计动态变化面积 15547.06 平方千米，占全区土地面积的 7.21%，高于全国平均水平；且存在较为明显的空间差异，近 2/3 的动态分布在河北省。京津冀地区城乡工矿居民用地持续增加；耕地持续减少，不同于全国耕地先增加而 2000 年后持续减少且总体耕地面积有所增加的变化特征。

2.雄安新区三县以耕地为主，农村居民点密度较大

雄安新区三县遥感监测面积 1575.63 平方千米，以耕地、水域和城乡工矿居民用地为主，占区域面积比例依次为 46.60%、15.31% 和 14.66%，均高于京津冀地区平均水平。白洋淀是区域内面积最大的水域，占水域面积的 84.07%，在安新县分布面积最大；耕地以旱地为主，水田很少并且集中于白洋淀周边；城乡工矿居民用地以农村居民点用地为主，城镇用地和工交建设用地相对较少（见图 6、图 7）。

3.雄安新区三县土地利用动态变化剧烈，高于京津冀地区平均水平

20 世纪 80 年代末至 2015 年，土地利用一级类型动态变化面积 219.50 平方千米，占区域面积的 13.93%，超过了同期京津冀 7.21% 的土地利用动态率。以城乡居民

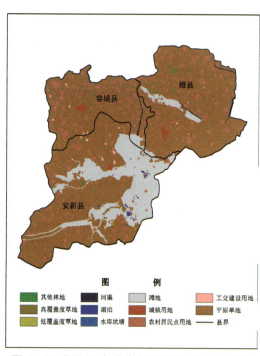

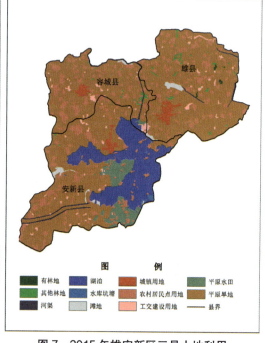

图 6 20 世纪 80 年代末雄安新区三县土地利用　　图 7 2015 年雄安新区三县土地利用

用地扩展占用耕地为主，其次为耕地与水域的相互转化。若同时考虑土地利用一级类型内部的变化，变化面积占区域面积的 28.34%，其中滩地向湖泊的转化占大部分。

4.雄安新区三县城乡工矿居民用地扩大了四成以上，几乎全部为占用耕地

2015 年城乡工矿居民用地较监测初期扩大了 43.28%，低于京津冀 57.20% 的平均水平。20 世纪 80 年代末至 2000 年城乡工矿居民用地扩展速度最快，年均新增 3.40 平方千米，以农村居民点用地扩大为主；2000~2005 年，城乡工矿居民用地面积基本稳定；2005 年后加速扩展，城镇用地、农村居民点用地和工交建设用地全面扩大；2010~2015 年城乡工矿居民用地扩展速度进一步加快，但仍低于 2000 年前的扩展速度，工交建设用地扩展面积上升，高于同期农村居民点用地和城镇用地的扩展面积。新增城乡工矿居民用地始终以占用耕地为主，耕地及耕地内零星其他地类面积合计占新增城乡工矿居民用地面积的 98.04%（见图 8）。

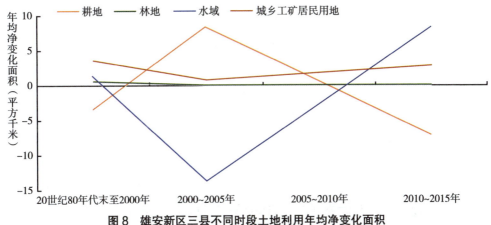

图 8　雄安新区三县不同时段土地利用年均净变化面积

5.雄安新区三县耕地增减动态变化大，但总面积相对稳定

耕地增减动态变化较大，新增耕地 54.11 平方千米，同期耕地减少面积 90.56 平方千米，至 2015 年原有耕地留存比例为 88.25%，耕地总面积净减少 36.45 平方千米，相比监测初期净减少了 4.73%，减少幅度低于京津冀地区 6.48% 的平均水平。新增耕地集中发生在 2000~2005 年，其间新增耕地面积占整个监测时段耕地增加总面积的八成以上，以开垦白洋淀周边滩地为主。耕地减少在各时段均持续发生，2000 年以前及 2010~2015 年减少面积相对较多，分别占耕地减少总面积的 50.48% 和 40.11%。2000 年以前减少的耕地主要流向农村居民点用地；2010~2015 年耕地减少主要是因为耕地还湖，占该时段耕地减少面积的 74.36%，其次为建设占用（见图 9）。

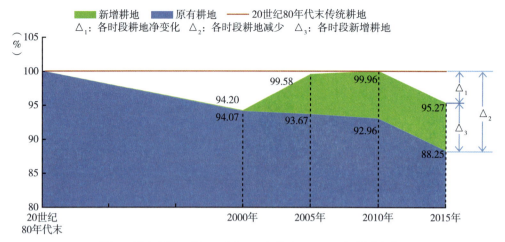

图9 雄安新区三县 20 世纪 80 年代末至 2015 年耕地变化

6.雄安新区三县湖泊水面明显增加，滩地减少

包括湖泊水面、河渠、滩地和坑塘在内的水域变化频繁。20 世纪 80 年代末至 2015 年，水域减少幅度较大，净减少 9.23%，主要为滩地减少。20 世纪 80 年代末至 2000 年，水域面积有小幅度增加；2000 年以后水域大面积减少，2000~2010 年净减少 81.26 平方千米，占 2000 年水域面积的 28.87%；2010~2015 年水域变化趋势改变，开始增加，净增加了 40.98 平方千米。水域在各个时期的增减变化，其主要土地来源或去向均为耕地。水域二级类型内部滩地向湖泊转化面积比较多，主要分布在安新县，且集中发生于 2010~2015 年。

14.3 雄安新区三县空气污染遥感监测与分析

以雄安新区三县 PM2.5 浓度污染状况监测为目标，中国科学院遥感与数字地球研究所研究团队开展了相关遥感应用研究，对 2010 年以来京津冀及雄安新区三县 PM2.5 浓度时空分布状况及变化进行了遥感监测，分析结果如下。

1.雄安新区三县空气污染水平高于京津冀平均水平，安新县7年年平均PM2.5浓度高达125.29 μg/m³

京津冀地区 PM2.5 浓度空间分布呈现南高北低趋势。北部山区城市 PM2.5 浓度较低。重工业城市以及平原地区的污染程度较高，其中南部的邯郸、邢台、石家庄、衡水与东部的天津、唐山、沧州，中部的廊坊污染最为严重，5 年平均达到 125 μg/m³ 以上，部分达到重度污染水平（150 μg/m³ 以上）（见图 10）。

2010年京津冀地区年平均PM2.5分布

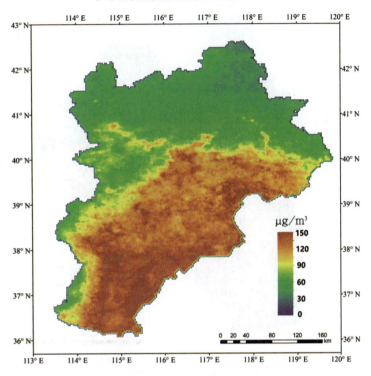

2011年京津冀地区年平均PM2.5分布

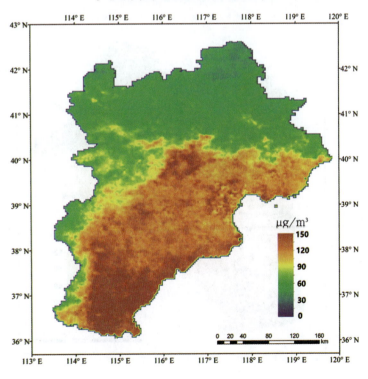

2012年京津冀地区年平均PM2.5分布

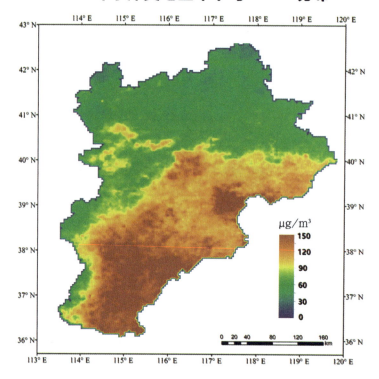

2013年京津冀地区年平均PM2.5分布

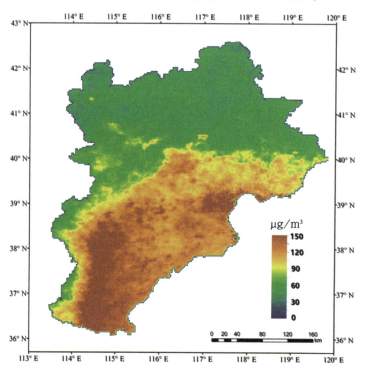

2014年京津冀地区年平均PM2.5分布

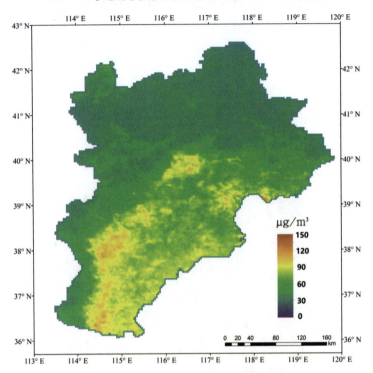

2015年京津冀地区年平均PM2.5分布

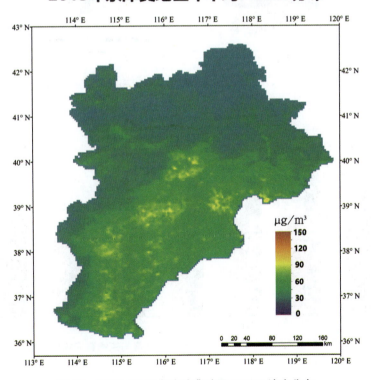

图10 2010~2015 年京津冀地区 PM2.5 浓度分布

雄安新区位于京津冀南部严重污染区域，污染水平高于京津冀平均水平。雄安新区 2010~2016 年 7 年平均 PM2.5 浓度为 122.27μg/m³。安新县、容城和雄县 7 年年平均 PM2.5 浓度分别为 125.29μg/m³、120.31μg/m³ 和 119.1μg/m³（见图 11、图 12）。

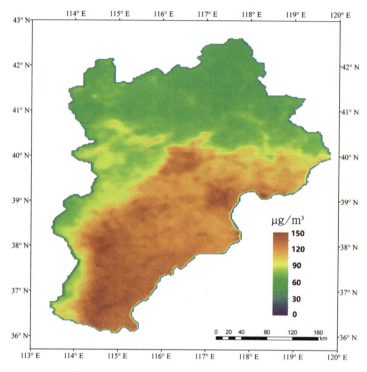

图 11 "十二五"期间京津冀地区 5 年平均 PM2.5 浓度分布

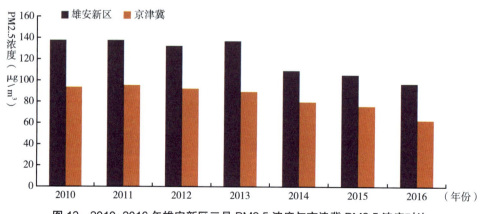

图 12 2010~2016 年雄安新区三县 PM2.5 浓度与京津冀 PM2.5 浓度对比

2. 京津冀PM2.5浓度从2014年开始呈现明显下降趋势,但雄安新区仍处于重污染水平

从时间趋势上看,京津冀地区 2010~2013 年的 PM2.5 浓度处于平稳状态,2014~2015 年两年的 PM2.5 浓度显著降低。2016 年与 2013 年相比,京津冀 PM2.5 浓度年平均值下降了 26.5 μg/m³,下降幅度为 29.7%,平均每年降低 8.8 μg/m³。

2010~2016 年雄安新区三县 PM2.5 浓度显著下降。2010~2013 年新区三县 PM2.5 浓度均值达到 130 μg/m³ 以上,2014 年和 2015 年地区均值分别为 109.23 μg/m³ 和 104.97 μg/m³(见图 13),2016 年地区均值为 96.96 μg/m³。雄安新区三县 2016 年 PM2.5 浓度相比 2010 年呈现显著下降趋势,平均下降幅度为 29.38%。

2010年雄安新区PM2.5浓度分布

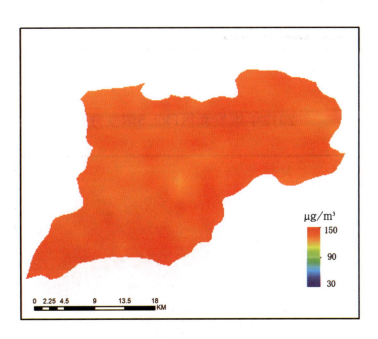

2011年雄安新区PM2.5浓度分布

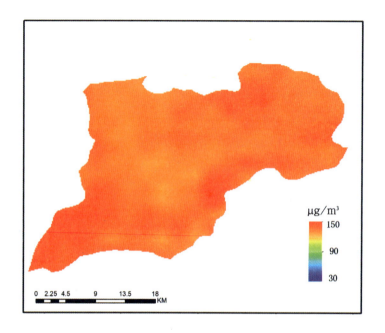

2012年雄安新区PM2.5浓度分布

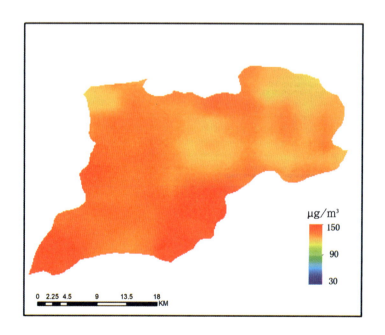

2013年雄安新区PM2.5浓度分布

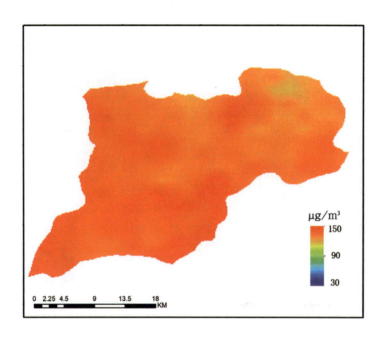

2014年雄安新区PM2.5浓度分布

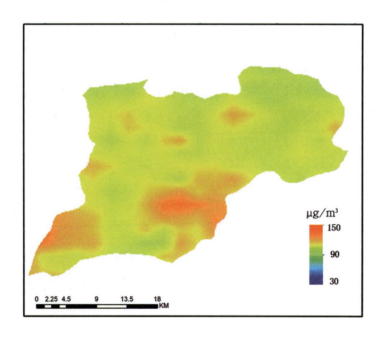

2015年雄安新区PM2.5浓度分布

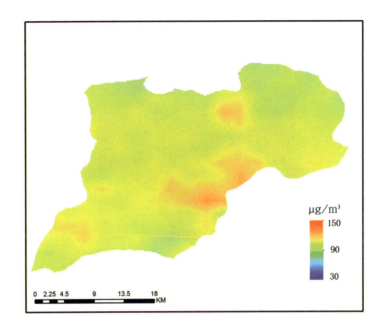

图13 2010~2015 年雄安新区三县 PM2.5 浓度分布

3.雄安新区规划建设须关注雾霾防治

尽管雄安新区三县 PM2.5 浓度从 2013 年开始呈现明显下降，但因为处于京津冀南部严重污染区域，污染水平仍高于京津冀平均水平。雄安将承担国家级新区的重任，其雾霾防范治理须及早着手，防范人口及商业聚集后对空气质量的影响。

附　录

G.15
遥感数据及方法介绍

1.土地

　　中国科学院遥感与数字地球研究所长期坚持进行中国土地利用的遥感监测研究，并选择城市扩展为剖析土地利用时空特点的核心内容。2005 年，选择 4个直辖市、28 个省会（首府）和香港、澳门等 34 个城市，完成了 1972 年以来的城市扩展遥感监测与分析，撰写并出版了《中国城市遥感监测》。2009 年，与中国发展研究基金会合作，增补了 26 个其他城市，完成了 60 个城市扩展的遥感监测与分析，相关内容支持了《中国发展报告 2010——促进人的发展的中国新型城市化战略》的出版。2013 年，在科学技术部国家遥感中心"全球生态环境遥感监测 2012 年报"编制工作的统一安排下，组织实施了"全球生态环境遥感监测 2012 年度报告·中国主要城市扩展遥感监测"的撰写，开展了中国 60 个城市自 20 世纪 70 年代至 2012 年的扩展过程及其土地利用影响监测与分析。2017 年，在"遥感监测绿皮书"《中国可持续发展遥感监测报告（2017）》编写过程中，增补了 15 个大、中、小规模城市，将监测时段延伸到了 2016 年。

城市扩展遥感监测主要使用陆地卫星 MSS、TM、ETM+、OLI 数据和中巴资源卫星（CBERS）、环境 1 号（HJ-1）的 CCD 数据，空间分辨率在 19.5~80 米，使用量超过 1482 景。20 世纪 70~80 年代（具体时段为 1972~1984 年）的城市扩展过程监测使用陆地卫星的 MSS 数据，累计使用量超过 151 景。1984~2011 年的城市扩展过程监测使用了 TM 和 ETM+ 数据，使用量超过 849 景。2010~2013 年的城市扩展过程监测使用了环境 1 号（HJ-1）数据，使用量 127 景。2013~2016 年的城市扩展过程监测使用 OLI 数据，使用量 288 景。中巴资源卫星（CBERS）使用量 67 景，主要用于监测部分城市 2000~2009 年的扩展状况。

城市扩展遥感监测的主要对象是城市建成区面积变化及其对其他类型土地的影响。变化监测是通过比较两个不同时相的遥感图像而实现的，在以遥感数据为主要信息源进行城市扩展的监测与分析时，采用人机交互全数字制图方法，依靠专业人员直接解译变化区域及其属性。每一期分类动态提取完成后，在进行矢量图形编辑中，直接提取原来一期的城市边界，保证各个动态变化图斑的封闭，并从根本上保证所有共用边的完全一致。采用动态更新方法逐时段完成城市扩展制图，直至最终完成 2016 年的城市监测工作。75 个城市累计完成了 1972~2016 年 1432 期现状和 1357 期动态矢量专题制图，建成了城市扩展时空数据库。"1972~2016 年中国主要城市扩展及其占用土地特点"即是基于此数据库完成的。

2.植被

2010～2015 年中国植被状况和国家重大生态工程区内植被状况及变化报告分析中使用的植被参数为生态系统类型产品、叶面积指数（LAI）和植被覆盖度（FVC）。使用的参数产品算法和精度说明如下。

生态系统类型产品为清华大学生产的 2015 年 250 米分辨率产品。生态系统类型制图流程包括 2015 年土地覆盖样本采集、2015 年土地覆盖图制图、制图数据后处理和类型合并。采用验证样本检验生态系统类型精度，制图总体精度为 73%，其中，农田生态系统的平均精度为 56%，森林生态系统的平均精度 79%，草地生态系统的平均精度 61%，湿地生态系统的平均精度 68%，城市生态系统平均精度 54%，荒漠生态系统的平均精度 83%。

MuSyQ LAI 产品以目前可获取的多传感器数据（Terra/MODIS、Aqua/MODIS、NOAA18/AVHRR、FY3A/VIRR、FY3B/VIRR、FY-3A/MERSI 和 FY-3B/MERSI）为数据源，结合 DEM 和地表分类图，在对遥感数据的质量进行分级基础上，基于随机辐射传输模型查找表反演 LAI 得到。利用 2010~2015 年 CERN 站网的 75 个 LAI 实测数据对中国区域 MuSyQ LAI 产品进行直接验证，产品与实测数据相关系数为 0.72，RMSE 为 0.99。利用 MODIS C5 版本 LAI 和 GLASS LAI 产品对 MuSyQ LAI 产品进行交叉验证，MuSyQ LAI 与 MODIS LAI 产品的相关系数 R^2 在 0.9 以上，RMSE 为 0.32；与 GLASS LAI 的交叉验证结果，R^2 为 0.78，RMSE 为 0.56。

GLASS LAI 产品基于 CYCLOPES 和 MODIS C5 LAI 产品聚合后得到的 LAI 数据集为输出，以 MODIS 和 AVHRR 时间序列的地表反射率数据为输入，利用广义回归神经网络（GRNNs）训练后得到 LAI 产品。利用验证站点的 LAI 地面测量数据验证 GLASS LAI 产品，结果表明 GLASS LAI 产品与测量数据的相关系数为 0.77，RMSE 为 0.54，优于 MODIS 和 CYCLOPES LAI 产品。此外，GLASS LAI 产品在时间连续性和空间完整性上更好。

MuSyQ FVC 产品利用构建的不同气候类型、不同土地和植被类型的 NDVI 到 FVC 转换系数，以 NDVI 产品为数据源，采用像元二分模型反演得到。利用甘肃黑河流域和河北怀来地面观测数据对 MuSyQ FVC 产品进行直接验证，相关系数 0.821，标准偏差 0.078；此外，与基于 SPOT-VEGETATION 数据生成的 GEOV1 FCOVER 产品进行交叉验证，MuSyQ FVC 产品在时空连续性方面均优于 GEOV1 FCOVER 产品。

3.大气

美国国家航空航天局（National Aeronautics and Space Administration, NASA）发射的 Earth Observing System（EOS）/Aura 卫星上携带的臭氧监测仪 Ozone Monitoring Instrument（OMI）由荷兰、芬兰和 NASA 联合制造完成，可以获得每日的全球大气对流层臭氧（O_3）和其他各种痕量气体如 NO_2、SO_2 分布的监测结果，并可将结果以空前的空间分辨率（星下点像元空间分辨率为 $13 \times 24km^2$）传输。OMI 采用太阳同步轨道的天底测量方式，以推扫方式成像。OMI 波长范围为 270~500 纳米，分为紫外 1、紫外 2 和可见光 3 个通道。视场角为 114 度，最边缘像元的卫星天顶角大约为 57 度，推扫每行为 60 个像元，每个像元对应地面垂直于轨道宽度从星下点的 24 千米到最边缘像元的 128 千米，幅宽约为 2600 千米，Charge Coupled Device（CCD）的曝光时间为 2 秒，对应地面沿轨长度大约为 13 千米，穿越赤道的时间在当地时间的 13:40 到 13:50，观测周期为每日全球覆盖。由于 OMI 具有较高的光谱分辨率、空间分辨率、时间分辨率和信噪比等优点，被广泛应用于城市尺度区域的大气痕量气体和污染气体等的动态实时监测、空气质量预报和污染气体排放源清单估算等方面。

基于 OMI 数据，分析 NO_2、SO_2 污染气体的光学性质，建立差分吸收光谱反演算法，通过差分将光在大气中的衰减中慢变化部分，即大气分子散射影响去除，同时采用大气辐射传输模型模拟计算仰角观测和垂直方向观测之间大气质量因子与痕

量气体廓线、气溶胶消光系数廓线，压力、温度、臭氧还有云、地表反照率等因素影响，考虑大气重污染背景下大气质量因子查找表的建立。实现大气对流层 NO_2、SO_2 垂直柱浓度的反演。

中国 PM2.5 年平均浓度遥感估算： 中国 PM2.5 年平均浓度遥感估算的数据源为基于 MODIS 数据反演的全国气溶胶光学厚度、环保部中国环境监测总站发布的地面 PM2.5 浓度观测数据以及气象数据。

基于气象数据对 MODIS 气溶胶光学厚度进行湿度订正与垂直订正，建立近地面颗粒物年平均浓度卫星遥感估算模型，进而依据该模型计算地面 PM2.5 浓度，具体步骤如下。

首先，基于 MODIS 数据获取中国全覆盖的气溶胶光学厚度数据集，然后采用公式（1）实现气溶胶光学厚度高度订正得到近地面消光系数 β_0，对于每个省份，按照月份统计气溶胶标高数据 H，计算近地面消光系数 β_0。

$$\tau = \int_0^\infty \beta_z dz = \int_0^\infty \beta_0 * e^{-\frac{z}{H}} dz = H\beta_0 \qquad （1）$$

其次，得到近地面消光系数以后，按以下公式进行湿度订正。

$$\beta_{dry} = \beta_0 / f(RH) \qquad （2）$$

其中增长因子 $f(RH)=1/(1-RH)$，RH 为大气相对湿度。

基于每个省份站点的 PM2.5 观测值和 AOD 数据建立 β_{dry} 和 PM2.5 的卫星遥感估算模型，将该模型与 β_{dry} 的空间分布相结合，即可得到每个省份 PM2.5 的空间分布信息；再根据每个省份 PM2.5 的空间分布信息得到中国 PM2.5 浓度分布，最终得到 2015~2016 年中国 PM2.5 年平均浓度卫星遥感估算结果。

4.棉花

中国经济作物生产形势遥感监测主要采用我国高分辨率对地观测系统的首发星高分 1 号（GF-1）数据、美国 NASA 的陆地卫星（Landsat）数据以及美国对地观测计划系统的中分辨率成像光谱仪（MODIS）等卫星数据，收集 2010~2016 年覆盖中国的全部时相数据。本部分中，棉花空间分布的提取是最重要的一个步骤，是后续生产形势变化分析的重要前提。棉花提取过程中采用的数据处理软件和分析方法如下。

（1）多维遥感分析系统（MARS, Multi-dimensional Analysis of Remote Sensing）

本部分主要采用遥感时间序列分析方法进行棉花空间分布的提取，目前用于时间序列分析的遥感数据集通常是以一种常用格式的文件为基本存储单元，如Geo-TIFF、HDF 等。这些格式的数据，每个文件对应一个时间的数据，对于数据的时间序列分析并不方便。中国经济作物生产形势遥感监测团队研发了多维数据格式 MDD（Multi-Dimensional Dataset），同时配套研发并出版了多维分析软件模块，即 MDA（Multi-dimensional Data Analysis）软件模块，该模块集成于 MARS 多维遥感分析软件中。本部分利用 MARS 软件对遥感时间序列数据进行组织和预处理。

（2）多源遥感数据时空谱融合技术

我国南方地区多云雨，在作物生长旺季往往难以采集到干净无云的影像。为获取连续无云的遥感时间序列数据，本部分采用时空谱融合技术对多源遥感数据信息进行综合，进而获得作物生长季的无云遥感数据，为后续棉花空间分布的提取提供数据基础。

（3）多特征分析技术

本部分采用多特征分析技术提取棉花空间分布信息，综合利用棉花的光谱和物候特征，提取棉花空间分布信息。具体而言，结合棉花吐絮期的光谱特征和表征棉花物候特征的遥感时间序列，以地面实测数据作为棉花训练样本点，通过光谱角匹配、单类支持向量机、随机森林等多种分类方法对棉花种植的空间分布进行提取。最后实地调查新疆棉区共 657 个棉花样本，为棉花空间分布提取结果提供验证支持。

中国棉花生产形势变化监测通过展示棉花主要生产省份 2010~2016 年逐年种植面积的变化量和变化率，表明当前中国棉花种植变化情况。逐年面积变化量和面积变化率的公式如下。

（1）变化量

$$K = Area^{year} - Area^{year-1}$$

其中，K 为逐年面积变化量，$Area^{year}$ 为当年棉花种植面积，$Area^{year-1}$ 为上一年棉花种植面积。

（2）变化率

$$R = \frac{Area^{year} - Area^{year-1}}{Area^{year-1}}$$

其中，R 为逐年面积变化率，表明当年相对于上一年棉花种植面积的增率。

5.蒸散

本书采用基于多参数化方案并适用于不同土地覆盖类型的地表蒸散估算模型 ETMonitor 研制了 2001~2016 年逐日 1 千米分辨率全国时空连续的地表蒸散产品。 ETMonitor 模型利用辐射通量、降水、风温湿压等气象条件以及多源遥感数据反演的地表参数作为驱动，以主控地表能量和水分交换过程的能量平衡、水量平衡及植物生理过程的机理为基础（Cui & Jia，2014；Hu & Jia，2015；Zheng et al.，2016），所计算的地表蒸散量包括：① 对于水体下垫面，计算水面蒸发；② 对于冰雪下垫面，计算冰雪升华；③ 对于植被与土壤组成的混合下垫面，分别计算冠层降水截留蒸发、土壤蒸发和植被蒸腾。

本书中 ETMonitor 模型主要输入数据包括以下方面。

（1）大气驱动数据：欧洲中期天气预报中心（ECMWF）发布的 ERA‐Interim 全球近地面大气再分析数据，包括气温、露点温度、气压、风速、向下短波辐射、向下长波辐射等。

（2）遥感定量反演产品：北京师范大学全球陆表特征参量（GLASS）地表反照率和叶面积指数产品、欧洲航天局（ESA）CCI 土壤水分产品、美国国家海洋和大气管理局（NOAA）CMORPH BLENDED 降水产品以及美国国家航空航天局（NASA） MCD12 土地覆盖数据产品。

为保证地表蒸散遥感产品的准确性，利用涡动相关仪可以直接对遥感估算的地表蒸散进行验证。在蒸散产品研制过程中，利用华北地区海河流域、西北地区黑河流域、青藏高原以及中国通量网的涡动相关仪潜热通量观测数据对 ETMonitor 中国区域蒸散产品进行精度评价，多数站点的相对误差介于 10%~20%。

根据中华人民共和国水利部发布的《2016 年中国水资源公报》（全国性的数据未统计香港特别行政区、澳门特别行政区和台湾省，下同），2016 年从国境外流入我国境内的水量 179.9 亿立方米，从我国流出国境的水量 6083.6 亿立方米，流入界河的水量 1124.6 亿立方米，全国入海水量 20825.5 亿立方米，因此全国盈余径流量折合年径流深 294.2 毫米。2016 年全国平均降水量 730.0 毫米（《2016 年中国水资源公报》），在不考虑年末相对于年初的蓄水动态变化条件下，根据水量平衡法得到全国平均蒸散量 435.8 毫米。以此作为参考验证的"相对真值"，遥感估算全国平均蒸散量 452.3 毫米，因而可以得到其相对误差为 3.8%。遥感估算全国平均降水量 736.4 毫米，与《2016 年中国水资源公报》降水量数据相比，相对误差为 0.9%（Lu et al，2016）。在上述基础上可以得到遥感估算全国平均水分盈余量 284.1 毫米，相对误差为 -3.4%。

参考文献

Cui Y.K., Jia L. "A Modified Gash Model for Estimating Rainfall Interception Loss of Forest Using Remote Sensing Observations at Regional Scale". *Water*, 2014, 6(4).

Hu G.C., Jia L. "Monitoring of Evapotranspiration in a Semi-Arid Inland River Basin by Combining Microwave and Optical Remote Sensing Observations". *Remote Sensing,* 2015, 7(3).

Lu J., Jia L., Zheng C.L., Zhou J., van Hoek M., Wang K. "Characteristics and Trends of Meteorological Drought over China from Remote Sensing Precipitation Datasets". *IEEE International Geoscience and Remote Sensing Symposium* (IGARSS), 2016. doi: 10.1109/IGARSS.2016.7730977.

Zheng C.L., Jia L., Hu G.C., Lu J., Wang K. "Global Evapotranspiration Derived by ETMonitor Model Based on Earth Observations". *IEEE International Geoscience and Remote Sensing Symposium* (IGARSS), 2016. doi: 10.1109/IGARSS.2016.7729049.

6.湿地

（1）滨海潮间带遥感监测数据与方法

中国沿海水边线主要分为基岩水边线、沙砾水边线、淤泥质水边线、养殖围堤、盐田围堤等。本报告采用最大似然分类法并结合目视解译进行水边线的提取。在此基础上将中国海岸线分为53个岸段，每个岸段内均包含有一个验潮站，以验潮站的潮汐数据代表对应岸段的潮位数据。对每个岸段至少采用不同时间的2幅遥感影像，分别进行瞬时水边线提取和瞬时潮位计算，得到两景影像之间的潮位差 ΔH 与水边线间距 ΔL，进而推算出各个岸段的坡度。水边线间距利用连续函数的均值定理，求出两条水边线所围面积，然后除以岸段直线长度，得到水边线间距。然后通过卫星过境时刻潮位与多年平均高低潮位，计算出瞬时水边线对平均高低潮线的校正距离。然后利用ArcGIS进行建模，对瞬时水边线的潮位校正，得到各年份平均大潮高潮线与平均低潮特征线，围合高低潮线得到潮间带范围。

附表　中国沿海海岸分段

代码	岸段 / 验潮站	代码	岸段 / 验潮站	代码	岸段 / 验潮站
1	辽宁鸭绿江口—庄河港 /丹东新港	19	江苏新淮河口—扁担港 /滨海港	37	福建水澳—安海湾口 /深沪港
2	辽宁庄河港—旅顺港 / 大连	20	江苏扁担港—射阳河口 /射阳河口	38	福建安海湾口—西溪口 /石井
3	辽宁旅顺港—葫芦山湾口 /金县	21	江苏射阳河口—新洋港 /新洋港	39	福建西溪口—赤兰溪口 /厦门
4	辽宁葫芦山湾口—辽河口 /鲅鱼圈	22	江苏新洋港—晚庄港 /新洋港	40	福建赤兰溪口—广东乌坎港 /汕头
5	辽宁辽河口—大凌河口 /老北河口	23	江苏晚庄港—吃饭港 /陈家坞	41	广东乌坎港—渡头河口 /汕尾
6	辽宁大凌河口—烟台河口 /锦州港	24	江苏吃饭港—新开港 /强港	42	广东渡头河口—珠江口 /香港
7	辽宁烟台河口—狗河口 /团山角	25	江苏新开港—上海长江入海口 / 吕四	43	广东珠江口—那龙河口 /澳门
8	辽宁狗河口—河北饮马河口 /芷锚湾	26	上海长江入海口—芦潮港 /中浚	44	广东那龙河口—博茂港 /西葛
9	河北饮马河口—陡河口 /京唐港	27	上海芦潮港—浙江海盐塘口 /金山嘴	45	广东博茂港—老港 /湛江
10	天津陡河口—北排河口 /塘沽	28	浙江海盐塘口—北排江口 /澉浦	46	广东老港—蛋场港 /流沙
11	河北北排河口—山东黄河入海口 /东风港	29	浙江北排江口—金塘港 /镇海	47	广东蛋场港—安铺港 /下泊
12	山东黄河入海口—黄水河口 /龙口	30	浙江金塘港—大嵩江口 /崎头角	48	广东安铺港—广西北海港 /铁山港
13	山东黄水河口—威海港 /烟台	31	浙江大嵩江口—中央港 /西泽	49	广西北海港—北仑河口 /企沙
14	山东威海港—车道河口 /成山角	32	浙江中央港—洞港 /旗门港	50	海南海南湾口—东方港 /三亚
15	山东车道河口—辛家港 /石岛	33	浙江洞港—桐丽河口 /海门	51	海南东方港—海南湾口 /新盈
16	山东辛家港—潮河口 /青岛	34	浙江桐丽河口—温州湾口 /东门村	52	台湾永安港—红毛港 /基隆
17	山东潮河口—江苏灌河口 /岚山港	35	浙江温州湾口—大门港 /瑞安	53	台湾红毛港—永安港 /高雄
18	江苏灌河口—新淮河口 /燕尾	36	浙江大门港—福建水澳 /三沙		

（2）中国水稻田遥感监测数据与方法

本报告中水稻田的遥感监测与分析采用的是MODIS陆地产品，反射率数据MOD09Q1产品和MOD09A1产品。MOD09Q1为8天合成250米分辨率的反射率数据，包括MODIS的1波段和2波段。MOD09A1为500米分辨率的8天合成反射率数据，包括MODIS的3-7波段，为保证数据分辨率一致，将MOD09A1插值成250米空间分辨率。该数据由美国国家宇航局（NASA）的EOS数据中心免费提供(https://lpdaac.usgs.gov/)。中国所在的格网范围一期数据包括19景，8天合成一期，每年有46期数据，2000年、2005年、2010年和2015年4年共3496景数据。

报告中DEM数据是指来自SRTM（Shuttle Radar Topography Mission）的共享数据。SRTM DEM数据有两种分辨率：1″ × 1″ （SRTM1），以一弧度秒的经度和纬度为采集数据间隔，生成约30米分辨率DEM数据；3″ × 3″ （SRTM3）是以每隔3弧度秒为间隔采集数据，生成90米分辨率DEM， SRTM3数据对全球免费发布。报告使用的即是SRTM3，该数据通过CGIAR-CSI（CGIAR Consortium for Spatial Information）（http://srtm.csi.cgiar.org/）下载获取，全国共覆盖64幅。

水稻田提取基本步骤包括：首先基于SRTM数据计算坡度，基于MODIS数据计算时间序列的NDVI、缨帽变化的湿度分量和NDWIB4，B2，并对时间序列数据进行滤波处理。为减少数据冗余，提高分类效率，分别对上述3个指数做主成分分析，每个指数均仅选择前三个主成分分量用于分类，分类方法为支持向量机分类方法。采用混淆矩阵评价水田分类精度，并利用Kappa系数进行评价。经计算，2000年、2005年、2010年和2013年分类结果的总体精度均达到0.8以上，分别为0.85、0.83、0.82和0.84， Kappa系数达到0.79以上，分别为0.83、0.80、0.79和0.81。

（3）中国红树林遥感监测数据与方法

基于遥感数据进行红树林空间分布制图的精度，与卫星遥感图像空间分辨率、波谱宽度和数量、时间分辨率、专家经验等密切相关。空间分辨率越高，对红树林的识别越准确。为降低不同专家对红树林区域解译的随意性，本报告对红树林的遥感判读以较高空间分辨率10米的欧洲哨兵（Sentinel-2）多光谱图像数据为主要基础。首先对图像进行多尺度图像分割，所有红树林斑块识别均在分割单元上进行。部分区域无法获得无云的Sentinel-2多光谱图像，辅以谷歌地球的2017年高空间分辨率图像人工目视解译。

Sentinel-2提供了10米分辨率的多光谱影像，可覆盖13个光谱波段，刈幅宽度达290千米，自2015年6月发射以来，提供了城市化、农业、林业、海水污染等多方面的监测信息。本报告利用中国沿海区域红树林可能生长区域的2017年Sentinel-2多光谱遥感影像，除不选用波段1、11和12以外，选取剩余10个波段进行图像合成。将图像的每个波段都参与多尺度分割，分割参数设置为形状指数0.1，紧致度指数0.5。将分割单元导入GIS软件，进行专家目视解译。

7.2016年我国重大自然灾害监测

重大自然灾害监测主要使用了灾前、灾后高分系列卫星遥感影像（高分1号：2米全色、8米多光谱、16米宽幅多光谱；高分2号：0.8米全色、3.2米多光谱），辅助使用了 Radarsat-2 雷达影像、无人机航空影像以及 1∶10 万比例尺土地利用数据。

灾害监测数据处理流程主要包括：①数据的预处理：对原始卫星、航空影像进行系统几何校正；②数据的配准：将灾前、灾后影像及基础数据进行配准；③信息提取：通过自动或人机交互方法，提取致灾因子和承灾体的信息；④灾情分析：对承灾体损失情况进行统计分析。

8.CO$_2$浓度变化

在大气 CO$_2$ 卫星遥感观测中，目前可以收集获取到大气 CO$_2$ 柱浓度数据的有 3 颗卫星，包括欧空局 2002 年发射的环境卫星（ENVI ronmental SATellite，ENVISAT）、日本 2009 年发射的温室气体观测卫星（The Greenhouse Gases Observing SATellite，GOSAT）、美国 2014 年发射的轨道碳观测卫星 2 号（Orbiting Carbon Observatory 2，OCO-2）。其中 ENVISAT、GOSAT 和 OCO-2 可以分别获取 2002~2012 年、2009~2016 年、2015 年至今的 XCO$_2$ 数据。ENVISAT 搭载的大气制图扫描成像吸收光谱仪（Scanning Imaging Absorption Spectrometer for Atmospheric Chartography，SCIAMACHY），采用光栅扫描成像，幅宽为 960 千米，星下点空间分辨率是 30×60 千米，重返周期是 36 天，其反演得到的大气 CO$_2$ 柱浓度精度验证在 4 ppm 以内。GOSAT 搭载的热红外和近红外碳观测传感器（Thermal and Near-infrared Sensor for Carbon Observation TANSO），采用干涉成像，幅宽是 790 千米，星下点的观测直径为 10.5 千米，重返周期是 3 天，其得到的大气 CO$_2$ 柱浓度精度验证在 2 ppm 以内。美国的 OCO-2，采用光栅扫描成像，幅宽是 5.2 千米，星下点的空间分辨率是 1.29×2.25 千米，重返周期是 16 天，其反演得到的大气 CO$_2$ 柱浓度精度验证在 1 ppm 以内。

以上 3 颗卫星获取大气 CO$_2$ 柱浓度方法的基本原理是以大气中 CO$_2$ 分子在近红外光谱段的吸收特征为基础，利用卫星观测的超光谱数据，通过大气辐射全物理过程的反演得到大气 CO$_2$ 柱浓度。大气 CO$_2$ 柱浓度（XCO$_2$）的物理表征公式如下：

$$XCO_2 = \frac{\int_0^\infty u(z)\,N_d(z)\,dz}{\int_0^\infty N_d(z)\,dz} \qquad (1)$$

式中 $u(z)$ 表示 CO$_2$ 在高度为 z 的干空气摩尔分数，$N_d(z)$ 是在高度为 z 的总干空气总分子数密度。

由于卫星观测大气光谱特征的复杂性，科学家们开发了有不同优势的多种反演大气 CO_2 柱浓度算法，不同卫星有不同的反演算法，且同颗卫星也有多种算法。本报告所使用的大气 CO_2 柱浓度数据，对于 SCAIMACHY 观测收集了布莱梅 DOAS 最优估计算法（BESD）发布的大气 CO_2 柱浓度数据；对于 GOSAT 和 OCO-2 收集了 ACOS/OCO-2 团队提供的反演算法发布的大气 CO_2 柱浓度数据。

报告的数据分析中，首先对收集的大气 CO_2 柱浓度数据进行了异常数据过滤预处理，提取全球陆地区域的数据样本。针对 SCIAMACHY、GOSAT 和 OCO-2 卫星传感器及其反演的大气 CO_2 柱浓度的空间和时间分辨率的差异，我们利用模式输出数据集，CarbonTracker 剖面浓度数据，对不同卫星观测反演的大气 CO_2 柱浓度进行传感器敏感性校正和时空尺度转换归一化处理，生成具有统一时空分辨率的观测数据集（时间分辨率为 8 天，空间分辨率为 30 千米）。基于该数据集分别统计全球及区域的大气 CO_2 柱浓度月均值及年均值，以分析全球及区域大气 CO_2 柱浓度的长时间序列变化趋势。

在均值计算过程中，分纬度带进行所有卫星观测柱浓度的均值求取。在此基础上，进行年均值和全球月均值的计算。年增长量和多年平均增长是根据年均值的年际差值计算。季节变化幅度是使用公式（2）对月均值时间序列拟合，去除线性增长趋势，用年内最大、最小值差异表示。变化趋势线根据以下公式中的线性部分得到。

$$x(t) = k_0 + k_1 \times t + \sum_{i=1}^{2} (a_i\cos(2\pi it) + b_i\sin(2\pi it)) \qquad （2）$$

其中，k_0 表示起始浓度值，k_1 表示 CO_2 浓度的时间增长率，t 表示时间，$\sum_{i=1}^{2} (a_i\cos(2\pi it) + b_i\sin(2\pi it))$ 三角复合函数表征 CO_2 浓度的季节变化特征。

全球的浓度时空分布是利用地统计方法对卫星观测数据进行时空插值处理得到全球时空连续的大气 CO_2 柱浓度数据（Zeng et al., 2016）。与排放相关的大气 CO_2 格网浓度的异常值使用格网点 XCO_2 与区域中值的差异值表示，进而进行异常分布统计和与排放数据的关联分析。

9.耕地产粮及其资源消耗和环境影响

耕地产粮的资源消耗与环境影响主要通过融合遥感监测数据、气象数据、统计数据和文献信息等多源数据，采用空间分配模型、物质平衡模型、非线性统计模型、CH4MOD 甲烷排放模型等方法获取。遥感监测数据包括 1∶10 万全国土地利用

遥感监测数据库；统计数据包括：全国作物播种面积和产量（其中水稻、玉米、小麦和大豆4种主要作物采用县级统计数据，其他作物采用省级统计数据）、县级有效灌溉面积、化肥施用量等；文献信息包括作物物候、不同作物不同区域化肥施用强度等信息。

土地资源的消耗我们采用中国1:10万土地利用数据库中耕地面积分布数据来表示。水资源的消耗，我们首先采用全国县级有效灌溉面积，根据作物物候、作物灌溉比例以及耕地面积分布，制成全国不同作物灌溉面积空间分布图（5′×5′栅格）；在此基础上，采用基于联合国粮农组织的作物系数法计算获得的不同作物灌溉用水需求量空间分布数据（5′×5′栅格），获取不同作物单位面积灌溉用水量；将其与作物灌溉面积相乘，得到各种作物的灌溉用水量，并最终计算14种作物灌溉需水量。对化肥的消耗，因氮肥和磷肥的施用对环境影响较大，我们主要考虑了这两个方面。采用全国县级化肥施用量数据，结合文献中关于不同作物单位面积施肥量的信息以及耕地面积分布图进行作物分配和空间分配，获取不同作物氮肥和磷肥施用的空间分布图，进而得到14种作物的氮肥和磷肥消耗总量。

基于以上我国耕地产粮资源消耗结果，采用物质平衡模型，计算作物生长过程中氮、磷投入与作物产出氮、磷收获之间的差值，获取耕地产粮过程中的氮和磷过量值，以反映化肥过施问题，实现耕地产粮对水环境潜在影响的评估。基于水稻播种面积空间分布和产量情况、各种作物化肥和有机肥施用情况，采用稻田甲烷排放模型（CH4MOD）和非线性统计模型（NLNRR），计算农田管理过程中的温室气体排放（包括水稻甲烷排放和肥料施用导致的 N_2O 排放），实现耕地产粮对大气环境影响的评估。

10.植被生产力

由于本专题介绍的不仅仅是中国植被净初级生产力变化监测，还对中国及全球主要国家植被净初级生产力进行了对比分析，因此，需要一个当前全球普遍认可的植被净初级生产力产品。本专题采用的是美国蒙大拿大学（University of Montana）陆地数值动态模拟组（Numerical Terra dynamic Simulation Group, NTSG）生产的最新版本的2000~2015年植被净初级生产力产品。此数据产品已进行MODIS数据产品的三级（Stage-3）验证，可以用于科学应用与出版。

本专题利用中国与世界主要国家边界、中国各省级行政单元边界、最新的"三北"防护林区域边界，获取各国、中国各省级行政区域、"三北"防护林区域的植被净初级生产力2000~2015年各年的总值、平均值、像元水平的年际变化率。首先，比较中国及全球主要国家的植被净初级生产力情况，突出中国植被净初级生产力总量、平均值在全球范围内的地位，尤其是2000~2015年来的变化趋势。其次，分析中国植被净初级生产力 2000~2015 年时空变化，及各省级行政区域的分布与变化情况。由于 2000 年以来我国对"三北"防护林区域植树造林投入加大，本报告最后突出分析 2000~2015 年"三北"防护林区域的植被净初级生产力变化情况。

11. 青藏高原湖泊变化数据及方法介绍

湖泊地理信息主要涵盖青藏高原 10 平方千米以上湖泊面积、位置、海拔、边界矢量等信息。其中，20 世纪 60 年代湖泊数据由全国首次湖泊调查人工测绘成果数字化得到，2002 年、2005 年、2009 年和 2014 年湖泊面积数据源为中巴地球资源 1 号、Landsat TM/ETM+、高分 1 号 WFV 相机以及 Landsat8 OLI 等国内外多光谱卫星遥感影像，采用人工目视解译、交叉核验的方法勾绘。湖泊海拔信息由 SRTM 90 米分辨率 DEM（Digital Elevation Model, 数字高程模型）v4.1 版本数据中获取。

湖泊温度数据源自搭载在 Terra 卫星上的中分辨率成像光谱仪（Moderate Resolution Imaging Spectroradiometer, MODIS）生产的 8 天合成、1 千米分辨率地表温度产品 MOD11A2（version 6），时间跨度为 2001~2015 年。包含日间和夜间两套数据集，并经过了湖泊边界缓冲区处理和湖泊表面温度时间序列时域滤波处理，以消除薄云像元的影响。

湖泊水量变化数据由 DEM 信息和不同时相湖泊面积信息计算得到。从 DEM 数据中提取湖泊上方高度为 H 的封闭等高线区域 C，则估算湖泊水量变化公式如下：

$$A_{i+1} \, F_{i+1} - A_i \, F_i = \frac{3 \, \Delta_V}{H}, \qquad (1)$$

式中 A_i 为时相 T_i 的湖泊面积；$F_i = r_i / (r_c - r_0)$，其中 r_i、R_0 分别表示在时相 T_i、T_0 与湖泊面积 A_i、A_0 相等的圆的半径，r_C 表示与等高线区域 C 面积 A_c 相等的圆的半径。称 F_i 为调谐系数，$A_i F_i$ 为调谐面积。F_i 在数学上对湖泊面积变化具有调谐作用，使调谐后的面积变化符合本文提出的假设。在物理上，AF 的变化量 ΔAF 反映湖水体积的相对变化，以 $H=10$ 米为例，ΔAF 是湖泊水量变化的 1/300（单位：km^3）。

12. 秸秆焚烧

（1）方法技术

常温（约 300K）地表辐射峰值波长在热红外的 11.2 μm 波段附近，秸秆焚烧火点等较高温度的热辐射峰值波长在中红外 3.9 μm 附近。当观测像元内出现火点时，火点所在像元的高温在中红外波段引起的辐射率增量将大大高于热红外波段，使得各个通道在该像元的辐射率加权平均值增量及亮温增量不同，从这一差异可以确定热异常点所在像元。将热异常点数据与区域土地利用数据进行叠加分析，通过选择有可能发生秸秆焚烧的地区来提取秸秆焚烧火点。最后利用包括秸秆焚烧区域

实测数据、气象测量数据以及其他星载和机载数据等在内的一系列辅助数据，对提取的焚烧火点数据进行比对验证，从而对秸秆焚烧火点进行信度估算。

（2）主要数据源

VIIRS、MODIS 等极轨卫星载荷和 AHI 等静止卫星载荷的中红外（~4μm）和热红外（~11μm）波段数据、区域边界矢量数据、土地利用类型数据。

（3）技术流程

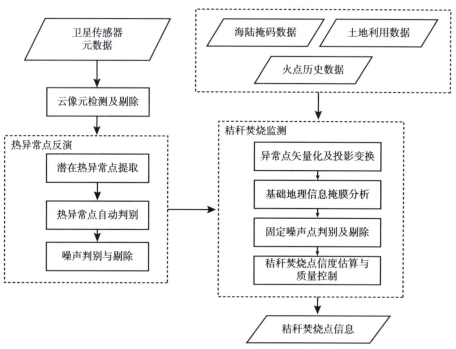

①根据云检测产品和海陆掩码选出适合的无云陆地像元，提取中红外和热红外两个波段的表观辐射亮度，并计算其表观亮度温度；②设置上述两个通道亮温差值的阈值，满足这一条件的无云陆地像元即标记为潜在热异常点；③通过比对目标热异常像元的温度特性与背景有效像元温度特性，判断目标点是否为真热异常点；④辅助以土地利用类型图、真彩图、连续多天同一地区的火点数据，剔除林火、草原火、噪声火点和燃煤电厂等其他火点，保留由秸秆焚烧引起的火点；⑤通过目标区实测的焚烧面积、火点密度等数据，以及高分辨率的真彩色图像，与反演的秸秆焚烧火点进行比对验证，综合考虑比对与验证结果，形成秸秆焚烧火点信度数据。

（4）输出形式

序号	产品名称	文件格式	产品描述
1	秸秆焚烧数据产品	txt	火点像元经纬度、亮温和信度等

16.1 雄安新区长时间序列卫星遥感影像（1979~2017）

雄安新区位于中国河北省保定市境内，地处华北平原腹地，范围涵盖河北省雄县、容城、安新等3个县城及周边区域。2017年4月1日，中共中央、国务院决定在此设立国家级新区，这是一项具有全国意义的新区规划，是千年大计、国家大事。利用LANDSAT系列卫星影像，可从长时间跨度上宏观了解雄安新区的生态环境动态变化。

LANDSAT-2 TM 1979.9.6

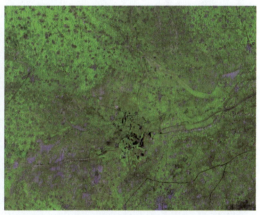

LANDSAT-5 TM 1984.8.16

LANDSAT-5 TM 1990.9.18

LANDSAT-5 TM 1990.9.18

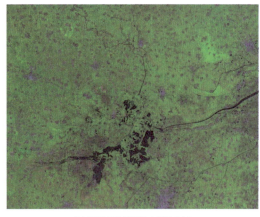

LANDSAT–5 TM 1994.9.13

LANDSAT–5 TM 1995.9.16

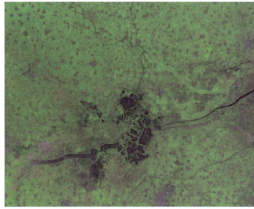

LANDSAT–5 TM 1991.8.4

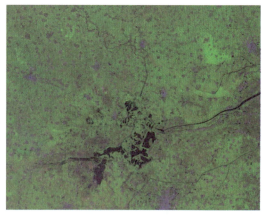

LANDSAT–5 TM 1994.9.13

LANDSAT–5 TM 1995.9.16

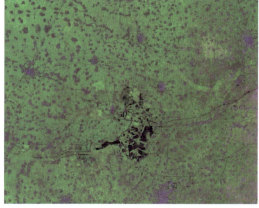

LANDSAT–5 TM 1999.8.10

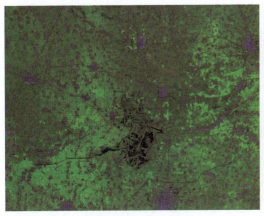

LANDSAT–5 TM 2004.9.8

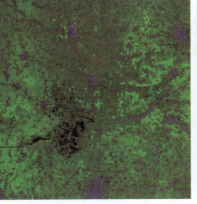

LANDSAT–5 TM 2009.9.22

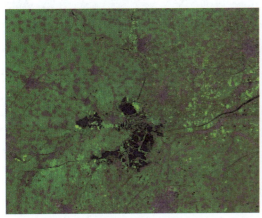

LANDSAT–8 OLI 2014.8.19

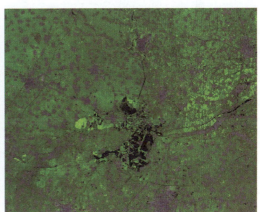

LANDSAT–8 OLI 2015.8.22

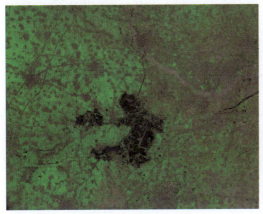

LANDSAT–8 OLI 2017.3.25

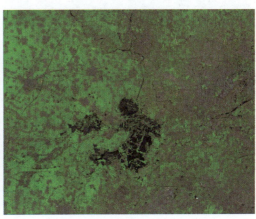

LANDSAT–8 OLI 2017.5.23

16.2　北京新机场开工建设以来卫星遥感影像
（2015~2017）

北京大兴国际机场，又称北京第二国际机场、北京新机场，位于北京大兴区，自 2015 年开工以来，取得突飞猛进的进展，展示了新的"中国速度"。建成后，将成为继北京首都国际机场、北京南苑机场后的第三个客运机场。利用 2015 年到 2017 年国产高分 1 号（GF-1）和高分 2 号（GF-2）卫星遥感影像进行制图，该图能够动态展现这一宏伟的建设过程，影像波段组合为：3（R）4（G）1（B）。

GF-1　2015.1.2

GF-1　2015.2.16

GF-1　2015.3.25

GF-1　2015.10.12

GF-1　2016.1.6

GF-1　2016.2.16

GF-1　2016.3.24

GF-2　2016.4.11

GF-1　2016.5.8

GF-1　2017.4.22

GF-2 2017.6.9

16.3 冬季奥运会场馆建设——张家口滑雪场时序遥感影像

2022年冬季奥运会将在北京市和张家口市举行，张家口市崇礼区是冬季奥运会雪上项目的重要场地之一。通过时序国产高分1号（GF-1）和高分2号（GF-2）影像对该区域内万龙滑雪场、富龙滑雪场和太舞滑雪场进行制图，不仅能够反映场地近年来的建设过程，也可以展现场地一年四季的变化全貌。

16.3.1 万龙—云顶滑雪场

万龙—云顶滑雪场位于崇礼区红花梁，是2022年冬季奥运会竞赛场地，影像上北部为万龙滑雪场，东部为云顶滑雪场。在时序高分2号卫星遥感影像上，冬季雪场影像颜色为白色，滑雪道清晰可见。

GF-2 2015.10.2   GF-2 2016.11.4

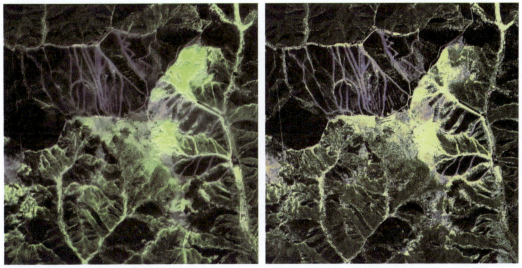

GF-2   2016.11.25   GF-2   2017.2.6

GF-2   2017.4.6   GF-2   2017.7.13

16.3.2 富龙滑雪场

富龙滑雪场紧邻张家口市崇礼区城区，与城区住宅区形成了无缝对接。以下时序高分 2 号卫星影像展现了该雪场四季的变化，同时也展现了该场地 2016 年前后进行的场地扩建。

GF-2　2015.3.4

GF-2　2015.4.8

GF-2　2015.10.2

GF-2　2016.7.28

GF-2 2016.11.4

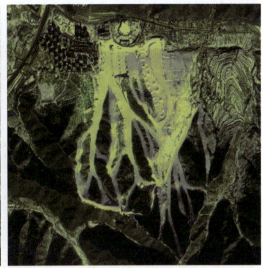

GF-2 2017.2.6

GF-2 2017.6.29

GF-2 2017.4.6

16.3.3　太舞滑雪场

太舞滑雪场总用地面积 40 平方千米，是我国目前规模最大的综合滑雪度假区，也是 2022 年冬季奥运会项目场地，从以下高分 1 号（GF-1）和高分 2 号 (GF-2) 卫星遥感影像图可清晰看出滑雪赛道。

GF-1　2014.1.15

GF-2　2015.10.2

GF-2　2016.11.4

GF-2　2017.4.6

社会科学文献出版社

❖ 皮书起源 ❖

"皮书"起源于十七、十八世纪的英国，主要指官方或社会组织正式发表的重要文件或报告，多以"白皮书"命名。在中国，"皮书"这一概念被社会广泛接受，并被成功运作、发展成为一种全新的出版形态，则源于中国社会科学院社会科学文献出版社。

❖ 皮书定义 ❖

皮书是对中国与世界发展状况和热点问题进行年度监测，以专业的角度、专家的视野和实证研究方法，针对某一领域或区域现状与发展态势展开分析和预测，具备原创性、实证性、专业性、连续性、前沿性、时效性等特点的公开出版物，由一系列权威研究报告组成。

❖ 皮书作者 ❖

皮书系列的作者以中国社会科学院、著名高校、地方社会科学院的研究人员为主，多为国内一流研究机构的权威专家学者，他们的看法和观点代表了学界对中国与世界的现实和未来最高水平的解读与分析。

❖ 皮书荣誉 ❖

皮书系列已成为社会科学文献出版社的著名图书品牌和中国社会科学院的知名学术品牌。2016年，皮书系列正式列入"十三五"国家重点出版规划项目；2013~2018年，重点皮书列入中国社会科学院承担的国家哲学社会科学创新工程项目；2018年，59种院外皮书使用"中国社会科学院创新工程学术出版项目"标识。

中国皮书网

（网址：www.pishu.cn）

发布皮书研创资讯，传播皮书精彩内容
引领皮书出版潮流，打造皮书服务平台

栏目设置

关于皮书：何谓皮书、皮书分类、皮书大事记、皮书荣誉、
皮书出版第一人、皮书编辑部
最新资讯：通知公告、新闻动态、媒体聚焦、网站专题、视频直播、下载专区
皮书研创：皮书规范、皮书选题、皮书出版、皮书研究、研创团队
皮书评奖评价：指标体系、皮书评价、皮书评奖
互动专区：皮书说、社科数托邦、皮书微博、留言板

所获荣誉

2008年、2011年，中国皮书网均在全
国新闻出版业网站荣誉评选中获得"最具
商业价值网站"称号；

2012年，获得"出版业网站百强"称号。

网库合一

2014年，中国皮书网与皮书数据库端
口合一，实现资源共享。

权威报告·一手数据·特色资源

皮书数据库

ANNUAL REPORT(YEARBOOK)
DATABASE

当代中国经济与社会发展高端智库平台

所获荣誉

- 2016年，入选"'十三五'国家重点电子出版物出版规划骨干工程"
- 2015年，荣获"搜索中国正能量 点赞2015""创新中国科技创新奖"
- 2013年，荣获"中国出版政府奖·网络出版物奖"提名奖
- 连续多年荣获中国数字出版博览会"数字出版·优秀品牌"奖

成为会员

通过网址www.pishu.com.cn访问皮书数据库网站或下载皮书数据库APP，进行手机号码验证或邮箱验证即可成为皮书数据库会员。

会员福利

- 使用手机号码首次注册的会员，账号自动充值100元体验金，可直接购买和查看数据库内容（仅限PC端）。
- 已注册用户购书后可免费获赠100元皮书数据库充值卡。刮开充值卡涂层获取充值密码，登录并进入"会员中心"—"在线充值"—"充值卡充值"，充值成功后即可购买和查看数据库内容（仅限PC端）。
- 会员福利最终解释权归社会科学文献出版社所有。

数据库服务热线：400-008-6695
数据库服务QQ：2475522410
数据库服务邮箱：database@ssap.cn
图书销售热线：010-59367070/7028
图书服务QQ：1265056568
图书服务邮箱：duzhe@ssap.cn

社会科学文献出版社 皮书系列
SOCIAL SCIENCES ACADEMIC PRESS (CHINA)

卡号：815663393514
密码：

中国社会发展数据库（下设 12 个子库）

全面整合国内外中国社会发展研究成果，汇聚独家统计数据、深度分析报告，涉及社会、人口、政治、教育、法律等 12 个领域，为了解中国社会发展动态、跟踪社会核心热点、分析社会发展趋势提供一站式资源搜索和数据分析与挖掘服务。

中国经济发展数据库（下设 12 个子库）

基于"皮书系列"中涉及中国经济发展的研究资料构建，内容涵盖宏观经济、农业经济、工业经济、产业经济等 12 个重点经济领域，为实时掌控经济运行态势、把握经济发展规律、洞察经济形势、进行经济决策提供参考和依据。

中国行业发展数据库（下设 17 个子库）

以中国国民经济行业分类为依据，覆盖金融业、旅游、医疗卫生、交通运输、能源矿产等 100 多个行业，跟踪分析国民经济相关行业市场运行状况和政策导向，汇集行业发展前沿资讯，为投资、从业及各种经济决策提供理论基础和实践指导。

中国区域发展数据库（下设 6 个子库）

对中国特定区域内的经济、社会、文化等领域现状与发展情况进行深度分析和预测，研究层级至县及县以下行政区，涉及地区、区域经济体、城市、农村等不同维度。为地方经济社会宏观态势研究、发展经验研究、案例分析提供数据服务。

中国文化传媒数据库（下设 18 个子库）

汇聚文化传媒领域专家观点、热点资讯，梳理国内外中国文化发展相关学术研究成果、一手统计数据，涵盖文化产业、新闻传播、电影娱乐、文学艺术、群众文化等 18 个重点研究领域。为文化传媒研究提供相关数据、研究报告和综合分析服务。

世界经济与国际关系数据库（下设 6 个子库）

立足"皮书系列"世界经济、国际关系相关学术资源，整合世界经济、国际政治、世界文化与科技、全球性问题、国际组织与国际法、区域研究 6 大领域研究成果，为世界经济与国际关系研究提供全方位数据分析，为决策和形势研判提供参考。

法律声明

　　"皮书系列"（含蓝皮书、绿皮书、黄皮书）之品牌由社会科学文献出版社最早使用并持续至今，现已被中国图书市场所熟知。"皮书系列"的相关商标已在中华人民共和国国家工商行政管理总局商标局注册，如LOGO（　）、皮书、Pishu、经济蓝皮书、社会蓝皮书等。"皮书系列"图书的注册商标专用权及封面设计、版式设计的著作权均为社会科学文献出版社所有。未经社会科学文献出版社书面授权许可，任何使用与"皮书系列"图书注册商标、封面设计、版式设计相同或者近似的文字、图形或其组合的行为均系侵权行为。

　　经作者授权，本书的专有出版权及信息网络传播权等为社会科学文献出版社享有。未经社会科学文献出版社书面授权许可，任何就本书内容的复制、发行或以数字形式进行网络传播的行为均系侵权行为。

　　社会科学文献出版社将通过法律途径追究上述侵权行为的法律责任，维护自身合法权益。

　　欢迎社会各界人士对侵犯社会科学文献出版社上述权利的侵权行为进行举报。电话：010-59367121，电子邮箱：fawubu@ssap.cn。

社会科学文献出版社